# 쉬운 식물책

윤주복
지음

진선 books

# 책머리에

우리는 주변에서 많은 식물을 만날 수 있습니다. 마당가나 길가의 화단에는 화초가 심어져 있고 여러 가지 정원수나 가로수도 볼 수 있습니다. 들로 나가면 논과 밭에서 기르는 농작물을 만날 수 있고 저절로 자라는 잡초와 나무도 볼 수 있습니다. 산을 오르면 숲을 이루고 있는 나무와 숲 언저리에서 자라는 많은 풀과 마주하게 됩니다.

이 책은 식물 공부를 처음 시작하는 누구나 주변에서 흔히 만나는 관상수, 가로수, 산나무, 야생초, 화초, 고사리식물, 곡식, 채소 등을 모두 찾아볼 수 있도록 만든 책으로 주변에서 흔히 볼 수 있는 1,164종의 식물을 골라 실었습니다. 식물을 쉽게 찾을 수 있도록 들과 산에서 만나는 식물은 우선 '풀'과 '나무'로 나누어 싣고, 화초와 관엽식물, 논밭에서 기르는 작물, 홀씨로 번식하는 고사리식물과 이끼식물을 차례대로 구분해서 실었습니다. 식물에서 가장 눈에 띄고 식물을 구분하는데 중요한 기관은 '꽃'입니다. 그래서 각 부분에서는 꽃이 피는 '계절'과 '꽃 색깔'과 '꽃잎 수'로 구분해서 쉽게 찾을 수 있도록 하였습니다. 나무는 꽃과 함께 열매 사진도 같이 실어서 찾기 쉽게 구성하였습니다. 그리고 식물을 설명하는 글은 초보자도 이해할 수 있도록 가능한 한 쉬운 낱말을 사용하였습니다.

식물을 만나 이름을 알고 관심을 갖게 되면 식물은 어떻게 생겼는지, 어디를 좋아하고 어떻게 자라는지, 이웃과는 어떻게 지내는지, 친척은 누구인지를 차차 알 수 있게 될 것입니다. 아무쪼록 이 책이 주변에서 만나는 식물과 여러분이 가까운 친구가 되는 데 도움이 되었으면 합니다.

윤주복

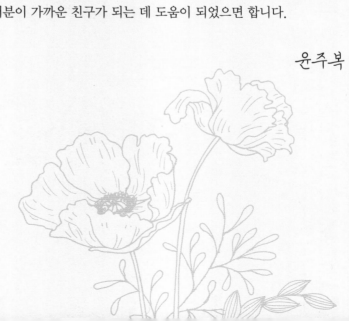

## 🐌 쉬운 식물책 사용 설명서

**1.** 풀은 가능한 한 꽃과 잎, 줄기를 모두 알아볼 수 있는 사진으로 골라 실었고
  나무는 꽃과 함께 열매도 실었다.

**2.** 식물 분류는 들과 산에서 자라는 식물은 '풀꽃'과 '나무꽃'으로 크게 나누어 실었다.
  그 뒤에 화초와 관엽식물, 논밭에서 기르는 작물, 홀씨로 번식하는 고사리식물과
  이끼식물을 차례대로 실어서 모두 5부분으로 구분하였다.

**3.** 각 부분에서는 우선 꽃이 피는 계절별로 '봄에 피는 꽃'과 '여름에 피는 꽃'으로
  나누었으며 가을에 피는 꽃은 '여름에 피는 꽃'에 포함하였다.

**4.** 각 계절 내에서는 우선 꽃잎의 색깔로 구분하여 붉은색, 노란색, 흰색, 녹색의 4가지로
  나누었고 분홍색, 보라색, 주황색, 자주색, 파란색 등은 모두 붉은색에 포함하였다.

**5.** 풀 중에서 모양을 쉽게 구분할 수 있는 벼과, 사초과, 골풀과 등의 꽃은 모두 녹색 꽃
  뒷부분에 모아 실었고, 겉씨식물인 바늘잎나무도 녹색 꽃 뒷부분에 모아 실었다.

**6.** 각 색깔 내에서는 다시 꽃잎 수대로 배열해서 찾기 쉽도록 하였다. 식물에 따라 꽃잎 수가
  4~7장처럼 꽃마다 조금씩 다른 경우도 있으므로 다른 수의 꽃잎도 참고하는 것이 좋다.

**7.** 식물의 특징이나 별도의 설명이 필요할 때에는 각 쪽의 아랫부분에 따로 설명하였다.

**8.** 앞부분에는 '식물의 이해'를, 뒷부분에는 '용어 해설'을 실어 식물의 기초 지식을
  쉽게 익힐 수 있도록 하였다.

**9.** 세계가 공통적으로 사용하는 식물 이름은 학명이라고 하는데, 학명은 본문에는
  싣지 않고 부록의 '식물 이름 찾아보기'에 함께 실었다.

**10.** 식물 이름 뒤에는 그 식물이 속한 과명을 괄호 속에 넣어서 그 식물이 속한 계통을
  대략적으로 알 수 있게 하였다.

# 차례

무궁화 암술과 수술

# 식물의 이해

4억 년 전 지구상에 태어난 식물은 진화를 거듭하면서 번성하고 있다. 주변에서 흔히 볼 수 있는 식물의 몸은 기본적으로 양분을 만드는 기관인 뿌리, 줄기, 잎과 번식을 담당하는 기관인 꽃, 열매로 구분할 수 있다. 식물마다 이들 기관이 어떤 구조로 되어 있고 무슨 일을 하는지 간략하게 살펴보자.

# 식물의 몸

일반적으로 식물의 몸은 땅속으로 내린 뿌리에서 자란 줄기에 잎이 달린다.
그리고 후손을 퍼뜨리기 위해 꽃을 피우고 열매를 맺는다.

솜방망이는 줄기 끝에 노란색 꽃송
이가 모여 핀다. 꽃이 지면 열매가
열리고 씨앗을 맺는다.

잎은 뿌리에서 모여난다.
잎은 솜털로 덮여 있지만
점차 없어진다.

**솜방망이**

# 풀과 나무의 비교

'풀'은 줄기가 단단하지 않고 나이테가 없으며 보통 가을에는 말라 죽는다. '나무'는 줄기가 단단하고 굵게 자라며 해마다 나이테가 하나씩 늘어나면서 오래 산다. 하지만 풀과 나무 모두 잎으로 광합성을 하고, 꽃을 피워 열매를 맺는 점은 같다.

줄기

줄기잎

몸을 지탱하는 줄기에는 가느다란 잎이 마주보고 달린다.

원뿌리

곁뿌리

땅속으로 뿌리가 많이 내린다. 하나의 원뿌리에서 가느다란 곁뿌리가 많이 갈라진다.

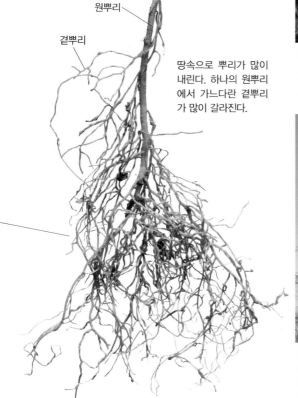

**한두해살이풀(꽃다지)** 씨앗에서 싹이 터서 자라고 꽃이 피어서 열매를 맺는 한살이 과정이 1~2년 이내에 이루어지는 풀이다.

**여러해살이풀(백합)** 겨울에는 잎이나 줄기가 시들어 죽지만 뿌리는 살아 있어서 해마다 봄이 되면 싹이 터서 자라는 풀이다.

**키나무(감나무)** 줄기와 곁가지가 분명하게 구별되며 대략 5m 이상 높이로 자라는 나무이다. '교목(喬木)'이라고도 한다.

**떨기나무(진달래)** 대략 5m 이내로 자라는 키가 작은 나무이다. 흔히 줄기가 모여나는 나무가 많다. '관목(灌木)'이라고도 한다.

# 꽃의 구조

꽃은 보통 꽃잎, 꽃받침, 수술, 암술의 4가지 기관으로 이루어져 있다. 꽃잎과 꽃받침은 암술과 수술을 보호하거나 보조하는 구실을 한다. 하나의 꽃에 꽃잎, 꽃받침, 암술, 수술의 4가지를 모두 갖추고 있는 꽃은 '갖춘꽃'이라고 한다.

**꽃받침** 녹색이며 5장이다.

**꽃잎** 진분홍색이며 5장이다. 꽃받침 위에 위치하며 안쪽에 붉은색 줄무늬가 있다.

**꽃 뒷면** 꽃받침은 꽃의 맨 밑을 받치고 있다.

**수술** 암술 둘레에 있는 수술은 10개이며 수술대 끝에 달린 꽃밥은 진한 푸른색이다.

**암술** 꽃 가운데 위치한 암술은 1개이며 꼭대기의 암술머리는 5갈래로 갈라져 벌어진다.

**이질풀**

이질풀은 꽃잎, 꽃받침, 암술, 수술의 4가지가 한 꽃 안에 들어 있는 '갖춘꽃'이다.

호박꽃을 자세히 보면 한 그루에 2가지 모양의 꽃이 핀 것을 알 수 있다. 꽃 가운데에 기다란 원통형의 노란색 수술만 있는 꽃은 '수꽃'이라고 한다. 또 다른 꽃은 꽃 가운데에 암술만 있고 암술 밑부분에는 동그란 씨방이 있는데 이 꽃은 '암꽃'이라고 한다. 암꽃의 씨방은 자라서 열매가 된다.

수술

암술

씨방

**호박 수꽃 단면**

**호박 암꽃**

**시든 호박 암꽃 단면**

호박의 수꽃은 꽃잎, 꽃받침, 수술만 있고 암술이 없는데, 이런 꽃을 '안갖춘꽃'이라고 한다. 호박의 암꽃도 마찬가지로 '안갖춘꽃'이다.

# 꽃부리의 모양

식물의 꽃은 자손을 늘려나가기 위한 번식 기관이다. 꽃들은 꽃가루를 옮겨 줄 곤충을 유혹하기 위해 화려한 색깔과 모양을 하고 있다. 꽃의 모양은 식물의 종류를 구별하는 기준이 되기도 한다.

십자모양꽃부리(무)

장미모양꽃부리(뱀딸기)

수레바퀴모양꽃부리(꽈리)

패랭이꽃모양꽃부리(비누풀)

종모양꽃부리(섬초롱꽃)

깔때기모양꽃부리(둥근잎나팔꽃)

항아리모양꽃부리(병조희풀)

입술모양꽃부리(용머리)

나비모양꽃부리(적완두)

가면모양꽃부리(좁은잎해란초)

꽃뿔모양꽃부리(매발톱꽃)

투구모양꽃부리(투구꽃)

# 여러 가지 꽃차례

식물의 줄기나 가지에 꽃이 붙는 모양은 대부분 식물마다 일정한데 이를 '꽃차례'라고 한다. 꽃대 끝에 달리는 꽃이 먼저 피고 이어 아래쪽의 꽃이 차례대로 피어 내려가는 꽃차례는 위로 더 이상 자랄 수 없기 때문에 꽃의 수가 한정되는데 이를 '유한꽃차례(有限꽃차례)'라고 한다. 반면에 '무한꽃차례(無限꽃차례)'는 꽃이 꽃대 밑에서부터 위로 피어 올라가는데 끝에서 계속 자라면서 꽃이 핀다. '홀로꽃차례', '갈래꽃차례' 등은 유한꽃차례이고 '송이꽃차례', '원뿔꽃차례' 등은 무한꽃차례이다.

**겹갈래꽃차례(사철나무)** 꽃대 끝에 피는 꽃 양쪽으로 가지가 갈라져 꽃이 피는 갈래꽃차례가 여러 번 반복하는 꽃차례.

**갈래꽃차례(작살나무)** 꽃대 끝에 피는 꽃 양쪽으로 가지가 갈라져 꽃이 피는 꽃차례.

**홀로꽃차례(동강할미꽃)** 하나의 꽃대 끝에 하나의 꽃이 피어나는 꽃차례.

**등잔모양꽃차례(개감수)** 꽃대와 몇 개의 포조각이 변형하여 술잔 모양을 이루는 꽃차례.

**말린꽃차례(꽃마리)** 꽃이 달린 줄기가 처음에 태엽이나 나선 모양으로 말렸다가 조금씩 펴지는 꽃차례.

**숨은꽃차례(무화과)** 꽃대 끝의 꽃턱이 커져서 항아리 모양을 만들고 그 안쪽 면에 많은 꽃이 달리기 때문에 겉에서는 꽃이 보이지 않는 꽃차례.

**송이꽃차례(헐떡이풀)** 긴 꽃차례자루에 작은꽃자루가 있는 여러 개의 꽃이 어긋나게 붙는 꽃차례.

**이삭꽃차례(보리)** 긴 꽃차례자루에 작은꽃자루가 없는 꽃이 이삭처럼 촘촘히 붙어서 피는 꽃차례.

**꼬리꽃차례(개암나무)** 이삭꽃차례의 한 가지. 작은꽃자루가 없는 꽃이 꼬리 모양으로 처진 꽃대에 촘촘히 달린 꽃차례.

**우산꽃차례(우산달래)** 꽃차례자루 끝에 작은꽃자루를 가진 꽃이 우산살 모양으로 달리는 꽃차례.

**겹우산꽃차례(참나물)** 우산꽃차례가 다시 우산살 모양으로 모여 달리는 꽃차례.

**고른꽃차례(기린초)** 작은꽃자루의 길이가 아래에 있는 것일수록 길어져서 꽃이 가지런히 피는 꽃차례.

**원뿔꽃차례(붉나무)** 꽃차례자루에서 여러 개의 가지가 갈라져 전체가 원뿔 모양을 이루는 꽃차례.

**머리모양꽃차례(구슬꽃나무)** 줄기 끝에 많은 꽃이 촘촘히 모여 달려 전체가 한 송이 꽃처럼 보이는 꽃차례.

**머리모양꽃차례(나래가막사리)** 국화과의 머리모양꽃차례는 대롱꽃과 혀꽃이 모두 달리거나 또는 1가지만으로 이루어지기도 한다.

**살이삭꽃차례(싱고니움)** 두툼한 육질의 꽃대에 꽃자루가 없는 작은 꽃이 촘촘히 붙어서 피는 꽃차례.

# 꽃에서 열매까지

대부분의 꽃은 수술의 꽃가루가 암술머리에 묻는 꽃가루받이가 이루어지면 암술머리에 묻은 꽃가루가 암술대를 따라 내려가 씨방에 있는 밑씨를 만나 '정받이(수정:受精)'가 이루어진다. 정받이가 된 밑씨는 자라서 씨앗이 되고 씨방은 열매가 된다.

● **도라지 꽃봉오리 단면**

꽃봉오리를 세로로 자르면 수술, 암술, 씨방, 밑씨, 꽃잎, 꽃받침을 관찰할 수 있다.

**꽃받침** 종 모양의 꽃받침은 씨방을 둘러싸고 있으며 5갈래로 갈라진다.

**씨방** 꽃에서 앞으로 열매로 자랄 부분을 씨방이라고 한다.

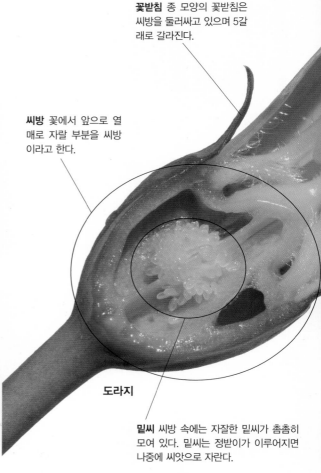

도라지

**밑씨** 씨방 속에는 자잘한 밑씨가 촘촘히 모여 있다. 밑씨는 정받이가 이루어지면 나중에 씨앗으로 자란다.

1. 도라지의 어린 꽃봉오리는 녹색이다.

2. 꽃봉오리가 공처럼 부풀면서 보라색으로 변하기 시작한다.

3. 꽃봉오리가 5갈래로 갈라지면서 벌어지기 시작한다.

4. 갓 핀 꽃은 수술이 암술대에 붙어 있다.

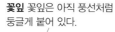
**꽃잎** 꽃잎은 아직 풍선처럼 둥글게 붙어 있다.

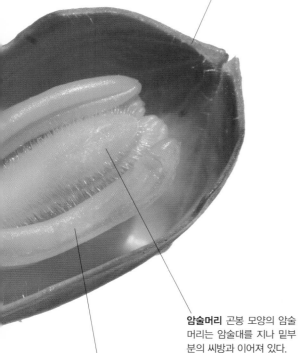

**암술머리** 곤봉 모양의 암술 머리는 암술대를 지나 밑부분의 씨방과 이어져 있다.

**수술** 누른빛이 도는 수술은 암술 둘레를 둘러싸고 있으며 암술보다 먼저 자라서 꽃가루가 나온다.

9. 꽃받침에 싸인 씨방이 자라 어린 열매가 열린다.

8. 꽃가루받이가 끝나면 꽃잎이 시든다.

7. 수술이 시들면 암술머리가 5갈래로 갈라져 활짝 벌어진다.

5. 수술이 벌어지면서 꽃가루가 나온다.

6. 점차 모든 수술이 시든다.

# 열매의 구분

열매는 만들어지는 위치나 방법에 따라 여러 가지 모양을 하고 있다.
열매는 열매 속에 들어 있는 수분의 양에 따라 '살열매'와 '마른열매'로 나누기도 한다.

## ● 살열매

열매 속에 부드럽고 즙이 많은 열매살을 가진 열매를 '살열매(다육과:多肉果)'라고 한다.

**다래**

**10월의 다래 열매 모양** 열매
는 25mm 정도 길이이며 끝에
암술대가 남아 있다.

**어린 열매 가로 단면** 열매 가
장자리에 자잘한 씨앗이 빙
둘러가며 많이 있다. 어린 씨
앗은 흰빛이 돈다.

씨앗은 점차
적갈색으로 여문다.

열매살은 말랑말랑하며
단맛이 나고 먹을 수 있다.

**다래 열매 세로 단면**

암술머리는 시든 채 열매가
익을 때까지 남아 있다.

**자두** 7월에 붉게 익는 열매는
열매살이 많으며 과일로 먹는
데 새콤달콤한 맛이 난다.

**참외** 여름에 노랗게 익는 열
매는 열매살이 달콤하며 과일
로 먹는다.

**윤판나물** 타원형의 열매는
가을에 검게 익고 열매살이
있다.

**산딸나무** 가을에 붉게 익는
딸기 모양의 열매는 열매살
이 달콤하며 먹을 수 있다.

## ● 마른열매

열매가 익으면 말라서 물기가 적어지는 열매를 '마른열매(건과:乾果)'라고 한다.

### 개나리

씨앗은 가운데 기둥에 촘촘히 모여 달린다.

납작한 씨앗은 둘레에 날개가 있다.

열매 속은 비어 있다.

열매는 익으면 껍질이 마르면서 세로로 둘로 쪼개진다.

**6월 말의 개나리 어린 열매** 어린 열매는 달걀처럼 생겼으며 녹색이다.

**개나리 어린 열매 세로 단면**

**미선나무** 동글납작한 부채 모양의 마른열매 속에 2개의 씨앗이 들어 있다.

**신갈나무** 깍정이가 마르면 동그스름한 씨앗이 빠져 나간다.

**동백나무** 둥근 열매는 가을에 익으면 마른 껍질이 3갈래로 갈라지며 씨앗이 나온다.

# 잎의 구조

잎은 대부분 잎몸, 잎자루, 턱잎의 3부분으로 되어 있다. 이 3가지를 모두 가지고 있는 잎을
'갖춘잎'이라고 하고 이 가운데 1가지라도 없는 잎을 '안갖춘잎'이라고 한다.

가지
턱잎
잎자루
꿀샘
잎맥(측맥)
잎맥(주맥)
잎몸
톱니(거치)

벚나무

**잎맥—그물맥**
잎맥이 가지를 쳐서 그물코처럼 촘촘히 갈라지는 것을 '그물맥'이
라고 한다. 대부분의 쌍떡잎식물은 그물맥을 가지고 있다.

한련의 그물맥

**잎맥—나란히맥**
잎자루부터 잎의 끝부분까지 줄줄이 나란하게 이어진 잎맥을 '나란
히맥'이라고 한다. 대부분의 외떡잎식물은 나란히맥을 가지고 있다.

노랑꽃창포의 나란히맥

# 잎차례

식물은 광합성을 하는 잎들이 골고루 햇빛을 많이 받을 수 있도록 잎을 배열한다.
잎이 줄기나 가지에 붙는 모양을 '잎차례'라고 하는데 잎차례는 식물마다 대부분 일정하다.

어긋나기(느티나무)

마주나기(미선나무)

돌려나기(꼭두서니)

모여나기(은행나무)

# 잎의 모양

잎은 1개의 잎자루에 1개의 잎몸이 붙어 있는 '홑잎'과 1개의 잎자루에 여러 개의 작은잎이 달리는 '겹잎'으로 구분한다. 겹잎은 잎의 배열 상태에 따라 세겹잎, 손꼴겹잎, 깃꼴겹잎으로 나눈다.

선형(무스카리)    피침형(골등골나물)    거꿀피침형(처녀치마)    타원형(용둥굴레)

달걀형(모시물통이)    거꿀달걀형(기린초)    삼각형(며느리밑씻개)    마름모형(마름)

원형(감절대)    콩팥형(털머위)    하트형(둥근잎유홍초)    갈래잎(미국풍나무)

손꼴겹잎(도깨비부채)    세겹잎(돌콩)    2회세겹잎(풍선덩굴)    깃꼴겹잎(자운영)

# 줄기

줄기에 잎이 붙어 있는 자리를 '마디'라고 하며 각 마디의 중간 부분은 '마디 사이'라고 한다. 줄기에는 추운 겨울을 나고 봄에 싹이 틀 겨울눈이 준비되어 있다. 줄기의 끝에는 새로운 줄기와 잎이 나올 '끝눈'이 있고 그 밑의 잎겨드랑이에는 잎이나 가지가 나올 '곁눈'이 있다. 눈 중에서 꽃이 될 눈은 '꽃눈'이라고 하고 잎이 자랄 눈은 '잎눈'이라고 한다.

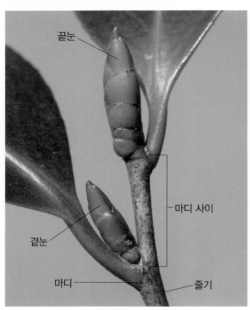

끝눈

마디 사이

곁눈

마디

줄기

**동백나무 가지**

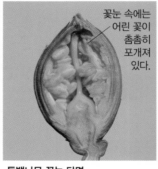

**잎눈** 자라서
잎이 될 눈

**꽃눈** 자라서
꽃이 될 눈

**동백나무 꽃눈과 잎눈**

꽃눈 속에는
어린 꽃이
촘촘히
포개져
있다.

**동백나무 꽃눈 단면**

잎눈 속에는
어린잎이 촘촘히
포개져 있다.

**동백나무 잎눈 단면**

## ● 가지의 나무 구분

가지도 해마다 자라면서 점차 굵어진다. 나무줄기에 1년마다 나이테가 있는 것처럼 어린 가지에는 1년 동안 자란 자국인 마디를 볼 수 있다. 백목련 가지는 해마다 마디가 두드러져서 가지의 나이를 알아보기가 좋다. 또 가지를 자른 단면을 보면 가운데에 '골속' 또는 '수(髓)'라고 하는 부분이 있는데 나무에 따라 골속이 비어 있는 것도 있고, 골속이 꽉 차 있는 것 등 여러 가지이다.

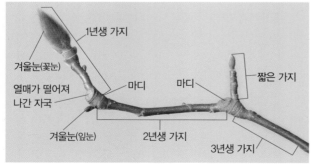

1년생 가지

겨울눈(꽃눈)

열매가 떨어져
나간 자국

마디

마디

짧은 가지

겨울눈(잎눈)

2년생 가지

3년생 가지

**백목련 가지의 나이**

**개다래 가지 단면** 흰색의
골속이 차 있다.

**청미래덩굴 가지 단면** 골속이
없이 꽉 차 있다.

## ● 덩굴 줄기를 가진 식물

식물은 햇빛을 많이 받기 위해 높이 자라기 경쟁을 한다. 높게 자라려면 줄기를 굵고 튼튼하게 만들어야 하는데 시간과 양분이 많이 든다. 이를 쉽게 해결할 꾀를 낸 것이 '덩굴식물'로, 가는 줄기를 덩굴로 만들어서 다른 물체를 감거나 기댄 채 재빠르게 높이 올라간다.

**호프** 줄기가 다른 물체를 감고 오른다.

**호박** 돌돌 말리는 덩굴손으로 감고 오른다.

**며느리밑씻개** 밑을 향한 가시로 기대고 오른다.

**담쟁이덩굴** 줄기에서 내린 붙음뿌리로 달라붙고 오른다.

**사위질빵** 긴 잎자루가 덩굴손처럼 다른 물체를 감고 오른다.

## ● 줄기 단면과 나이테

식물의 줄기는 잎과 뿌리를 이어 주는 중심 부분으로 식물의 몸을 지탱하는 역할을 한다. 줄기의 가장 중요한 역할은 뿌리에서 빨아 올린 물과 잎에서 만들어진 양분을 식물 전체에 골고루 운반하는 일이다. 봄~여름에는 나무가 잘 자라지만, 가을이 되면 나무가 잎을 떨구고 자람을 멈춘다. 이런 자람의 모습이 줄기에 동그란 나이테로 만들어지는데 넓은 부분은 여름에 자란 부분이고, 진한 색 줄 부분은 가을에 느리게 자란 부분이다. 나무는 해마다 나이테를 만들기 때문에 나이테를 보고 나무가 자란 환경과 나이를 알 수 있다.

소나무 나이테

## ● 나무껍질

나무껍질은 동물의 피부처럼 줄기를 덮어서 나무의 속살이 다치지 않도록 해 준다. 껍질이 갈라지는 나무가 있는가 하면 껍질이 매끈한 나무도 있고, 조각조각 벗겨지는 나무도 있는 등 나무마다 특징이 있다.

**단풍나무** 매끈하지만 오래되면 얕게 갈라진다.

**은사시나무** 마름모꼴이나 타원형 무늬가 생긴다.

**소나무** 세로로 거북 등처럼 깊게 갈라진다.

**물박달나무** 여러 겹으로 종이처럼 벗겨진다.

# 뿌리

씨앗이 싹 트는 모습을 보면 먼저 자라는 뿌리는 땅속을 향해 들어가고, 나중에 나온 줄기는 해를 향해 위로 자란다. 뿌리는 보통 복잡하게 갈라져서 땅속으로 넓고 깊게 들어간다. 뿌리는 물과 무기질을 흡수하고 줄기를 든든하게 받쳐 주며 잎이 만든 양분을 저장하는 역할을 한다.

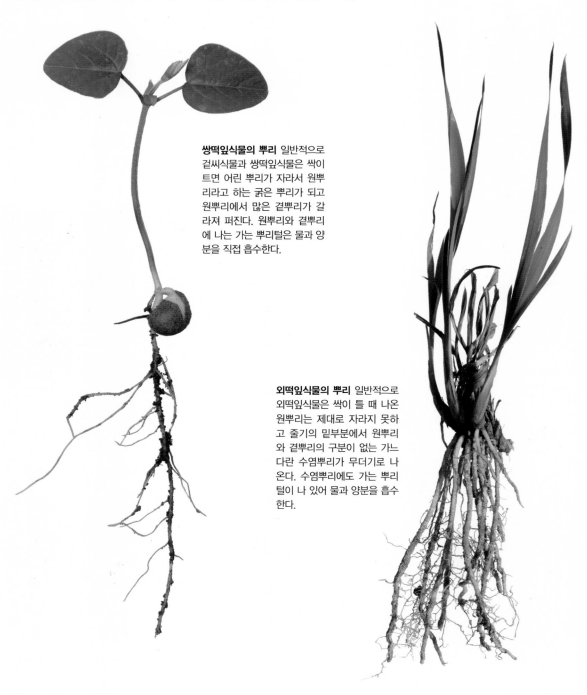

**쌍떡잎식물의 뿌리** 일반적으로 겉씨식물과 쌍떡잎식물은 싹이 트면 어린 뿌리가 자라서 원뿌리라고 하는 굵은 뿌리가 되고 원뿌리에서 많은 곁뿌리가 갈라져 퍼진다. 원뿌리와 곁뿌리에 나는 가는 뿌리털은 물과 양분을 직접 흡수한다.

**외떡잎식물의 뿌리** 일반적으로 외떡잎식물은 싹이 틀 때 나온 원뿌리는 제대로 자라지 못하고 줄기의 밑부분에서 원뿌리와 곁뿌리의 구분이 없는 가느다란 수염뿌리가 무더기로 나온다. 수염뿌리에도 가는 뿌리털이 나 있어 물과 양분을 흡수한다.

## ● 뿌리가 하는 일

① **흡수 작용** 화분에 심은 화초는 물을 주지 않으면 얼마 지나지 않아 말라 죽고 만다. 물은 식물이 살아가는 데 꼭 필요하며 물을 빨아들이는 역할을 하는 것이 뿌리이다.

**부레옥잠 뿌리** 물속에 잠겨 있으면서 물과 무기질을 흡수할 뿐만 아니라 몸을 바르게 지탱하는 역할도 한다.

**가뭄** 가뭄이 들면 물을 흡수하지 못한 식물은 말라 죽거나 살아남아도 제대로 크지 못한다.

② **지지 작용** 식물은 땅속으로 뿌리를 깊고 넓게 벋어서 바람이나 그 밖의 환경에 의해 줄기가 쓰러지지 않도록 지탱해 주는 역할을 하는데 이를 '지지 작용'이라고 한다.

**고추 모종** 옮겨 심을 때는 제대로 뿌리를 내릴 때까지 지지대를 세워 서 묶어 주어야 쓰러지지 않는다.

**옥수수 버팀뿌리** 줄기 밑부분의 마디에서 사방으로 버팀뿌리가 발 달해 줄기를 튼튼하게 받쳐 준다.

**인디안아몬드 버팀뿌리** 열대 아시아에서 자라는 큰 나무로 줄기 밑 부분에 둘러 가며 판자를 세운 것 같은 버팀뿌리가 발달하는데 이런 버팀뿌리를 '판근(板根)'이라고 한다.

③ **저장 작용**

잎에서 광합성을 통해 만들어 진 양분을 뿌리에 저장하기도 하는데 이런 뿌리를 '저장뿌리' 라고 한다. 당근도 저장뿌리의 하나로 색깔이 연한 가운데 부 분보다는 가장자리가 더 단맛 이 난다. 그 이유는 가운데 부 분은 물과 양분의 통로이고 가 장자리 부분에 양분이 저장되 어 있기 때문이다.

**당근** 원뿌리가 굵어져서 양분을 저장한다.

**무** 원뿌리가 굵어져서 양분을 저장한다.

**고구마** 가는 뿌리 끝이 굵어져서 양분을 저장한다.

# 식물의 분류

수많은 식물을 유연관계에 따라 구분하는 것을 '분류'라고 하는데 과학이 발전함에 따라
새로운 정보가 추가되면서 내용이 바뀌어 왔다. 최근의 식물 분류 내용을 간략히 알아보자.

## ● 이끼식물(선태식물)

꽃이 피지 않고 홀씨로 번식하는 하등 식물이다. 몸은 보통 잎 모양의 엽상체이며 줄기와 잎이 구분되는 종도 있다. 뿌리는 물과 양분을 흡수하지 못하는 헛뿌리이다.

우산이끼(우산이끼과)

솔이끼(솔이끼과)

## ● 고사리식물(양치식물)

꽃이 피지 않고 홀씨로 번식한다. 이끼식물과 달리 뿌리, 줄기, 잎의 구분이 뚜렷하다. 특히 뿌리로 땅속의 물을 빨아들이기 때문에 이 물을 줄기를 통해 잎까지 보내는 관다발을 가진 관다발 식물이다.

쇠뜨기(속새과)

고사리(잔고사리과)

깃범고사리(새깃아재비과)

## ● 겉씨식물(소철, 은행나무, 그네툼류)

고사리식물에서 진화한 겉씨식물의 몸은 뿌리, 줄기, 잎으로 나뉘어지며 각 기관은 고사리무리보다 훨씬 더 발달되었다. 겉씨식물은 씨방이 생기지 않으며 밑씨가 겉으로 드러나 있는 것이 특징이다.

소철(소철과)

은행나무(은행나무과)

그네툼 그네몬(그네툼과)

## ● 겉씨식물(바늘잎식물)

바늘잎식물은 대부분이 바늘 모양의 잎을 가지고 있으며 비늘 모양의 잎을 가지고 있는 종도 있다. 겉씨식물은 속씨식물에 비해 종수가 매우 적으며 대부분이 늘푸른나무이다.

소나무(소나무과)

주목(주목과)

## ● 속씨식물
### 기초속씨식물군

식물의 DNA 검사를 해보니 쌍떡잎식물 중에는 원시적인 형질을 가지고 있는 종들이 약간 있는 것이 밝혀졌는데, 이들을 따로 분류해서 '기초속씨식물군' 또는 '기저속씨식물군'이라고 한다.

수련(수련과)　　　　　　　　붓순나무(오미자과)

## ● 속씨식물
### 목련군

쌍떡잎식물 중에는 원시적인 형질을 가지고 있는 목련 종류를 따로 목련군으로 분류한다. 목련군은 기초속씨식물군과 마찬가지로 쌍떡잎식물이나 외떡잎식물에 속하지 않는다.

목련(목련과)　　　　　　　　녹나무(녹나무과)

## ● 속씨식물
### 외떡잎식물군

속씨식물 중에서 씨앗이 싹이 틀 때 1장의 떡잎이 나오는 식물을 '외떡잎식물'이라고 한다. 외떡잎식물은 보통 잎맥이 나란히맥이고 수염뿌리가 벋으며 줄기에 관다발이 불규칙하게 배열한다. 또 꽃잎의 수는 보통 3의 배수인 것이 특징이다.

창포(창포과)　　　백합(백합과)　　　벼(벼과)

## ● 속씨식물
### 진정쌍떡잎식물군

속씨식물 중에서 씨앗이 싹이 틀 때 2장의 떡잎이 나오는 식물을 '쌍떡잎식물'이라고 한다. 쌍떡잎식물 중에서 기초속씨식물군과 목련군을 제외한 나머지를 '진정쌍떡잎식물군'이라고 한다. 진정쌍떡잎식물군은 대체로 잎맥이 그물맥이고 꽃잎의 수는 4~5의 배수이다.

해당화(장미과)　　　활나물(콩과)　　　산국(국화과)

지구상에 가장 늦게 등장한 '속씨식물'은 꽃이 피고 씨방 안에 밑씨가 들어 있으며 넓은잎을 가지고 있는 것이 특징이다. 속씨식물은 보통 '외떡잎식물'과 '쌍떡잎식물'로 구분하였는데, 최근에 DNA 검사를 통해 쌍떡잎식물의 일부가 '기초속씨식물군'과 '목련군'으로 분리되었다.

강원도 태백의 서양민들레

# 봄에 피는 풀꽃

온대 지방에 속하는 우리나라는 4계절이 뚜렷하고 계절마다 피는 꽃이 일정하다. 낮의 길이가 점점 더 길어지는 봄부터 낮이 가장 긴 하지까지 꽃이 피는 식물을 '긴낮식물' 또는 '장일식물(長日植物)'이라고 하는데, 봄에 피는 꽃은 모두 여기에 해당한다. 봄에 피는 풀꽃은 들과 산에서 자라는 애기풀 외에 167종을 소개하였다.

봄에 피는 붉은색 풀꽃

## 애기풀 (원지과)

산기슭의 풀밭에서 20cm 정도 높이로 자라는 여러해살이풀. 잎은 어긋나고 긴 타원형이다. 4~6월에 잎겨드랑이에 나비 모양의 연자주색 꽃이 모여 핀다. 동글납작한 열매는 둘레가 날개로 되어 있다.

열매

## 족도리풀 (쥐방울덩굴과)

산의 숲속에서 자라는 여러해살이풀. 하트 모양의 잎은 뿌리에서 보통 2장씩 나온다. 4월에 땅바닥에 붙어 피는 흑자색 꽃의 모양이 부인들 머리에 쓰는 족도리(족두리)와 닮아서 '족도리풀'이라고 한다.

## 개족도리 (쥐방울덩굴과)

남부 지방의 숲속에서 자라는 여러해살이풀. 두꺼운 하트 모양의 잎은 1~2장이 나오는데 앞면에 연한 색 얼룩무늬가 있다. 4~5월에 땅바닥에 붙어 피는 족두리 모양의 흑자색 꽃은 옆을 향한다.

## 붓꽃 (붓꽃과)

산과 들의 풀밭에서 30~60cm 높이로 자라는 여러해살이풀. 5~6월에 줄기 끝에 2~3개의 자주색 꽃이 피는데 바깥쪽 꽃잎에는 노란색과 자주색 그물무늬가 있다. 꽃봉오리가 붓과 닮아서 '붓꽃'이라고 한다.

## 각시붓꽃 (붓꽃과)

산의 풀밭에서 10~30cm 높이로 자라는 여러해살이풀. 4~5월에 칼 모양의 잎 사이에서 자란 짧은 꽃줄기 끝에 1개의 자주색 꽃이 위를 향해 핀다. 붓꽃과 비슷하지만 키가 작아서 '각시붓꽃'이라고 한다.

## 개양귀비 (양귀비과)

화초로 심던 것이 들로 퍼져 자라는 한두해살이풀. 전체에 털이 많다. 잎은 어긋나고 새깃 모양으로 갈라진다. 5~6월에 가지 끝에 피는 분홍색~붉은색 꽃은 4장의 꽃잎 안쪽에 검은색 무늬가 있기도 하다.

여러해살이풀은 줄기의 일부나 땅속줄기, 뿌리 등이 겨울에도 죽지 않고 살아남아 계속 싹을 틔우는 풀을 말한다.

## 큰물칭개나물(질경이과)

물가나 습지에서 자라는 두해살이풀. 잎은 마주나고 긴 타원형이며 밑부분이 줄기를 감싼다. 5~6월에 줄기 끝이나 잎겨드랑이에서 나오는 꽃송이에 자주색~흰색 꽃이 촘촘히 돌려 가며 피어 올라간다.

## 큰개불알풀(질경이과)

길가나 풀밭에서 흔히 자라는 두해살이풀. 줄기는 비스듬히 눕고 털이 있다. 세모진 달걀형의 잎은 마주나거나 어긋난다. 3~6월에 잎겨드랑이에 피는 청자색 꽃은 진한 색 줄무늬가 있으며 꽃자루가 길다.

## 선개불알풀(질경이과)

길가나 풀밭에서 자라는 한두해살이풀. 줄기는 10~30㎝ 높이로 곧게 선다. 잎은 마주나고 세모진 달걀형이며 잎자루가 없고 위로 갈수록 작아진다. 4~6월에 잎겨드랑이에 피는 작은 청자색 꽃은 꽃자루가 거의 없다.

## 제비꽃(제비꽃과)

양지바른 풀밭에서 자라는 여러해살이풀. 길쭉한 잎이 모여난다. 4~5월에 꽃대 끝에 진자주색 꽃이 옆을 향해 핀다. 제비가 올 때쯤 피어서 '제비꽃'이라고 하며, '오랑캐꽃', '앉은뱅이꽃'이라고도 한다.

## 고깔제비꽃(제비꽃과)

산의 숲속에서 10~20㎝ 높이로 자라는 여러해살이풀. 봄에 돋는 달걀 모양의 하트형 잎은 가장자리가 고깔 모양으로 말려 '고깔제비꽃'이라고 한다. 잎은 꽃이 질 때쯤 완전히 펴진다. 4~5월에 홍자색 제비꽃이 핀다.

## 콩제비꽃(제비꽃과)

산과 들의 습한 곳에서 자라는 여러해살이풀. 콩팥 모양의 잎은 뿌리에서는 모여나고 줄기에서는 어긋난다. 4~5월에 잎겨드랑이의 긴 꽃자루 끝에 피는 연자주색 꽃은 진자주색 줄무늬가 있다.

우리나라에서 자라는 제비꽃과의 식물은 50여 종 가까이 되지만 뒤에 꿀주머니가 있는 꽃 모양이 비슷하여 쉽게 알아볼 수 있다.

**매발톱꽃**(미나리아재비과)

산의 풀밭에서 50~70㎝ 높이로 자라는 여러해살이풀. 5~7월에 가지 끝마다 적갈색 꽃이 밑을 향해 핀다. 꽃 뒤로 뻗은 긴 꽃뿔이 매의 발톱처럼 안으로 구부러진 모양이어서 '매발톱꽃'이라고 한다.

**백선**(운향과)

산기슭에서 60~90㎝ 높이로 자라는 여러해살이풀. 잎은 어긋나고 작은잎이 깃꼴로 붙는 겹잎이며 특유의 냄새가 난다. 5~6월에 줄기 윗부분에 피어 올라가는 연홍색 꽃은 보라색 줄무늬가 있다.

**갯장구채**(석죽과)

중부 이남의 바닷가에서 50㎝ 정도 높이로 자라는 한두해살이풀. 줄기에 털이 많다. 잎은 마주나고 긴 타원형이다. 5~6월에 줄기에서 갈라진 가지 끝마다 피는 분홍색 꽃은 5장의 꽃잎 끝이 2갈래로 깊게 갈라진다.

**뚜껑별꽃**(앵초과)

남쪽 섬의 바닷가에서 자라는 한두해살이풀. 줄기는 10~30㎝ 높이로 비스듬히 자란다. 잎은 마주나고 달걀형이며 잎자루가 없다. 4~5월에 잎겨드랑이에서 자란 긴 꽃자루 끝에 별 모양의 진보라색 꽃이 핀다.

**앵초**(앵초과)

산기슭의 습지나 냇가에서 15~40㎝ 높이로 자라는 여러해살이풀. 뿌리에서 모여나는 달걀형~타원형의 잎은 주름이 지며 흰색 털이 많다. 4~5월에 꽃줄기 끝에 우산 모양으로 모여 피는 홍자색 꽃은 중심부가 흰색이다.

**꽃마리**(지치과)

들이나 밭에서 10~30㎝ 높이로 흔히 자라는 두해살이풀. 4~6월에 꽃봉오리가 촘촘히 달려 있는 줄기 윗부분이 태엽처럼 말려 있다가 풀어지면서 연한 남색 꽃이 피어 올라가기 때문에 '꽃마리'라고 한다.

두해살이풀은 싹이 튼 그 해에는 꽃이 피지 않고 다음 해에 꽃이 피고 열매를 맺은 뒤 시드는 풀을 말한다.

**참꽃마리**(지치과)

산의 습한 곳에서 자라는 여러해살이
풀. 비스듬히 벋는 줄기에 어긋나는 잎
은 달걀형이다. 4~6월에 줄기 윗부분
의 잎겨드랑이에서 약간 떨어져 달리
는 긴 꽃자루 끝에 연보라색 또는 연분
홍색 꽃이 핀다.

**꽃바지**(지치과)

들이나 풀밭에서 5~30cm 높이로 자라
는 한두해살이풀. 줄기는 비스듬히 땅
을 기며 누운털이 있다. 주걱 모양의
뿌리잎은 뭉쳐나고 긴 타원형의 줄기
잎은 어긋난다. 4~7월에 잎겨드랑이
에 연하늘색 꽃이 핀다.

**당개지치**(지치과)

중부 이북의 숲속에서 40cm 정도 높이
로 자라는 여러해살이풀. 5~6장의 타
원형 잎이 줄기 윗부분에 촘촘히 어긋
난다. 5~6월에 줄기 끝에서 길게 벋
는 꽃대에 자주색 꽃들이 밑을 보고
핀다.

**반디지치**(지치과)

중부 이남의 산기슭에서 15~25cm 높
이로 자라는 여러해살이풀. 전체에 털
이 나 있다. 잎은 어긋나고 긴 타원형
이다. 4~6월에 줄기 윗부분의 잎겨드
랑이에 피는 벽자색 꽃은 흰색 줄이 도
드라진다.

**구슬붕이**(용담과)

양지바른 풀밭에서 2~10cm 높이로 자
라는 두해살이풀. 뿌리에서 네모진 달
걀형의 잎이 방석처럼 퍼진다. 5~6월
에 2~10cm 높이로 자란 줄기에서 갈
라진 가지 끝마다 종 모양의 자주색
꽃이 위를 향해 핀다.

**큰구슬붕이**(용담과)

산의 숲속에서 5~10cm 높이로 자라
는 두해살이풀. 뿌리잎은 줄기잎보다
작다. 줄기잎은 마주나고 달걀형이며
뒷면은 흔히 적자색이 돈다. 5~6월에
꽃줄기 끝에 종 모양의 자주색 꽃이
위를 향해 핀다.

봄에 피는 붉은색 풀꽃

## 쥐오줌풀(인동과)

산의 풀밭에서 40~80㎝ 높이로 자라는 여러해살이풀. 잎은 마주나고 작은 잎이 깃꼴로 마주붙는 겹잎이다. 5~6월에 줄기와 가지 끝에 연한 홍자색 꽃이 촘촘히 모여 핀다. 뿌리에서 지린내가 나서 '쥐오줌풀'이라고 한다.

## 얼레지(백합과)

산의 숲속에서 10~20㎝ 높이로 자라는 여러해살이풀. 2장씩 나는 타원형~달걀형의 잎 표면에 자주색의 얼룩무늬가 있어 '얼레지'라고 한다. 4~5월에 고개를 숙이고 피는 홍자색 꽃은 안쪽에 W자 모양의 무늬가 있다.

## 처녀치마(여로과)

산의 숲속에서 10~15㎝ 높이로 자라는 늘푸른여러해살이풀. 길쭉한 뿌리잎이 땅바닥에 방석처럼 펼쳐진 모양을 보고 '처녀치마'라고 한다. 4~6월에 뿌리잎 사이에서 자란 꽃줄기 끝에 홍자색 꽃이 촘촘히 모여 핀다.

## 달래(수선화과)

산과 들에서 10~20㎝ 높이로 자라는 여러해살이풀. 4월에 좁은 칼 모양의 잎과 함께 나온 꽃줄기 끝에 1~2개의 연분홍색 꽃이 핀다. 봄에 새순과 둥근 비늘줄기를 캐서 봄나물로 먹는데 매운맛이 난다.

## 산달래(수선화과)

산과 들의 풀밭에서 40~60㎝ 높이로 자라는 여러해살이풀. 5~6월에 꽃줄기 끝에 연분홍색~흰색 꽃이 둥글게 모여 피는데 꽃의 일부가 살눈으로 변하기도 한다. 봄에 새순과 비늘줄기를 캐서 나물로 먹는다.

## 등심붓꽃(붓꽃과)

북아메리카 원산으로 제주도의 풀밭에서 10~20㎝ 높이로 자라는 여러해살이풀. 가늘고 긴 칼 모양의 잎은 밑부분이 줄기를 감싼다. 5~6월에 줄기 끝에 피는 2~5개의 보라색 꽃은 중심부가 노란색이다.

식물 중에는 잎이나 잎겨드랑이에 생기는 구슬 모양의 살눈(주아)이 땅에 떨어져 씨앗처럼 싹이 터서 자라는 것도 있다.

열매

어린잎

### 할미꽃(미나리아재비과)

양지바른 풀밭에서 25~40㎝ 높이로 자라는 여러해살이풀. 전체가 흰색 솜털로 덮여 있다. 4월에 종 모양의 적자색 꽃이 고개를 숙이고 핀다. 열매가 할머니 머리처럼 흰색 깃털로 덮여 있어 '할미꽃'이라고 한다.

### 노루귀(미나리아재비과)

산의 숲속에서 6~12㎝ 높이로 자라는 여러해살이풀. 3~4월에 분홍색, 보라색, 흰색 꽃이 핀다. 꽃이 질 때쯤 뿌리에서 돋는 세모꼴 잎은 긴 흰색 털로 덮여 있어 마치 노루의 귀처럼 보이기 때문에 '노루귀'라고 한다.

### 깽깽이풀(매자나무과)

산의 숲속에서 10~20㎝ 높이로 자라는 여러해살이풀. 봄에 잎이 돋기 전에 먼저 자홍색 꽃이 핀다. 꽃잎은 6~8장이며 한낮에만 꽃잎이 벌어진다. 뒤따라 돋는 둥그스름한 뿌리잎은 가장자리에 큼직한 톱니가 있다.

### 앉은부채(천남성과)

산골짜기의 습한 곳에서 10~40㎝ 높이로 자라는 여러해살이풀. 2~3월에 잎보다 먼저 꽃이 핀다. 타원형의 꽃덮개 속에 도깨비방망이 모양의 꽃이삭이 들어 있다. 꽃이 질 때쯤 부채처럼 큰 하트 모양의 잎이 돋는다.

### 개불알꽃(난초과)

산에서 30~50㎝ 높이로 자라는 여러해살이풀. 잎은 3~5장이 어긋나고 타원형이다. 5~6월에 줄기 끝에 달걀만한 분홍색 꽃이 1개가 핀다. 이름이 거북하다고 '복주머니난'으로 바꾸어 부르기도 한다.

### 자란(난초과)

전남의 바닷가에서 30~50㎝ 높이로 자라는 여러해살이풀. 잎은 긴 타원형이고 세로로 많은 주름이 있으며 5~6장이 촘촘히 모여난다. 5~6월에 꽃줄기 윗부분에 6~7개의 큼직한 홍자색 꽃이 옆을 보고 핀다.

난초과의 식물은 모두 풀로, 대부분은 꽃잎 중에서 1장이 유난히 크게 자라는 특징이 있는데 이 꽃잎을 '입술꽃잎'이라고 한다.

### 현호색(양귀비과)

산에서 20㎝ 정도 높이로 자라는 여러해살이풀. 전체가 연약하다. 잎은 어긋나고 잎몸이 3갈래로 갈라진 겹잎이며 가장자리에 자잘한 톱니가 있다. 4월에 기다란 원통형의 자주색 꽃이 모여 핀다. 땅속에 둥근 덩이줄기가 있다.

### 자주괴불주머니(양귀비과)

남부 지방의 산과 들에서 20~50㎝ 높이로 자라는 두해살이풀. 작은잎 가장자리에 날카로운 톱니가 있다. 3~5월에 줄기 윗부분에 기다란 원통형의 홍자색 꽃이 촘촘히 모여 핀다. 땅속에 덩이줄기가 없다.

### 금낭화(양귀비과)

산골짜기에서 30~60㎝ 높이로 자라는 여러해살이풀. 새깃 모양의 겹잎은 어긋난다. 5~6월에 휘어진 줄기 끝에 납작한 하트 모양의 붉은색 꽃이 조롱조롱 매달린다. 꽃의 모양이 특이하고 아름다워 화단에 심어 가꾸기도 한다.

### 살갈퀴(콩과)

들이나 산기슭에서 50~60㎝ 높이로 자라는 두해살이풀. 덩굴지는 줄기는 잎자루 끝의 덩굴손으로 다른 물체를 감고 오른다. 새깃 모양의 겹잎은 어긋난다. 4~5월에 잎겨드랑이에 나비 모양의 홍자색 꽃이 1~2개씩 핀다.

### 갯완두(콩과)

바닷가 모래땅에서 자라는 여러해살이풀. 줄기는 20~60㎝ 길이로 비스듬히 벋는다. 새깃 모양의 겹잎은 끝이 덩굴손이며 다른 물체를 감고 오른다. 5~7월에 잎겨드랑이에 나비 모양의 적자색 꽃이 모여 핀다.

### 자운영(콩과)

남부 지방의 논밭에서 10~25㎝ 높이로 자라는 두해살이풀. 4~5월에 꽃대 끝에 나비 모양의 붉은색 꽃이 둥글게 모여 핀다. 자운영은 논이나 밭에 심어 기른 다음 그대로 갈아엎어 '풋거름'으로 쓴다.

풋거름은 생풀이나 생나무 잎으로 만든 충분히 썩지 않은 거름으로 '초비'라고도 한다.

**붉은토끼풀**(콩과)

풀밭에서 30~60cm 높이로 자라는 여러해살이풀. 잎은 어긋나고 3장의 작은잎이 모여 달린 겹잎이다. 5~7월에 긴 꽃자루 끝에 분홍색 꽃송이가 달린다. 목장에서 목초로 기르던 것이 퍼져 나갔다.

**자주개자리**(콩과)

유럽 원산의 목초로 길가나 빈터에서 30~90cm 높이로 자라는 여러해살이풀. 잎은 어긋나고 3장의 작은잎이 모여 달린 겹잎이다. 5~7월에 잎겨드랑이에서 자란 꽃줄기에 홍자색~청자색 꽃이 모여 핀다.

**금창초**(꿀풀과)

남부 지방의 산기슭이나 풀밭에서 기며 자라는 여러해살이풀. 뿌리에서 주걱 모양의 잎이 모여난다. 땅바닥을 기는 줄기에는 긴 타원형 잎이 마주난다. 4~6월에 잎겨드랑이에 자주색 꽃이 모여 핀다.

**조개나물**(꿀풀과)

산과 들의 양지바른 풀밭에서 8~30cm 높이로 자라는 여러해살이풀. 줄기는 곧게 서고 긴 흰색 털이 빽빽하다. 타원형 잎은 마주난다. 4~5월에 잎겨드랑이마다 입술 모양의 청자색 꽃이 촘촘히 돌려 가며 피어 올라간다.

**골무꽃**(꿀풀과)

산기슭이나 숲 가장자리에서 20~30cm 높이로 자라는 여러해살이풀. 네모난 줄기에 마주나는 잎은 둥근 하트 모양이며 가장자리에 둔한 톱니가 있다. 5~6월에 줄기 끝에 입술 모양의 자주색 꽃이 한쪽 방향으로 촘촘히 핀다.

**벌깨덩굴**(꿀풀과)

산의 숲속에서 자라는 여러해살이풀. 네모난 줄기에 마주나는 잎은 타원형이다. 4~5월에 줄기 윗부분의 잎겨드랑이에 자주색 꽃이 층층으로 한쪽 방향을 보고 핀다. 입술 모양의 꽃잎 중 아래쪽의 꽃잎에 긴 흰색 털이 있다.

목초는 가축의 사료로 먹이기 위해 재배하는 풀로 큰조아재비, 자주개자리, 토끼풀, 붉은토끼풀 등을 외국에서 들여와 목장에 심었다.

### 긴병꽃풀 (꿀풀과)

산기슭의 볕이 잘드는 풀밭에서 자라는 여러해살이풀. 네모난 줄기는 10~20㎝ 높이로 비스듬히 자란다. 잎은 마주나고 둥근 하트 모양이다. 4~5월에 잎겨드랑이에 입술 모양의 연자주색 꽃이 1~3개가 핀다.

### 꿀풀 (꿀풀과)

산과 들의 풀밭에서 20~40㎝ 높이로 자라는 여러해살이풀. 5~7월에 줄기 끝에 달리는 원통형 꽃이삭에 입술 모양의 자주색 꽃이 촘촘히 돌려 가며 달린다. 작은 꽃을 뽑아서 밑부분을 입으로 빨면 단 꿀물이 나온다.

### 자주광대나물 (꿀풀과)

유럽 원산으로 들에서 10~25㎝ 높이로 자라는 한두해살이풀. 잎은 마주나고 넓은 달걀형이며 털이 있고 위로 갈수록 자줏빛이 돈다. 4~5월에 줄기 위쪽의 잎겨드랑이에 입술 모양의 홍자색 꽃이 층층이 모여 핀다.

### 광대나물 (꿀풀과)

풀밭이나 길가에서 20~30㎝ 높이로 흔히 자라는 두해살이풀. 반달 모양의 잎은 2장씩 마주나는데 윗부분의 잎은 잎자루가 없어서 줄기를 완전히 둘러싼다. 3~5월에 잎겨드랑이에 입술 모양의 홍자색 꽃이 돌려 가며 핀다.

### 배암차즈기 (꿀풀과)

들의 습한 곳에서 30~70㎝ 높이로 자라는 두해살이풀. 잎은 마주나고 긴 타원형이며 둔한 톱니가 있고 주름이 진다. 5~7월에 줄기 끝과 윗부분의 잎겨드랑이에 자잘한 입술 모양의 연자주색 꽃이 모여 핀다.

### 갯메꽃 (메꽃과)

바닷가 모래땅에서 15~30㎝ 높이로 자라는 여러해살이덩굴풀. 잎은 어긋나고 둥근 하트 모양이며 잎자루가 길다. 5~7월에 잎겨드랑이에서 자란 꽃대 끝에 피는 나팔 모양의 분홍색 꽃은 5개의 흰색 줄무늬가 있다.

꿀풀과의 식물은 대부분이 풀이며 꽃은 입술 모양이고 일반적으로 줄기와 가지의 단면은 네모진 모양이다.

### 주름잎(파리풀과)

밭이나 빈터에서 5~20㎝ 높이로 비스듬히 자라는 한해살이풀. 줄기에 마주나는 주걱 모양의 잎은 주름이 지는 특색이 있어 '주름잎'이라고 한다. 5~8월에 줄기 윗부분에 입술 모양의 연자주색 꽃이 모여 핀다.

### 미치광이풀(가지과)

숲속에서 30~60㎝ 높이로 자라는 여러해살이풀. 타원형 잎은 마주난다. 4~5월에 잎겨드랑이에 종 모양의 흑자색 꽃이 매달린다. 독성이 강해서 잘못 먹으면 미친 것처럼 날뛰어서 '미치광이풀'이라고 한다.

### 뻐꾹채(국화과)

산기슭의 건조한 풀밭에서 자라는 여러해살이풀. 줄기는 40~70㎝ 높이로 곧게 자라며 전체에 거미줄 같은 흰색 털이 있다. 잎몸은 깃꼴로 갈라진다. 5~7월에 줄기 끝에 1개의 붉은색 꽃이 피는데 지름 6~9㎝로 큼직하다.

### 지느러미엉겅퀴(국화과)

밭이나 길가에서 70~100㎝ 높이로 자라는 두해살이풀. 줄기에 가시가 달린 지느러미 모양의 날개가 있다. 잎은 어긋나며 길쭉한 잎 가장자리에도 가시가 있다. 5~8월에 가지 끝에 자주색 꽃송이가 달린다.

### 조뱅이(국화과)

밭이나 빈터에서 25~50㎝ 높이로 자라는 한두해살이풀. 뿌리줄기가 벋으며 퍼진다. 잎은 어긋나고 길쭉한 타원형이며 가장자리에 가시 모양의 털이 있다. 5~7월에 줄기와 가지 끝에 홍자색 꽃송이가 달린다.

### 지칭개(국화과)

들이나 밭에서 60~80㎝ 높이로 자라는 두해살이풀. 잎은 어긋나고 좁은 타원형이며 새깃처럼 깊게 갈라지고 뒷면은 흰색 솜털로 덮여 있다. 5~7월에 줄기에서 촘촘히 갈라진 가지 끝마다 홍자색 꽃송이가 달린다.

국화과의 식물은 대부분 풀이며 작은 꽃들이 모여 달린 머리 모양의 꽃차례가 한 송이 꽃처럼 보인다.

## 금붓꽃 (붓꽃과)

중부 지방의 산기슭 풀밭에서 자라는 여러해살이풀. 칼 모양의 잎은 줄기 밑부분에서 2줄로 얼싸안으며 서로 어긋난다. 4~5월에 10~15㎝ 높이로 자란 꽃줄기 끝에 1개의 노란색 붓꽃이 위를 향해 핀다.

## 애기똥풀 (양귀비과)

들의 풀밭이나 길가에서 30~80㎝ 높이로 자라는 두해살이풀. 줄기나 잎을 자르면 나오는 노란색 즙이 어린 아기 똥 같다고 '애기똥풀'이라고 한다. 5~8월에 가지 끝에 노란색 꽃이 우산 모양으로 모여 핀다.

## 피나물 (양귀비과)

산의 숲속에서 20~30㎝ 높이로 자라는 여러해살이풀. 4~5월에 줄기 윗부분의 잎겨드랑이에서 나온 꽃자루에 1~3개의 노란색 꽃이 핀다. 줄기를 자르면 황적색 즙이 나오기 때문에 '피나물'이라고 한다.

## 개갓냉이 (겨자과)

들에서 20~50㎝ 높이로 자라는 여러해살이풀. 잎은 어긋나고 긴 타원형이며 가장자리에 톱니가 있고 잎자루가 없다. 5~6월에 줄기와 가지 끝의 꽃송이에 자잘한 십자 모양의 노란색 꽃이 촘촘히 모여 핀다.

## 속속이풀 (겨자과)

논이나 들에서 30~60㎝ 높이로 자라는 두해살이풀. 잎은 어긋나고 가장자리가 새깃처럼 깊게 갈라진다. 5~6월에 줄기와 가지 끝의 꽃송이에 자잘한 십자 모양의 노란색 꽃이 모여 핀다. 열매는 긴 타원형이다.

## 꽃다지 (겨자과)

들이나 밭에서 10~25㎝ 높이로 자라는 두해살이풀. 잎과 줄기에는 짧은털이 빽빽하다. 4~5월에 줄기와 가지 끝의 꽃송이에 자잘한 노란색 꽃이 모여 핀다. 이른 봄에 뿌리잎을 캐서 나물이나 국거리로 먹는다.

양귀비과의 식물은 줄기에 즙이 있는 풀로 꽃잎은 보통 4장이고 2장의 꽃받침조각은 꽃이 피면 곧 떨어진다.

## 나도냉이(겨자과)

산과 들의 냇가나 습지에서 50~100㎝ 높이로 자라는 두해살이풀. 잎은 어긋나고 잎몸이 새깃 모양으로 갈라지며 밑부분이 줄기를 반쯤 감싼다. 5~6월에 줄기와 가지 끝의 꽃송이에 십자 모양의 노란색 꽃이 촘촘히 모여 핀다.

## 장대나물(겨자과)

들이나 산의 양지바른 풀밭에서 40~70㎝ 높이로 자라는 두해살이풀. 장대처럼 곧게 자라는 줄기에 긴 타원형 잎이 어긋난다. 4~6월에 줄기 윗부분에 십자 모양의 황백색 꽃이 모여 핀다. 봄에 새순을 뜯어 나물로 먹는다.

## 개구리자리(미나리아재비과)

습지에서 30~60㎝ 높이로 자라는 두해살이풀. 잎은 어긋나고 둥그스름한 잎몸은 3갈래로 깊게 갈라지며 둥근 톱니가 있고 앞면은 광택이 난다. 5~6월에 노란색 꽃이 피는데 꽃잎 앞면도 광택이 난다.

## 미나리아재비(미나리아재비과)

산과 들의 습한 풀밭에서 30~70㎝ 높이로 자라는 여러해살이풀. 뿌리잎은 잎자루가 길고 잎몸이 3갈래로 깊게 갈라진다. 5~6월에 줄기와 가지 끝에 노란색 꽃이 피는데 5장의 꽃잎 앞면은 광택이 난다.

## 젓가락나물(미나리아재비과)

습한 들에서 40~60㎝ 높이로 자라는 두해살이풀~여러해살이풀. 전체에 퍼진털이 있다. 잎몸은 손바닥처럼 깊게 갈라진다. 6월에 줄기와 가지 끝에 노란색 꽃이 핀다. 타원형 열매는 표면에 울퉁불퉁한 돌기가 있다.

## 동의나물(미나리아재비과)

산의 습지나 물가에서 50㎝ 정도 높이로 자라는 여러해살이풀. 굵은 뿌리에서 둥근 하트 모양의 뿌리잎이 모여나는데 가장자리에 둔한 톱니가 있거나 없다. 4~5월에 줄기 끝에 노란색 꽃이 1~2개씩 위를 향해 핀다.

## 돌나물(돌나물과)

산과 들의 축축한 땅에서 15cm 정도 높이로 자라는 여러해살이풀. 전체가 통통한 육질이며 잎은 3장씩 돌려난다. 5~6월에 가지 끝에 노란색 꽃이 모여 핀다. 잎줄기로 흔히 물김치를 담가 먹는데 독특한 향기와 맛이 난다.

## 땅채송화(돌나물과)

바닷가 바위틈에서 7~12cm 높이로 자라는 여러해살이풀. 전체가 통통한 육질이다. 원통형 잎은 줄기에 촘촘히 돌려 가며 어긋난다. 5~7월에 줄기 끝에서 갈라진 가지마다 별 모양의 노란색 꽃이 모여 핀다.

## 괭이밥(괭이밥과)

길가나 빈터에서 10~30cm 높이로 자라는 여러해살이풀. 씹으면 새콤한 신맛이 나는 하트 모양의 작은잎은 밤에는 중심선을 따라 반으로 접혀져 포개진다. 5~8월에 꽃자루 끝에 노란색 꽃이 모여 핀다.

## 노랑제비꽃(제비꽃과)

산의 풀밭에서 10~20cm 높이로 곧게 자라는 여러해살이풀. 뿌리잎은 하트 모양이고 잎자루가 길지만 마주나는 줄기잎은 잎자루가 거의 없다. 4~5월에 줄기 끝의 잎겨드랑이에 노란색 제비꽃이 핀다.

## 가락지나물(장미과)

산기슭과 길가의 습지에서 10~30cm 높이로 자라는 여러해살이풀. 뿌리잎은 5장의 작은잎이 손바닥 모양으로 붙는 겹잎이고 줄기잎은 3장의 작은잎이 모여 달린다. 5~7월에 줄기 끝의 꽃가지마다 노란색 꽃이 핀다.

## 양지꽃(장미과)

산과 들의 양지에서 20~50cm 높이로 자라는 여러해살이풀. 뿌리에서 모여 난 줄기와 잎은 전체가 긴 솜털로 덮여 있다. 뿌리잎은 작은잎이 깃꼴로 붙는 겹잎이다. 4~6월에 갈라진 잔가지마다 노란색 꽃이 모여 핀다.

돌나물과의 식물은 대부분 풀이며 줄기와 잎이 통통한 육질인 것이 많다.

**솜양지꽃**(장미과)

산기슭이나 바닷가의 양지에서 15~40㎝ 높이로 비스듬히 자라는 여러해살이풀. 잎 앞면 이외에는 솜털이 **빽빽**이 나 있다. 뿌리잎은 작은잎이 깃꼴로 붙는 겹잎이다. 4~8월에 갈라진 가지마다 노란색 꽃이 핀다.

**뱀딸기**(장미과)

풀숲과 길가에서 10~15㎝ 높이로 자라는 여러해살이풀. 줄기는 땅 위로 벋는다. 잎은 어긋나고 3장의 작은잎이 모여 달린 겹잎이다. 4~7월에 잎겨드랑이에 노란색 꽃이 핀다. 붉게 익는 딸기 모양의 둥근 열매는 맛이 없다.

**좀가지풀**(앵초과)

남부 지방의 산과 들에서 자라는 여러해살이풀. 줄기는 30~50㎝ 길이로 땅을 기거나 비스듬히 선다. 잎은 마주나고 넓은 달걀형이며 가장자리가 밋밋하다. 5~6월에 잎겨드랑이에 별 모양의 노란색 꽃이 1개씩 핀다.

**씀바귀**(국화과)

산과 들에서 20~50㎝ 높이로 자라는 여러해살이풀. 5~6월에 가지 끝마다 5~7장의 꽃잎을 가진 노란색 꽃송이가 달린다. 이른 봄에 새싹을 뿌리째 캐서 봄나물로 먹는데 쓴맛이 나서 '씀바귀'라고 한다.

**중의무릇**(백합과)

중부 이북의 산 풀밭에서 15~25㎝ 높이로 자라는 여러해살이풀. 칼 모양의 잎은 안쪽으로 조금 말리며 비스듬히 휘어진다. 4~5월에 15~25㎝ 높이로 자란 꽃줄기 끝에서 갈라진 꽃자루마다 노란색 꽃이 핀다.

**감자난**(난초과)

산의 숲속에서 30~50㎝ 높이로 자라는 여러해살이풀. 땅속의 감자처럼 생긴 둥근 헛비늘줄기에서 2장의 칼 모양의 잎이 나와 비스듬히 자란다. 5~6월에 뿌리에서 자란 꽃줄기 윗부분에 황갈색 꽃이 촘촘히 돌려 가며 핀다.

## 금난초(난초과)

경기도 이남의 산 숲속에서 40~60㎝ 높이로 자라는 여러해살이풀. 잎은 어긋나고 긴 타원형이며 주름이 진다. 4~6월에 줄기 윗부분에 노란색 꽃이 촘촘히 돌려 가며 피는데 꽃잎은 활짝 벌어지지 않는다.

## 복수초(미나리아재비과)

깊은 산 숲속에서 10~25㎝ 높이로 자라는 여러해살이풀. 잎몸은 여러 번 새깃 모양으로 잘게 갈라진다. 3~4월에 줄기 끝에 달리는 1개의 노란색 꽃은 한낮에만 꽃잎이 벌어지고 추운 밤에는 꽃잎이 오므라든다.

## 솜방망이(국화과)

들이나 산기슭의 풀밭에서 20~60㎝ 높이로 자라는 여러해살이풀. 봄에 돋아나는 줄기와 잎은 거미줄 같은 흰색 털로 덮여 있어 '솜방망이'라고 한다. 4~5월에 줄기 끝에서 갈라진 가지마다 노란색 꽃송이가 달린다.

열매

## 개보리뺑이(국화과)

전라도와 제주도의 논밭에서 자라는 두해살이풀. 뿌리에서 모여나 방석처럼 퍼지는 잎은 가장자리가 새깃처럼 깊게 갈라진다. 줄기잎은 어긋나며 새깃처럼 갈라진다. 3~5월에 줄기와 가지 끝에 노란색 꽃송이가 달린다.

## 민들레(국화과)

양지바른 풀밭에서 10~15㎝ 높이로 자라는 여러해살이풀로 '안질방이'라고도 한다. 뿌리에서 모여나는 잎은 새깃처럼 깊게 갈라진다. 3~5월에 꽃대 끝에 노란색 꽃송이가 달린다. 털이 달린 씨앗은 둥근 공 모양을 이룬다.

## 벋음씀바귀(국화과)

논두렁이나 습한 풀밭에서 자라는 여러해살이풀. 옆으로 벋는 뿌리줄기에서 나오는 길쭉한 잎은 밑부분에 톱니가 약간 있다. 5~7월에 10~35㎝ 높이로 자란 꽃대 끝에 1~6개의 노란색 꽃송이가 달린다.

우리나라에 꽃이 피는 식물 중에는 노란색 꽃(33%)이 가장 많고, 흰색 꽃(28%), 푸른색 꽃(26%), 붉은색 꽃(13%) 순이다.

## 벌씀바귀 (국화과)

들에서 15~50㎝ 높이로 자라는 두해
살이풀. 줄기에 어긋나는 기다란 잎은
밑부분이 귀 모양으로 줄기를 감싼다.
5~7월에 가지 끝마다 자잘한 노란색
꽃송이가 달린다. 줄기를 자르면 흰색
즙이 나온다.

## 뽀리뱅이 (국화과)

들에서 15~100㎝ 높이로 자라는 두해
살이풀. 잎은 어긋나고 잎몸은 새깃처
럼 깊게 갈라진다. 줄기와 잎 전체에
털이 나 있다. 5~6월에 줄기 끝에서
갈라진 가지 끝마다 자잘한 노란색 꽃
송이가 달린다.

## 창포 (창포과)

연못가나 습지에서 70~100㎝ 높이로
자라는 여러해살이풀. 5~7월에 꽃줄
기에 황록색의 긴 타원형 꽃이삭이 달
린다. 향기가 있어 옛날에는 단옷날 창
포를 끓인 물로 머리를 감고 목욕을
하는 풍습이 있었다.

열매

## 윤판나물 (콜키쿰과)

산의 숲속에서 30~50㎝ 높이로 자라
는 여러해살이풀. 잎은 어긋나고 긴 타
원형이며 잎자루가 없다. 4~5월에 가
지 끝에 통 모양의 노란색 꽃 2~3개가
밑을 향해 핀다. 둥근 열매는 가을에
검은색으로 익는다.

## 산괴불주머니 (양귀비과)

산과 들에서 30~50㎝ 높이로 흔히 자
라는 두해살이풀. 연약한 줄기에 어긋나
는 잎은 새깃처럼 계속 잘게 갈라진다.
4~6월에 줄기 윗부분에 기다란 입술 모
양의 노란색 꽃이 촘촘히 모여 핀다. 기
다란 열매는 염주처럼 올록볼록하다.

## 산괭이눈 (범의귀과)

산에서 8~15㎝ 높이로 자라는 여러해
살이풀. 벋는 가지가 있다. 잎은 둥근
하트 모양이며 가장자리에 얕은 톱니
가 있다. 5월에 줄기 끝에 자잘한 노란
색 꽃이 촘촘히 모여 피는데 꽃밥은 노
란색이다.

### 회리바람꽃 (미나리아재비과)

강원도 이북의 숲속에서 20~30㎝ 높이로 자라는 여러해살이풀. 뿌리잎은 3~5갈래로 갈라진다. 4~6월에 줄기 끝에서 자란 1~2개의 긴 꽃자루 끝에 둥그스름한 연노란색 꽃송이가 달린다. 연녹색 꽃받침조각은 뒤로 젖혀진다.

### 노랑토끼풀 (콩과)

지중해 원산으로 남부 지방의 바닷가에서 10~25㎝ 높이로 비스듬히 자라는 한해살이풀. 잎은 어긋나고 3장의 작은잎이 모여 달린 겹잎이다. 5~6월에 잎겨드랑이에서 자란 꽃대 끝에 자잘한 노란색 꽃이 둥글게 모여 핀다.

### 개자리 (콩과)

유럽 원산으로 길가나 빈터에서 5~15㎝ 높이로 자라는 한해살이풀. 잎은 어긋나고 3장의 작은잎이 모여 달린 겹잎이다. 5~7월에 잎겨드랑이에서 자란 꽃대 끝의 머리모양꽃차례에 4~8개의 노란색 꽃이 모여 핀다.

### 머위 (국화과)

산과 들의 습한 곳에서 10~40㎝ 높이로 자라는 여러해살이풀. 4월에 잎보다 먼저 나온 꽃줄기 끝에 연노란색 꽃이 둥글게 모여 핀다. 둥글넓적한 잎을 따다가 삶아서 쌈나물로 먹고 잎자루로 나물을 만들어 먹는다.

### 개쑥갓 (국화과)

길가나 빈터에서 10~30㎝ 높이로 자라는 한두해살이풀. 잎은 어긋나고 새 깃 모양으로 갈라지며 밑부분이 줄기를 감싼다. 4~10월에 갈라진 가지 끝마다 달리는 원통형의 꽃송이는 끝부분이 노란색이다.

### 떡쑥 (국화과)

길가나 밭둑에서 15~40㎝ 높이로 자라는 두해살이풀. 전체가 솜 같은 흰색 털로 덮여 있다. 기다란 주걱 모양의 잎은 어긋난다. 5~7월에 자잘한 연노란색 꽃송이가 모여 달린다. 봄에 뿌리잎을 캐서 떡을 만들 때 넣는다.

한해살이풀은 봄에 싹이 튼 다음 그 해에 꽃이 피고 열매를 맺은 뒤 시드는 풀을 말한다.

## 약모밀(삼백초과)

그늘진 습지에서 20~50㎝ 높이로 자라는 여러해살이풀. 잎은 어긋나고 하트 모양이다. 5~7월에 줄기 끝에 흰색 꽃이 핀다. 식물 전체에서 역겨운 생선 비린내가 나서 '어성초'라고 하며 약초로 기른다.

## 말냉이(겨자과)

밭이나 빈터에서 20~50㎝ 높이로 흔히 자라는 두해살이풀. 잎은 어긋나고 긴 타원형이다. 4~5월에 줄기와 가지 윗부분에 십자 모양의 자잘한 흰색 꽃이 촘촘히 돌려 가며 핀다. 동글납작한 열매의 둘레에는 날개가 있다.

## 황새냉이(겨자과)

논밭 주변이나 습지에서 10~30㎝ 높이로 자라는 두해살이풀. 새깃 모양으로 갈라지는 잎은 맨 끝의 작은잎이 가장 크다. 4~5월에 줄기와 가지 끝에 흰색 꽃이 모여 핀다. 이른 봄에 뿌리잎을 캐서 나물로 먹는다.

## 미나리냉이(겨자과)

산의 물가나 습한 곳에서 30~70㎝ 높이로 자라는 여러해살이풀. 잎은 어긋나고 5~6장의 작은잎이 깃꼴로 붙는 겹잎이다. 작은잎은 긴 달걀형이며 끝이 뾰족하다. 4~6월에 가지 끝에 자잘한 흰색 꽃이 모여 핀다.

## 싸리냉이(겨자과)

산의 습한 곳에서 40~50㎝ 높이로 자라는 두해살이풀. 잎은 어긋나고 11장 정도의 작은잎이 깃꼴로 붙는 겹잎이다. 작은잎은 2~3갈래로 갈라진다. 5~6월에 줄기와 가지 끝에 자잘한 흰색 꽃이 모여 핀다.

## 냉이(겨자과)

들이나 밭에서 10~50㎝ 높이로 흔히 자라는 두해살이풀. 4~5월에 줄기 끝에 흰색 꽃이 모여 핀다. 열매는 역삼각형 모양이다. 이른 봄에 뿌리째 캐서 냉잇국을 끓이거나 나물로 무쳐 먹는데 독특한 향기가 입맛을 돋우어 준다.

겨자과의 식물은 모두 풀이며 4장의 꽃잎이 十자형을 이루는 특징이 있어 '십자화과'라고도 한다.

### 개구리발톱(미나리아재비과)

남부 지방의 산기슭에서 10~30㎝ 높이로 자라는 여러해살이풀. 잎은 3장의 작은잎이 모여 달린 겹잎이다. 4~5월에 가지 끝마다 흰색이나 연홍색 꽃이 고개를 숙이고 핀다. 열매는 3~4개가 모여 달린다.

### 홀아비바람꽃(미나리아재비과)

중부 이북의 숲속에서 7~20㎝ 높이로 자라는 여러해살이풀. 뿌리잎은 잎자루가 길고 손바닥처럼 5갈래로 깊게 갈라진다. 4~5월에 털이 있는 긴 꽃자루 끝에 1개의 흰색 꽃이 하늘을 보고 핀다.

### 너도바람꽃(미나리아재비과)

중부 이북의 숲속에서 10~15㎝ 높이로 자라는 여러해살이풀. 줄기는 연약하다. 3~4월에 줄기 끝에 지름 2㎝ 정도의 흰색 꽃이 1개가 핀다. 꽃이 질 때쯤 돋는 뿌리잎은 잎몸이 3갈래로 깊게 갈라진다.

### 바위취(범의귀과)

중부 이남의 습한 곳에서 20~40㎝ 높이로 자라는 늘푸른여러해살이풀. 잎 앞면에 회녹색 얼룩무늬가 있다. 꽃은 5~6월에 피는데 5장의 꽃잎 중 밑에 있는 2장의 꽃잎은 더 길고 윗부분의 작은 꽃잎은 붉은색 무늬가 있다.

### 제비꿀(단향과)

산기슭의 풀밭에서 15~35㎝ 높이로 자라는 여러해살이풀. 가느다란 잎은 줄기에 어긋난다. 5~6월에 잎겨드랑이에 작은 흰색 꽃이 1개씩 핀다. 모자라는 양분을 다른 식물로부터 얻는 반기생식물이다.

### 개별꽃(석죽과)

산의 숲속에서 10~15㎝ 높이로 자라는 여러해살이풀. 길쭉한 잎은 마주난다. 4~5월에 줄기 끝에 별 모양의 흰색 꽃 1~5개가 위를 향해 피는데 꽃밥은 갈색이다. 5장의 꽃잎은 끝이 얕게 갈라진다.

제비꿀은 다른 식물에 기생해서 물과 양분의 일부분을 얻고 스스로도 양분을 만들기 때문에 '반기생식물'이라고 한다.

**점나도나물**(석죽과)

길가나 밭에서 15~25㎝ 높이로 자라
는 두해살이풀. 자줏빛이 도는 줄기
와 잎에 잔털이 많다. 잎은 마주나고
달걀형이다. 5~6월에 줄기 끝에 모여
피는 흰색 꽃은 꽃잎이 2갈래로 얕게
갈라진다.

**벼룩나물**(석죽과)

빈터나 논밭에서 자라는 두해살이풀.
가지가 많이 갈라지는 가는 줄기는 땅
을 기다가 윗부분만 비스듬히 선다. 잎
은 마주나고 타원형~좁은 달걀형이
다. 4~5월에 가지 끝에 피는 흰색 꽃
은 꽃잎이 2갈래로 깊게 갈라진다.

**큰괭이밥**(괭이밥과)

숲속에서 10~20㎝ 높이로 자라는 여
러해살이풀. 4~5월에 잎이 돋을 때 꽃
대 끝에 1개의 흰색 꽃이 옆을 향해 핀
다. 잎은 뿌리에서 모여나는데 긴 잎
자루 끝에 거꿀삼각형의 작은잎 3장이
모여 달린 겹잎이다.

**남산제비꽃**(제비꽃과)

산과 들에서 5~15㎝ 높이로 자라는 여
러해살이풀. 뿌리에서 모여나는 잎은 잎
몸이 새깃처럼 잘게 갈라진다. 4~5월에
꽃줄기 끝에 흰색 제비꽃이 옆을 향해
피는데 뒷부분은 기다란 꿀주머니로
되어 있다.

**흰제비꽃**(제비꽃과)

높은 산의 습한 풀밭에서 10~15㎝ 높
이로 자라는 여러해살이풀. 주걱 모양
의 기다란 뿌리잎은 잎자루 위쪽에 날
개가 있다. 4~5월에 뿌리에서 모여난
꽃줄기 끝에 흰색 제비꽃이 1개씩 옆을
향해 핀다.

**눈개승마**(장미과)

깊은 산에서 30~100㎝ 높이로 자라는
여러해살이풀. 잎은 어긋나고 3~5갈
래로 갈라지는 잎자루마다 3장씩 작은
타원형 잎이 붙는 겹잎이다. 5~7월에
줄기 끝의 큰 꽃이삭에 자잘한 연한 황
백색 꽃이 달린다.

남산제비꽃은 서울의 남산에서 처음 발견되어 붙여진 이름이다. 이처럼 발견된 지역 이름을 따서 식물 이름을 붙이는 경우도 있다.

## 봄맞이 (앵초과)

들이나 산기슭의 양지에서 10~20㎝ 높이로 자라는 한두해살이풀. 뿌리에 조그만 반달 모양의 잎이 모여난다. 4~5월에 가느다란 꽃줄기 끝에서 우산살처럼 갈라진 가지마다 자잘한 흰색 꽃이 피는데 중심부는 노란색이다.

## 갯까치수영 (앵초과)

주로 남부 지방의 바닷가에서 10~40㎝ 높이로 자라는 두해살이풀. 잎은 어긋나고 주걱 모양이며 퉁퉁한 육질이다. 5~7월에 줄기와 가지 끝에 촘촘히 모여 피는 흰색 꽃은 5갈래로 갈라져 벌어진다.

## 모래지치 (지치과)

바닷가 모래땅에서 25~35㎝ 높이로 자라는 여러해살이풀. 잎은 촘촘히 어긋나고 주걱 모양이며 두껍다. 5~7월에 가지 끝과 윗부분의 잎겨드랑이에 흰색 꽃이 촘촘히 모여 피는데 안쪽에 노란색 무늬가 있다.

## 애기나리 (콜키쿰과)

산의 숲속에서 15~30㎝ 높이로 자라는 여러해살이풀. 긴 타원형 잎은 줄기 양쪽으로 어긋난다. 4~5월에 줄기 끝에 나리꽃을 닮은 작은 흰색 꽃 1~2개가 고개를 숙이고 핀다. 작고 둥근 열매는 검은색으로 익는다.

## 산자고 (백합과)

중부 이남의 양지바른 풀밭에서 20㎝ 정도 높이로 자라는 여러해살이풀. 2장의 뿌리잎은 가늘다. 4~5월에 잎과 함께 자란 꽃줄기 끝에 흰색 꽃이 1개씩 위를 향해 핀다. 6장의 꽃잎 바깥쪽에는 진자주색 줄무늬가 있다.

## 풀솜대 (아스파라거스과)

산의 숲속에서 20~50㎝ 높이로 자라는 여러해살이풀. 비스듬히 휘어지는 줄기 양쪽으로 타원형 잎이 어긋난다. 5~6월에 줄기 끝에 달리는 원뿔 모양의 꽃송이에 자잘한 흰색 꽃이 모여 핀다. 둥근 열매는 붉게 익는다.

### 돌단풍(범의귀과)

개울가 바위틈에서 30㎝ 정도 높이로 자라는 여러해살이풀. 뿌리잎의 모양이 단풍잎과 비슷하고 바위틈에서 자라서 '돌단풍'이라고 한다. 4~6월에 뿌리잎 사이에서 자란 꽃줄기 끝에 흰색 꽃이 모여 핀다.

### 꿩의바람꽃(미나리아재비과)

산의 숲속에서 10~25㎝ 높이로 자라는 여러해살이풀. 4~5월에 잎보다 먼저 꽃줄기 끝에 꽃이 피는데 8~13장의 흰색 꽃받침조각은 밤이 되면 오므라든다. 꽃이 질 때쯤 뿌리에서 돋는 잎은 잎자루마다 3장의 작은잎이 달린다.

### 별꽃(석죽과)

길가나 밭둑에서 10~20㎝ 높이로 자라는 두해살이풀. 줄기는 비스듬히 자라며 밑부분에서 가지가 갈라진다. 잎은 마주나고 달걀형이다. 4~6월에 가지 끝에 모여 피는 흰색 꽃은 5장의 꽃잎이 2갈래로 깊게 갈라진다.

### 쇠별꽃(석죽과)

습한 길가나 밭둑에서 20~50㎝ 높이로 자라는 두해살이풀~여러해살이풀. 잎은 마주나고 달걀형이다. 4~5월에 가지 끝에 흰색 꽃이 1개씩 달리는데 5장의 꽃잎은 밑부분까지 깊게 갈라져 10장으로 보인다.

### 흰민들레(국화과)

들과 밭에서 7~25㎝ 높이로 자라는 여러해살이풀. 뿌리에서 모여나는 뿌리잎은 새깃처럼 깊게 갈라진다. 4~6월에 뿌리잎 사이에서 자란 꽃줄기 끝에 흰색 꽃송이가 하늘을 보고 피는데 날씨가 흐리면 꽃송이가 오므라든다.

### 솜나물(국화과)

산과 들의 건조한 풀밭에서 10~60㎝ 높이로 자라는 여러해살이풀. 뿌리에서 모여나는 달걀형의 잎은 뒷면에 흰색 털이 빽빽이 나 있다. 봄에 꽃줄기 끝에 흰색 꽃송이가 달리는데 해가 지면 꽃잎이 오므라든다.

### 홀아비꽃대 (홀아비꽃대과)

산의 숲속에서 20~30㎝ 높이로 자라
는 여러해살이풀. 줄기 윗부분에 4장
의 타원형 잎이 모여 달린다. 4~5월에
줄기 끝에 흰색 솔 모양의 꽃이삭이 달
린다. 꽃잎은 없고 3개의 수술은 흰색
바늘 모양이다.

### 은방울꽃 (아스파라거스과)

산의 숲속에서 20~30㎝ 높이로 무리
지어 자라는 여러해살이풀. 2장의 뿌
리잎은 긴 타원형이다. 5월에 잎 사이
에서 나와 비스듬히 휘어지는 꽃줄기
윗부분에 은방울 모양의 흰색 꽃이 조
롱조롱 매달려 밑을 보고 핀다.

### 은대난초 (난초과)

산의 숲속에서 30~50㎝ 높이로 자라
는 여러해살이풀. 잎은 어긋나고 긴 타
원형이며 밑부분이 좁아져서 줄기를
감싼다. 5~6월에 줄기 윗부분에 흰색
꽃이 피어 올라가는데 꽃잎은 완전히
벌어지지 않는다.

### 토끼풀 (콩과)

풀밭에서 20~30㎝ 높이로 자라는 여
러해살이풀. 5~7월에 긴 꽃자루 끝에
흰색 꽃이 공처럼 둥글게 모여 핀다.
토끼가 잘 먹어서 '토끼풀'이라고 한다.
작은잎이 4장인 '네잎클로버'를 만나면
행운이 온다고 한다.

### 광대수염 (꿀풀과)

산에서 30~50㎝ 높이로 자라는 여러
해살이풀. 달걀형 잎은 마주나고 끝이
뾰족하며 밑부분은 보통 오목하게 들
어간다. 5~6월에 입술 모양의 흰색~
연노란색 꽃이 윗부분의 잎겨드랑이마
다 돌려 가며 달려 층층으로 핀다.

### 전호 (미나리과)

산의 숲 가장자리에서 자라는 여러해살
이풀. 잎은 어긋나고 작은잎은 계속 새
깃처럼 잘게 갈라진다. 5~6월에 줄기
끝과 잎겨드랑이에서 자란 꽃가지에 자
잘한 흰색 꽃이 우산 모양으로 모여 핀
다. 5장의 꽃잎은 크기가 제각각이다.

**갈퀴덩굴**(꼭두서니과)

빈터에서 60~90㎝ 길이로 자라는 두해살이덩굴풀. 가시털이 있는 줄기에 잎이 6~8장씩 돌려난다. 5~6월에 잎겨드랑이에 자잘한 황록색 꽃이 모여 핀다. 2개씩 달리는 둥근 열매에는 갈고리 같은 털이 있다.

**밀나물**(청미래덩굴과)

산과 들의 풀밭에서 2~3m 길이로 자라는 여러해살이덩굴풀. 잎겨드랑이의 덩굴손으로 다른 물체를 감고 오른다. 5~7월에 자잘한 황록색 꽃이 우산 모양으로 달린다. 새순을 나물로 먹는다.

**선밀나물**(청미래덩굴과)

산과 들에서 1~2m 높이로 자라는 여러해살이풀. 잎은 어긋나고 타원형이며 뒷면은 연녹색이다. 5~6월에 잎겨드랑이에서 나온 꽃대 끝에 자잘한 연녹색 꽃이 우산 모양으로 둥글게 모여 달린다.

**수영**(마디풀과)

들과 산기슭의 풀밭에서 30~80㎝ 높이로 곧게 자라는 여러해살이풀. 잎은 어긋나고 화살촉 모양이다. 5~6월에 줄기 끝에 녹색 또는 녹자색의 꽃이삭이 달린다. 봄에 돋는 뿌리잎을 캐서 나물로 먹는다.

**애기수영**(마디풀과)

유럽 원산으로 길가나 풀밭에서 20~50㎝ 높이로 자라는 여러해살이풀. 잎은 어긋나고 긴 타원형이며 밑부분이 창검 같은 모양이다. 4~6월에 가지 윗부분에 녹색~녹자색 꽃이삭이 촘촘히 모여 달린다.

**반하**(천남성과)

밭이나 길가에서 20~40㎝ 높이로 자라는 여러해살이풀. 뿌리잎은 잎자루 끝에 3장의 작은잎이 모여 달린 겹잎이다. 5~6월에 꽃줄기 끝에 달리는 기다란 꽃덮개 속에서 채찍 모양의 꽃이삭이 밖으로 길게 벋는다.

봄에 피는 녹색 풀꽃

## 천남성(천남성과)

산의 숲속에서 20~35㎝ 높이로 자라는 여러해살이풀. 4~6월에 줄기 끝에 피는 꽃은 연녹색 꽃덮개 속에 둥근 막대 모양의 꽃이삭이 들어 있다. 열매는 옥수수 이삭처럼 모여 달리는데 가을에 붉은색으로 익는다.

## 개구리밥(천남성과)

논이나 연못의 물 위에 둥둥 떠서 사는 여러해살이풀. 물 위에 뜨는 둥그스름한 잎은 광택이 나며 물이 잘 묻지 않는다. 잎의 밑부분에서 가느다란 수염뿌리가 많이 나온다. 5~8월에 잎 뒷면에 흰색 꽃이 간혹 핀다.

## 좀개구리밥(천남성과)

논이나 연못의 물 위에 둥둥 떠서 사는 여러해살이풀. 개구리밥보다 크기가 작고 잎도 타원형이라서 구분이 된다. 잎의 밑부분에서 1개의 뿌리가 내린다. 크게 자라면 여러 조각으로 갈라져서 번식한다.

열매

열매

## 삿갓나물(여로과)

깊은 산의 숲속에서 30~40㎝ 높이로 자라는 여러해살이풀. 줄기 끝에 6~8장의 타원형 잎이 원을 이루며 수평으로 돌려난다. 5~6월에 잎 사이에서 길게 자란 꽃자루 끝에 녹황색 꽃이 위를 향해 핀다.

## 비짜루(아스파라거스과)

산과 들에서 50~100㎝ 높이로 자라는 여러해살이풀. 3~7개씩 모여나는 바늘 모양의 잔가지가 잎처럼 보인다. 5~6월에 잎겨드랑이에 백록색 꽃이 3~4개씩 모여 달린다. 둥근 열매는 붉은색으로 익는다.

## 천문동(아스파라거스과)

바닷가 모래땅에서 1~2m 길이로 벋는 여러해살이덩굴풀. 가지의 마디마다 잎처럼 생긴 바늘 모양의 잔가지가 1~3개씩 모여난다. 5~6월에 연한 녹황색 꽃이 1~3개씩 핀다. 둥근 열매는 흰색이다.

천남성과의 꽃은 일반적으로 포가 변한 꽃덮개(불염포) 속에 들어 있다.

### 둥굴레(아스파라거스과)

산과 들에서 자라는 여러해살이풀. 30~70㎝ 높이의 줄기는 윗부분이 비스듬히 휘어진다. 5~6월에 잎겨드랑이에 원통형의 백록색 꽃이 1~2개씩 매달린다. 봄에 돋는 새순과 뿌리줄기를 나물로 먹는다.

### 용둥굴레(아스파라거스과)

산의 나무 그늘에서 20~40㎝ 높이로 비스듬히 휘어지는 여러해살이풀. 잎은 줄기 양쪽으로 어긋나며 긴 타원형이다. 5~6월에 잎겨드랑이에 피는 백록색 꽃은 2장의 커다란 꽃덮개 속에 2개씩 달린다.

### 보춘화/춘란(난초과)

남부 지방의 숲속에서 10~25㎝ 높이로 자라는 늘푸른여러해살이풀. 칼 모양의 뿌리잎이 모여난다. 3~4월에 뿌리잎 사이에서 나온 꽃줄기 끝에 연한 황록색 꽃이 피는데 향기가 있다. 관상용으로 흔히 화분에 심어 가꾼다.

### 대극(대극과)

산기슭의 풀밭에서 20~70㎝ 높이로 자라는 여러해살이풀. 줄기를 자르면 우유 같은 흰색 즙이 나온다. 길쭉한 잎은 어긋나고 줄기 윗부분에서는 5장의 잎이 돌려난다. 5~6월에 가지 끝에 자잘한 황록색 꽃이 핀다.

### 나도물통이(쐐기풀과)

전라도와 제주도의 산에서 10~20㎝ 높이로 자라는 여러해살이풀. 4~5월에 잎겨드랑이에 모여 피는 연녹색 꽃은 꽃자루가 길다. 흰색 수술은 수술대가 안쪽으로 말려 있다가 바깥쪽으로 튕기면서 꽃가루를 뿌린다.

### 괭이사초(사초과)

들과 산기슭에서 30~60㎝ 높이로 자라는 여러해살이풀. 세모진 줄기는 여러 대가 뭉쳐난다. 줄기 밑부분에 칼 모양의 잎이 어긋난다. 5~6월에 줄기 끝에 기다란 원뿔형의 꽃이삭이 달리며 그대로 열매이삭이 된다.

대극과는 풀과 나무가 고루 있으며 대부분 줄기를 자르면 흰색 즙이 나온다.

봄에 피는 녹색 풀꽃

**통보리사초**(사초과)

바닷가 모래땅에서 10~20㎝ 높이로
무리 지어 자라는 여러해살이풀. 줄기
밑부분에 3~4개의 칼 모양의 잎이 달
린다. 4~6월에 줄기 끝에 보리 이삭과
비슷한 원통형의 꽃이삭이 달리며 그
대로 열매이삭이 된다.

**도깨비사초**(사초과)

물가나 습지에서 20~50㎝ 높이로 자
라는 여러해살이풀. 세모진 줄기에 칼
모양의 잎이 서로 어긋난다. 5~6월에
줄기 끝에 꽃이삭이 달린다. 열매이삭
이 도깨비방망이 모양이라서 '도깨비
사초'라고 한다.

**낚시사초**(사초과)

산의 숲속에서 30~50㎝ 높이로 자라
는 여러해살이풀. 4~5월에 줄기 끝에
달리는 수꽃이삭은 곧게 서고 중간 부
분에 달리는 암꽃이삭은 자루가 길며
낚싯대를 드리운 것처럼 밑으로 늘어
져서 '낚시사초'라고 한다.

**이삭사초**(사초과)

습지에서 자라는 여러해살이풀. 세모
진 줄기는 여러 대가 뭉쳐나 50~80㎝
높이로 자란다. 5~7월에 줄기 윗부분
에 4~6개의 꽃이삭이 달린다. 원통형
이삭은 자루가 있고 밑으로 늘어져서
'이삭사초'라고 한다.

**꿩의밥**(골풀과)

산과 들의 풀밭에서 10~30㎝ 높이로
자라는 여러해살이풀. 칼 모양의 잎 가
장자리에는 기다란 흰색 털이 있다.
4~5월에 줄기 끝에 노란색 꽃밥을 가
진 자잘한 적갈색 꽃이 둥그스름하게
모여 핀다.

**띠**(벼과)

산과 들의 풀밭에서 30~80㎝ 높이로
자라는 여러해살이풀. 뿌리줄기가 벋
으며 무리 지어 자란다. 5~6월에 줄기
끝에 기다란 은백색 꽃이삭이 달린다.
어린 꽃이삭은 '삘기'라고 하며 단맛이
나 아이들이 뽑아 먹는다.

사초과의 식물은 모두 풀로 줄기의 단면은 대부분 세모꼴이며 마디가 없다.

## 개피 (벼과)

논이나 습지에서 30~90㎝ 높이로 자라는 한두해살이풀. 줄기에 어긋나는 칼 모양의 잎은 밑부분이 줄기를 감싼다. 5~6월에 줄기 윗부분의 꽃가지마다 연녹색의 작은꽃이삭이 2줄로 촘촘히 달린다.

## 새포아풀 (벼과)

길가나 밭에서 10~25㎝ 높이로 자라는 한두해살이풀. 뿌리에서 많은 줄기가 뭉쳐나 사방으로 비스듬히 퍼지며 전체에 털이 없다. 4~9월에 줄기 끝에 원뿔 모양의 연녹색이나 홍자색 꽃이삭이 달린다.

## 잔디 (벼과)

양지바른 풀밭에서 10~15㎝ 높이로 자라는 여러해살이풀. 정원이나 무덤가에 심는다. 뿌리줄기가 옆으로 벋으면서 퍼진다. 5~6월에 자줏빛이 도는 꽃이삭이 곧게 서고 여름에 검은색 씨앗이 여문다.

## 향모 (벼과)

산과 들의 양지바른 풀밭에서 20~40㎝ 높이로 자라는 여러해살이풀. 뿌리줄기가 벋으면서 무리 지어 자란다. 4~5월에 줄기 끝에 황갈색 꽃이삭이 달린다. 뿌리줄기에서 향기가 나므로 '향모'라고 한다.

## 뚝새풀 (벼과)

논이나 밭에서 20~40㎝ 높이로 자라는 두해살이풀. 뿌리에서 모여난 줄기는 비스듬히 자라다가 윗부분은 곧추선다. 4~5월에 줄기 끝에 긴 꽃이삭이 달리는데 연두색 꽃밥은 점차 갈색으로 변한다.

## 메귀리 (벼과)

들에서 60~100㎝ 높이로 자라는 두해살이풀. 5~6월에 줄기 윗부분에 층층으로 4~5개의 가지가 돌려나고 가지 끝마다 연녹색 작은꽃이삭이 1개씩 밑을 향해 달린다. 들에서 자라는 귀리라서 '메귀리'라고 한다.

벼과는 모두 풀로 둥근 줄기에 마디가 있고 잎의 밑부분은 잎집으로 되어 줄기를 감싼다.

전남 영광의 석산

# 여름에 피는 풀꽃

낮의 길이가 점점 짧아지면 꽃눈을 만들어 하지부터 가을까지 꽃이 피는 식물을 '짧은낮식물' 또는 '단일식물(短日植物)'이라고 하며, 여름과 가을에 꽃이 피는 식물은 여기에 해당한다. 짧은낮식물은 대부분이 아열대와 같이 더운 지방이 원산인 식물이 많다. 여름에 피는 풀꽃은 들과 산에서 자라는 송이풀 외에 323종을 소개하였다.

**송이풀**(열당과)

깊은 산에서 30~70㎝ 높이로 자라는 여러해살이풀. 잎은 어긋나고 좁은 달걀형이며 잎자루가 짧다. 8~9월에 줄기 끝에 촘촘한 잎겨드랑이마다 홍자색 꽃이 피는데 윗입술꽃잎은 새부리처럼 꼬부라진다.

**달개비/닭의장풀**(달개비과)

길가나 빈터에서 15~50㎝ 높이로 흔히 자라는 한해살이풀. 잎은 어긋나고 긴 달걀형이며 끝이 뾰족하다. 7~8월에 피는 진한 하늘색 꽃은 닭의 볏을 닮았다. 예전에는 화상을 입었을 때 잎의 즙을 내어 발랐다.

**사마귀풀**(달개비과)

논이나 습지에서 10~30㎝ 높이로 자라는 한해살이풀. 칼 모양의 잎은 어긋난다. 8~9월에 잎겨드랑이에 연한 홍자색 꽃이 핀다. 식물체를 짓찧어서 사마귀에 붙이면 떨어진다고 해서 '사마귀풀'이라고 한다.

**꽃창포**(붓꽃과)

습지나 물가에서 60~120㎝ 높이로 자라는 여러해살이풀. 6~7월에 줄기와 가지 끝에 적자색 꽃이 핀다. 붓꽃과 생김새가 비슷하지만 크기가 더 크고 바깥쪽 꽃잎에 노란색 무늬가 있는 점이 다르다.

**이삭여뀌**(마디풀과)

산의 그늘진 곳에서 40~80㎝ 높이로 자라는 여러해살이풀. 잎은 어긋나고 타원형~달걀형이며 앞면에는 흔히 검은색 반점이 있다. 7~8월에 가늘고 긴 꽃대가 자라 자잘한 붉은색 꽃이 이삭 모양으로 성기게 달린다.

**금꿩의다리**(미나리아재비과)

중부 이북의 산골짜기에서 30~120㎝ 높이로 자라는 여러해살이풀. 커다란 잎은 잎몸이 3개씩 3~4회 갈라진다. 7~8월에 줄기 끝의 커다란 꽃송이에 자주색 꽃이 달리며 수술의 꽃밥은 노란색이다.

달개비과의 식물은 모두 풀이며 줄기에 마디가 있다. 꽃차례는 잎처럼 보이는 포에 싸여 있다.

## 바늘꽃(바늘꽃과)

냇가나 습지에서 30~90㎝ 높이로 자라는 여러해살이풀. 잎은 마주나고 달걀형이며 밑부분이 줄기를 조금 감싼다. 7~8월에 잎겨드랑이에 피는 연한 홍자색 꽃은 긴 바늘 모양의 씨방 끝에 달린다.

## 미국물칭개(질경이과)

북아메리카 원산으로 물가나 습지에서 10~35㎝ 높이로 자라는 여러해살이풀. 전체에 털이 없다. 잎은 마주나고 긴 타원형이며 잎자루가 짧다. 7~9월에 잎겨드랑이의 꽃송이에 청자색 꽃이 모여 핀다.

## 고마리(마디풀과)

물가에서 60~80㎝ 높이로 무리 지어 자라는 한해살이풀. 줄기에 갈고리 같은 억센 털이 나 있어 다른 물체에 잘 붙는다. 잎은 화살촉 모양이다. 8~9월에 가지 끝에 분홍색이나 흰색 꽃이 둥글게 모여 핀다.

## 며느리밑씻개(마디풀과)

들이나 길가에서 1~2m 길이로 자라는 한해살이덩굴풀. 줄기에 나 있는 밑을 향한 잔가시로 다른 물체에 붙으며 1~2m 길이로 벋는다. 잎은 어긋나고 세모꼴이다. 7~8월에 가지 끝에 연분홍색 꽃이 둥글게 모여 핀다.

## 꿩의비름(돌나물과)

산과 들에서 30~60㎝ 높이로 자라는 여러해살이풀. 전체가 통통한 육질이다. 타원형 잎은 줄기에 마주나거나 서로 어긋난다. 8~9월에 줄기와 가지 끝의 큼직한 꽃송이에 별 모양의 연분홍색 꽃이 촘촘히 달린다.

## 둥근잎꿩의비름(돌나물과)

경북 주왕산 계곡의 바위틈에서 15~25㎝ 높이로 자라는 여러해살이풀. 비스듬히 눕는 줄기에 마주나는 잎은 둥근 달걀형이며 잎자루가 없다. 7~9월에 줄기 끝에 모여 피는 홍자색 꽃은 꽃잎이 4~6장이다.

## 패랭이꽃(석죽과)

풀밭이나 냇가 모래땅에서 30㎝ 정도 높이로 자라는 여러해살이풀. 가는 잎 은 마주난다. 6~8월에 가지 끝에 피는 붉은색 꽃의 생김새가 옛날 사람들이 쓰던 패랭이 모자와 비슷하여 '패랭이 꽃'이라고 한다.

## 술패랭이꽃(석죽과)

산과 들의 풀밭에서 30~80㎝ 높이로 자라는 여러해살이풀. 잎은 마주나고 가는 칼 모양이다. 6~8월에 피는 패랭 이 모양의 연한 홍자색 꽃은 꽃잎 가장 자리가 술처럼 잘게 갈라져서 '술패랭 이꽃'이라고 한다.

## 동자꽃(석죽과)

산의 숲속에서 40~90㎝ 높이로 자라 는 여러해살이풀. 잎은 마주나고 긴 타 원형~달걀 모양의 타원형이며 잎자루 가 없다. 7~8월에 줄기 끝과 윗부분의 잎겨드랑이에 주황색 꽃이 옆을 보고 피는데 꽃잎 끝은 2갈래로 갈라진다.

흰색 꽃

## 제비동자꽃(석죽과)

중부 이북의 산의 습지에서 50㎝ 정도 높이로 자라는 여러해살이풀. 잎은 마 주나고 긴 달걀형이다. 6~8월에 줄기 끝에 여러 개의 주황색 꽃이 모여 핀 다. 잘게 갈라진 꽃잎은 제비 꽁지를 닮아서 '제비동자꽃'이라 한다.

## 이질풀(쥐손이풀과)

산과 들에서 30~50㎝ 높이로 자라는 여러해살이풀. 잎은 마주나고 손바닥 처럼 3~5갈래로 갈라진다. 8~9월에 잎겨드랑이에서 자란 꽃자루 끝에 지 름 10~15㎜의 분홍색 또는 흰색 꽃이 2개씩 핀다.

## 둥근이질풀(쥐손이풀과)

산의 풀밭에서 60~100㎝ 높이로 자라 는 여러해살이풀. 6~8월에 줄기 윗부 분의 잎겨드랑이에서 자란 긴 꽃자루 에 지름 2~3㎝의 분홍색 꽃이 2개씩 달리는데 꽃잎에는 진한 자홍색 맥이 뚜렷하다.

이질은 피가 섞인 설사를 일으키는 병으로서 위험한 법정감염병이다. 예전에는 이질풀을 이 병의 치료에 사용했다.

열매

## 털쥐손이 (쥐손이풀과)

높은 산의 풀밭에서 30~50㎝ 높이로 자라는 여러해살이풀. 전체에 밑을 향한 털이 빽빽하다. 잎은 마주나고 손바닥처럼 5갈래로 갈라진다. 6~7월에 줄기 윗부분에 붉은 보라색 꽃이 3~10개씩 모여 핀다.

## 자주쓴풀 (용담과)

산의 풀밭에서 15~30㎝ 높이로 자라는 두해살이풀. 흑자색 줄기에 마주나는 잎은 가는 칼 모양이다. 9~10월에 윗부분의 잎겨드랑이에 별 모양의 보라색 꽃이 피는데 꽃잎에는 진보라색 줄무늬가 있다.

## 박주가리 (협죽도과)

산기슭이나 들에서 2~3m 길이로 자라는 여러해살이덩굴풀. 7~8월에 피는 연보라색~흰색 꽃은 꽃잎 안쪽에 털이 많다. 긴 달걀형 열매는 끝이 뾰족하고 익으면 박처럼 쪼개지며 긴 흰색 털이 달린 씨앗이 바람에 날려 퍼진다.

## 백미꽃 (협죽도과)

산과 들의 건조한 풀밭에서 50㎝ 정도 높이로 자라는 여러해살이풀. 잎은 마주나고 타원형이며 뒷면에 짧은털이 빽빽하다. 5~7월에 잎겨드랑이에 별 모양의 흑자색 꽃이 우산 모양으로 모여 달린다.

## 도깨비가지 (가지과)

북아메리카 원산으로 들에서 40~70㎝ 높이로 자라는 여러해살이풀. 긴 타원형 잎은 가장자리에 큰 톱니가 있다. 잎자루와 잎 뒷면의 주맥을 따라 날카로운 가시가 있다. 5~9월에 마디 사이에서 자란 꽃대에 연자주색~흰색 꽃이 핀다.

## 누린내풀 (꿀풀과)

산에서 자라는 여러해살이풀. 1m 정도 높이로 자라는데 풀에서 역겨운 냄새가 난다. 7~8월에 잎겨드랑이에 달리는 꽃대마다 자주색 꽃이 옆을 향해 피는데 암술대와 수술대가 활 모양으로 길게 휘어진다.

박주가리과의 식물은 대부분이 풀이며 줄기를 자르면 흰색 즙이 나오고 꽃부리는 5갈래로 갈라진다.

## 영아자(초롱꽃과)

산에서 50~100㎝ 높이로 자라는 여러해살이풀. 잎은 어긋나고 긴 달걀형이며 끝이 뾰족하다. 7~9월에 줄기와 가지 끝에 보라색 꽃이 모여 피는데 꽃잎은 5갈래로 깊게 갈라져서 약간 뒤로 젖혀진다.

## 숫잔대(초롱꽃과)

습지 주변에서 50~100㎝ 높이로 자라는 여러해살이풀. 잎은 어긋나고 칼 모양이며 잎자루가 없다. 7~9월에 줄기 윗부분에 여러 개의 청자색 꽃이 옆을 향해 피는데 전체가 5갈래로 갈라진 것처럼 보인다.

## 수염가래꽃(초롱꽃과)

논두렁이나 습지 주변에서 3~15㎝ 높이로 자라는 여러해살이풀. 줄기는 바닥을 긴다. 6~9월에 피는 연분홍색 꽃은 5갈래로 갈라진 꽃잎이 아이들 코 밑에 달고 장난하는 수염 같다하여 '수염가래꽃'이라고 한다.

## 뻐꾹나리(백합과)

중부 이남의 숲속에서 50㎝ 정도 높이로 자라는 여러해살이풀. 잎은 어긋나고 타원형이며 밑부분이 줄기를 둘러싼다. 7~8월에 줄기와 가지 끝에 연자주색 꽃이 피는데 뒤로 젖혀지는 꽃잎에는 자주색 반점이 있다.

## 참나리(백합과)

산과 들의 풀밭에서 1~2m 높이로 자라는 여러해살이풀. 잎겨드랑이에 생기는 흑갈색의 둥근 살눈이 땅에 떨어져 번식한다. 7~8월에 황적색 꽃이 밑을 향해 피는데 뒤로 말리는 꽃잎에 흑자색 반점이 많다.

## 털중나리(백합과)

산의 풀밭에서 50~100㎝ 높이로 자라는 여러해살이풀. 전체에 잔털이 있다. 잎은 어긋나고 가는 칼 모양이다. 6~8월에 줄기 끝에 진한 적황색 꽃이 밑을 보고 피는데 뒤로 말리는 꽃잎에 자주색 반점이 많다.

나리 종류는 참나리나 털중나리처럼 잎이 어긋나는 것과 하늘말나리처럼 잎이 돌려나는 2가지로 크게 나눌 수 있다.

### 하늘나리(백합과)

산과 들의 풀밭에서 30~80㎝ 높이로 자라는 여러해살이풀. 칼 모양의 잎은 촘촘히 어긋난다. 6~7월에 줄기와 가지 끝에 1~5개의 진한 주홍색 꽃이 하늘을 보고 핀다. 꽃잎 안쪽에 검붉은색 반점이 있다.

### 하늘말나리(백합과)

산의 풀밭이나 숲 가장자리에서 1m 정도 높이로 자라는 여러해살이풀. 줄기 중간에 잎이 빙 돌려나고 윗부분에는 작은잎이 어긋난다. 7~8월에 하늘을 보고 피는 적황색 나리꽃은 꽃잎 안쪽에 자주색 반점이 있다.

### 여로(여로과)

산의 풀밭에서 40~60㎝ 높이로 자라는 여러해살이풀. 줄기 밑부분에 3~4장의 길쭉한 칼 모양의 잎이 모여난다. 7~8월에 줄기 윗부분의 꽃송이에 진자주색 꽃이 모여 핀다. 식물 전체에 독성이 강하다.

### 석산/꽃무릇(수선화과)

남부 지방의 산기슭에서 30~50㎝ 높이로 자라는 여러해살이풀. 좁은 칼 모양의 뿌리잎은 6~7월이 되면 말라 죽는다. 9~10월에 30~50㎝ 높이로 자란 꽃줄기 끝에 붉은색 꽃이 모여 피는데 암수술이 길게 벋는다.

### 산부추(수선화과)

산의 풀밭에서 30~60㎝ 높이로 자라는 여러해살이풀. 줄기 밑부분에 2~3장의 가느다란 잎이 어긋난다. 8~9월에 줄기 끝에 둥근 홍자색 꽃송이가 달린다. 봄에 어린싹과 비늘줄기를 캐서 나물로 먹는다.

### 두메부추(수선화과)

울릉도와 강원도 이북의 풀밭에서 20~30㎝ 높이로 자라는 여러해살이풀. 비늘줄기에서 모여나는 가느다란 잎은 살찐 부추잎 같으며 향기가 있다. 8~9월에 약간 편평한 꽃줄기 끝에 둥근 홍자색 꽃송이가 달린다.

### 일월비비추 (아스파라거스과)

산에서 50~60㎝ 높이로 자라는 여러해살이풀. 뿌리잎은 넓은 달걀형이며 잎자루가 길다. 7~8월에 꽃줄기 끝에 깔때기 모양의 연자주색 꽃이 머리 모양으로 촘촘히 모여 달린다. 수술은 꽃잎과 길이가 비슷하다.

### 무릇 (아스파라거스과)

산과 들의 약간 습한 풀밭에서 20~50㎝ 높이로 자라는 여러해살이풀. 7~9월에 꽃줄기 윗부분에 연분홍색 꽃이 피어 올라간다. 어린잎과 둥근 알뿌리를 엿처럼 오랫동안 졸여서 먹기도 한다.

### 물옥잠 (물옥잠과)

논이나 얕은 물가에서 20~40㎝ 높이로 자라는 한해살이풀. 수염뿌리에서 모여나는 줄기와 잎자루 속에는 스펀지 같은 구멍이 많다. 9월에 줄기 윗부분의 꽃송이에 청보라색 꽃이 옆을 보고 핀다.

### 물달개비 (물옥잠과)

논이나 얕은 물가에서 10~25㎝ 높이로 비스듬히 자라는 한해살이풀. 세모진 달걀형의 잎은 가장자리가 밋밋하고 두꺼우며 광택이 난다. 8~9월에 줄기 끝에 4~6개의 보라색 꽃이 모여 피는데 꽃잎이 잘 벌어지지 않는다.

### 털부처꽃 (부처꽃과)

습지나 냇가에서 1m 정도 높이로 자라는 여러해살이풀. 전체에 거친털이 있다. 잎은 마주나고 길쭉한 칼 모양이며 밑부분은 줄기를 반쯤 감싼다. 7~9월에 줄기와 가지 윗부분에 홍자색 꽃이 돌려 가며 층층이 달린다.

### 가시연꽃 (수련과)

연못에서 5~15㎝ 높이로 자라는 한해살이풀. 물 위에 뜨는 커다란 둥근 잎은 주름이 많이 지고 전체에 가시가 많다. 잎 뒷면은 적자색을 띤다. 8~9월에 물 밖으로 올라온 꽃자루는 가시가 많으며 끝에 자주색 꽃이 핀다.

### 연꽃 (연꽃과)

연못이나 늪에서 1~2m 높이로 자라는 여러해살이풀. 둥근 잎은 물 위로 나온다. 7~8월에 긴 꽃자루 끝에 커다란 연분홍색 꽃이 핀다. 물뿌리개 꼭지 모양의 열매는 구멍마다 검은색 씨앗이 들어 있다. 뿌리줄기를 식용한다.

### 벌개미취 (국화과)

논두렁이나 습지에서 50~90㎝ 높이로 자라는 여러해살이풀. 잎은 어긋나고 길쭉한 칼 모양이다. 6~9월에 줄기와 가지 끝에 연자주색 꽃송이가 달린다. 들국화 종류 중의 하나로 화초로 심기도 한다.

### 쑥부쟁이 (국화과)

약간 습한 곳에서 30~100㎝ 높이로 자라는 여러해살이풀. 잎은 어긋나고 긴 타원형이며 가장자리에 몇 개의 굵은 톱니가 있다. 7~10월에 가지 끝마다 달리는 자주색 꽃송이는 지름 2~3㎝이다.

### 개미취 (국화과)

깊은 산의 숲속에서 1~1.5m 높이로 자라는 여러해살이풀. 잎은 어긋나고 달걀형~긴 타원형이며 잎자루에 날개가 있다. 8~9월에 가지마다 연자주색 꽃송이가 모여 달리며 중심부는 노란색이다. 들국화 종류 중의 하나이다.

### 해국 (국화과)

바닷가에서 자라는 여러해살이풀. 줄기는 30~60㎝ 높이로 비스듬히 자란다. 털로 덮인 주걱 모양의 잎은 나무처럼 단단한 줄기에 촘촘히 어긋난다. 7~11월에 가지 끝마다 연자주색 꽃송이가 달린다.

### 솔체꽃 (인동과)

깊은 산의 풀밭에서 50~90㎝ 높이로 자라는 두해살이풀. 잎은 마주나고 긴 타원형이며 위로 올라갈수록 새깃처럼 깊게 갈라진다. 8~9월에 줄기와 가지 끝에 납작한 청자색 꽃송이가 위를 보고 핀다.

들과 산에서 절로 자라는 쑥부쟁이 무리와 구절초 무리, 산국 무리를 통틀어서 '들국화'라고 부르기도 한다.

## 타래난초(난초과)

산과 들의 양지바른 풀밭에서 10~40㎝ 높이로 자라는 여러해살이풀. 칼 모양의 뿌리잎은 몇 개가 모여난다. 5~8월에 기다란 꽃줄기 윗부분에 분홍색 꽃이 한쪽 방향을 보고 피는데 꽃이삭은 실타래처럼 꼬인다.

## 부들(부들과)

연못가나 습지에서 1~1.5m 높이로 무리 지어 자라는 여러해살이풀. 칼 모양의 잎은 줄기를 둘러싼다. 6~7월에 줄기에 적갈색의 원통형 꽃이삭이 달린다. 예전에는 잎으로 돗자리 등을 만들었고 요즘은 꽃꽂이 재료로 쓴다.

## 진범(미나리아재비과)

산의 숲속이나 풀밭에서 자라는 여러해살이풀. 줄기는 비스듬히 자라거나 덩굴로 되어 2m까지 자란다. 잎은 손바닥처럼 잎몸이 5~7갈래로 깊게 갈라진다. 8~9월에 줄기 끝에 오리 모양의 자주색 꽃이 모여 핀다.

## 투구꽃(미나리아재비과)

산의 숲속에서 자라는 여러해살이풀. 8~9월에 줄기나 가지 끝에 보라색 꽃이 모여 핀다. 옆을 향해 피는 꽃은 뒤쪽 꽃잎이 전체를 위에서 덮은 모양이 군인들이 쓰는 투구와 닮아 '투구꽃'이라고 한다.

## 큰제비고깔(미나리아재비과)

중부 이북의 산에서 1m 정도 높이로 자라는 여러해살이풀. 잎은 어긋나고 단풍잎처럼 3~7갈래로 깊게 갈라진다. 7~8월에 줄기 끝에 깔때기 모양의 진자주색 꽃이 모여서 옆을 향해 피며 끝부분은 꿀주머니이다.

## 노루오줌(범의귀과)

산에서 30~70㎝ 높이로 자라는 여러해살이풀. 잎은 어긋나고 커다란 잎몸이 3개씩 2~3회 갈라진 겹잎이다. 7~8월에 줄기 끝에 자잘한 홍자색 꽃이 촘촘히 모여 달려 원뿔 모양의 커다란 꽃송이를 만든다.

부들과의 식물은 늪이나 연못에 나는 풀로 꽃은 줄기 끝에 수꽃이삭, 그 아래에 암꽃이삭이 있다.

### 범꼬리(마디풀과)

산의 풀밭에서 자라는 여러해살이풀. 여러 대가 모여나는 줄기는 50~100㎝ 높이로 자란다. 잎은 어긋나고 긴 타원형이며 뒷면은 흰빛이 돈다. 6~7월에 줄기 끝에 꼬리 모양의 연분홍색 꽃이삭이 달린다.

### 가시여뀌(마디풀과)

숲속에서 50~100㎝ 높이로 자라는 한해살이풀. 줄기는 가지가 많이 갈라지며 가시 같은 붉은색 털이 빽빽이 나 있다. 잎은 화살촉과 비슷하다. 7~9월에 가지마다 좁쌀 모양의 분홍색~붉은색 꽃이 모여 달린다.

### 개여뀌(마디풀과)

밭이나 빈터에서 20~50㎝ 높이로 자라는 한해살이풀. 7~9월에 줄기나 가지 끝에 붉은색 꽃이삭이 달린다. 여뀌는 비슷한 종류가 많은데 여뀌는 잎을 씹으면 매운맛이 나지만 개여뀌는 매운맛이 없다.

### 털여뀌(마디풀과)

집 주변에서 1~2m 높이로 자라는 한해살이풀. 전체에 긴털이 빽빽이 나 있다. 잎은 어긋나고 넓은 달걀형이다. 7~8월에 줄기와 가지 끝에 달리는 타원형 꽃이삭은 끝부분이 밑으로 처지며 자잘한 붉은색 꽃이 촘촘히 달린다.

### 산여뀌(마디풀과)

산에서 20~30㎝ 높이로 비스듬히 자라는 한해살이풀. 잎은 어긋나고 세모진 달걀형이며 밑부분이 좁아져서 잎자루의 날개처럼 된다. 8~9월에 가지 끝에 자잘한 분홍색~흰색 꽃이 머리 모양으로 촘촘히 모여 핀다.

### 미꾸리낚시(마디풀과)

도랑이나 냇가에서 30~100㎝ 높이로 무리 지어 자라는 한해살이풀. 줄기에 갈고리 같은 억센 털이 나 있어 다른 물체에 잘 붙는다. 잎 밑부분이 귓불처럼 줄기를 감싼다. 6~9월에 가지 끝에 연분홍색 꽃이 둥글게 모여 핀다.

마디풀과의 식물은 모두가 풀이고 잎은 어긋나며 잎자루의 밑부분이 턱잎과 붙어 있다. 얇은 막 모양의 턱잎은 줄기를 감싼다.

## 쪽(마디풀과)

들에서 50~60㎝ 높이로 곧게 자라는 한해살이풀. 남색 물감을 얻기 위해 중국에서 오래전에 들여와 길렀다. 긴 타원형~달걀형 잎은 어긋난다. 8~9월에 줄기나 가지 끝에 자잘한 분홍색 꽃이 촘촘히 모여 핀다.

## 깨풀(대극과)

길가나 밭둑에서 20~40㎝ 높이로 자라는 한해살이풀. 잎은 어긋나고 달걀형이다. 8~9월에 잎겨드랑이에 긴 바늘 모양의 수꽃이삭이 달리며 그 밑에 세모진 달걀형의 포에 둘러싸인 암꽃이 핀다.

## 매듭풀(콩과)

길가나 들에서 10~40㎝ 높이로 자라는 한해살이풀. 가는 줄기에 짧은털이 나 있다. 잎은 어긋나고 3장의 작은잎이 모여 달린 겹잎이다. 8~9월에 잎겨드랑이에 붉은색 나비 모양의 꽃이 1~2개씩 달린다.

열매

## 도둑놈의갈고리(콩과)

숲 가장자리에서 60~90㎝ 높이로 자라는 여러해살이풀. 7~8월에 가지 끝의 꽃송이에 분홍색 꽃이 모여 핀다. 2개의 마디로 이루어진 꼬투리열매 끝에는 갈고리 같은 가시가 있어 옷에 잘 달라붙는다.

## 갈퀴나물(콩과)

들이나 산기슭에서 1~2m 길이로 자라는 여러해살이덩굴풀. 잎자루 끝에는 덩굴손이 있어서 다른 물체를 감고 오른다. 잎은 작은잎이 깃꼴로 붙는 겹잎이다. 6~9월에 잎겨드랑이에서 나온 꽃자루에 홍자색 꽃송이가 달린다.

## 나비나물(콩과)

산과 들에서 50~100㎝ 높이로 자라는 여러해살이풀. 잎은 어긋나고 2장의 작은잎으로 된 겹잎이다. 작은잎은 좁은 달걀형이다. 7~8월에 잎겨드랑이에서 나온 꽃자루에 나비 모양의 홍자색 꽃송이가 달린다.

## 돌콩(콩과)

들에서 2m 정도 길이로 벋는 한해살이덩굴풀. 전체에 털이 있다. 잎은 어긋나고 3장의 작은잎이 모여 달린 겹잎이다. 7~8월에 잎겨드랑이에서 나온 꽃자루 끝에 자잘한 나비 모양의 연자주색 꽃이 모여 핀다.

## 새콩(콩과)

산과 들의 풀밭에서 1~2m 길이로 벋는 한해살이덩굴풀. 잎은 어긋나고 3장의 작은잎이 모여 달린 겹잎이다. 작은잎은 달걀형이다. 8~9월에 잎겨드랑이에 나비 모양의 연자주색이나 흰색 꽃이 모여 핀다.

## 활나물(콩과)

산과 들의 풀밭에서 20~70cm 높이로 자라는 한해살이풀. 곧게 서는 줄기와 꽃받침에 긴 갈색 털이 빽빽하다. 잎은 어긋나고 길쭉한 칼 모양이다. 7~9월에 줄기와 가지 끝에 나비 모양의 청자색 꽃이 모여 핀다.

## 오이풀(장미과)

산과 들의 풀밭에서 30~150cm 높이로 자라는 여러해살이풀. 잎은 어긋나고 작은잎이 깃꼴로 붙는 겹잎이다. 잎을 자르면 오이 냄새가 나서 '오이풀'이라고 한다. 7~9월에 검붉은색 꽃이삭이 달린다.

## 산오이풀(장미과)

높은 산의 풀밭에서 30~80cm 높이로 자라는 여러해살이풀. 뿌리에서 모여 난 잎은 9~13장의 작은잎이 깃꼴로 붙는 겹잎이다. 8~9월에 줄기와 가지 끝에 달리는 홍자색 꽃이삭은 밑으로 처진다.

## 거북꼬리(쐐기풀과)

산골짜기에서 50~100cm 높이로 자라는 여러해살이풀. 잎은 마주나고 잎몸은 끝이 3갈래로 갈라지며 갈라진 가운데 조각은 끝이 갑자기 꼬리처럼 길어진다. 7~8월에 잎겨드랑이에 기다란 꽃이삭이 달린다.

여름에 피는 붉은색 풀꽃

### 물봉선(봉선화과)

산의 냇가나 습한 곳에서 40~70㎝ 높이로 자라는 한해살이풀. 잎은 어긋나고 긴 타원형이다. 8~9월에 기다란 꽃대 끝에 홍자색 꽃이 피는데 꽃잎 뒷부분의 기다란 꿀주머니는 끝부분이 안쪽으로 말린다.

### 용담(용담과)

산의 풀밭에서 20~60㎝ 높이로 자라는 여러해살이풀. 잎은 마주나고 길쭉한 칼 모양이며 잎맥은 3개가 나란하다. 8~10월에 줄기 끝과 잎겨드랑이에 종 모양의 자주색 꽃이 모여 위를 향해 핀다. 뿌리를 한약재로 쓴다.

### 쥐꼬리망초(쥐꼬리망초과)

중부 이남의 산기슭이나 길가에서 10~40㎝ 높이로 자라는 한해살이풀. 잎은 마주나고 긴 타원형이다. 7~9월에 줄기나 가지 끝에 달리는 원통형 꽃이삭에 작은 입술 모양의 분홍색 꽃이 촘촘히 돌려 가며 핀다.

### 개곽향(꿀풀과)

산과 들의 습한 곳에서 30~70㎝ 높이로 자라는 여러해살이풀. 잎은 마주나고 긴 달걀형이다. 7~8월에 줄기 윗부분의 잎겨드랑이에 달리는 원통형 꽃송이에 홍자색~연한 홍자색 꽃이 촘촘히 돌려 가며 핀다.

### 용머리(꿀풀과)

산과 들이나 강가에서 15~40㎝ 높이로 자라는 여러해살이풀. 잎은 마주나고 가는 칼 모양이며 가장자리가 뒤로 말린다. 6~8월에 줄기 윗부분의 잎겨드랑이에 입술 모양의 자주색 꽃이 핀다.

### 황금(꿀풀과)

밭 주변에서 20~60㎝ 높이로 자라는 여러해살이풀. 줄기는 네모지고 전체에 털이 있다. 잎은 마주나고 좁은 칼 모양이다. 7~8월에 줄기 끝의 꽃송이에 입술 모양의 자주색 꽃이 한쪽으로 치우쳐서 달린다.

봉선화과의 식물은 모두 풀이며 꽃의 뒷부분이 기다란 꿀주머니로 되어 있는 것이 특징이다.

**배초향**(꿀풀과)

산과 들의 풀밭에서 40~100㎝ 높이로 자라는 여러해살이풀. 네모진 줄기에 짧은털이 있다. 잎은 마주나고 달걀형이며 둔한 톱니가 있다. 7~9월에 가지 끝의 원통형 꽃이삭에 입술 모양의 자주색 꽃이 촘촘히 돌려 가며 핀다.

**익모초**(꿀풀과)

들에서 50~100㎝ 높이로 자라는 두해살이풀. 7~9월에 줄기 윗부분의 잎겨드랑이마다 연한 홍자색 꽃이 층층이 핀다. '익모초'는 '어머니에게 유익한 풀'이라는 뜻으로 아기를 낳은 부인들의 약으로 쓴다.

**송장풀**(꿀풀과)

산의 풀밭에서 60~90㎝ 높이로 자라는 여러해살이풀. 잎은 마주나고 달걀형이며 가장자리에 큰 톱니가 있다. 8~9월에 윗부분의 잎겨드랑이마다 입술 모양의 연홍색 꽃이 5~6개씩 층층으로 달린다.

**석잠풀**(꿀풀과)

논두렁이나 습한 풀밭에서 40~70㎝ 높이로 자라는 여러해살이풀. 잎은 마주나고 좁은 칼 모양이며 가장자리에 톱니가 있다. 6~9월에 줄기 윗부분의 잎겨드랑이에 입술 모양의 분홍색 꽃이 촘촘히 돌려 가며 달린다.

**들깨풀**(꿀풀과)

들에서 20~60㎝ 높이로 자라는 한해살이풀. 잎은 마주나고 긴 달걀형이며 가장자리에 톱니가 있다. 8~9월에 줄기와 가지 끝에 입술 모양의 연자주색 꽃이 촘촘히 이삭 모양으로 모여 달린다.

**층층이꽃**(꿀풀과)

양지바른 풀밭에서 30~60㎝ 높이로 자라는 여러해살이풀. 잎은 마주나고 긴 달걀형~달걀형이며 톱니가 있다. 6~8월에 잎겨드랑이마다 입술 모양의 홍자색 꽃이 층층으로 달리므로 '층층이꽃'이라고 한다.

## 박하(꿀풀과)

습한 들판에서 30~60㎝ 높이로 자라는 여러해살이풀. 7~10월에 윗부분의 잎겨드랑이마다 연보라색 꽃이 층층으로 달린다. 잎에서 짠 박하 기름은 화한 향기가 나는데 치약이나 박하사탕 등에 향료로 쓴다.

## 속단(꿀풀과)

산에서 1m 정도 높이로 자라는 여러해살이풀. 꽃은 7~8월에 피는데 줄기나 가지 윗부분의 잎겨드랑이에 입술 모양의 연자주색 꽃이 층층으로 돌려 가며 달린다. 윗입술꽃잎은 모자 같고 털이 있다.

## 향유(꿀풀과)

산과 들의 풀밭에서 30~60㎝ 높이로 자라는 한해살이풀. 잎은 마주나고 긴 타원형~달걀형이며 잎자루가 길다. 8~10월에 줄기와 가지 끝의 꽃이삭에 연한 홍자색 꽃이 한쪽으로 치우쳐서 빽빽하게 모여 핀다.

## 꽃향유(꿀풀과)

산과 들의 풀밭에서 30~60㎝ 높이로 자라는 한해살이풀. 잎은 마주나고 달걀형이며 끝이 뾰족하고 가장자리에 톱니가 있다. 9~10월에 줄기와 가지 끝의 꽃이삭에 많은 홍자색 꽃이 한쪽 방향으로만 빽빽하게 달린다.

## 방아풀(꿀풀과)

산과 들에서 50~100㎝ 높이로 자라는 여러해살이풀. 잎은 마주나고 넓은 달걀형이며 톱니가 있다. 8~9월에 잎겨드랑이의 꽃송이에 입술 모양의 연자주색 꽃이 피는데 수술이 꽃부리 밖으로 나온다.

## 산박하(꿀풀과)

산의 풀밭에서 40~90㎝ 높이로 자라는 여러해살이풀. 잎은 마주나고 세모진 달걀형이다. 6~9월에 줄기 윗부분의 꽃송이에 입술 모양의 자주색 꽃이 피는데 암술과 수술은 대부분 꽃잎 안에 묻혀 있다.

**오리방풀**(꿀풀과)

깊은 산의 숲속에서 40~80㎝ 높이로 자라는 여러해살이풀. 잎은 마주나고 둥근 달걀형이며 끝이 꼬리처럼 길어진다. 7~9월에 줄기 끝이나 잎겨드랑이에서 자란 꽃송이에 보라색 꽃이 모여 핀다.

**나도송이풀**(열당과)

산과 들에서 30~60㎝ 높이로 자라는 한해살이풀. 전체에 끈적거리는 털이 있다. 잎은 마주나고 세모진 달걀형이다. 8~9월에 줄기 윗부분에 2개씩 피는 연한 홍자색 꽃은 안쪽에 2개의 흰색 점이 있다.

**꽃며느리밥풀**(열당과)

산의 숲 가장자리에서 30~50㎝ 높이로 자라는 한해살이풀. 잎은 마주나고 좁은 달걀형이다. 7~8월에 줄기나 가지 윗부분에 이삭 모양으로 모여 피는 입술 모양의 홍자색 꽃은 안쪽에 2개의 밥풀 같은 무늬가 있다.

**파리풀**(파리풀과)

산과 들의 그늘진 곳에서 30~70㎝ 높이로 자라는 여러해살이풀. 7~9월에 줄기와 가지 끝의 꽃송이에 입술 모양의 연자주색 꽃이 모여 핀다. 뿌리를 찧은 즙을 종이에 묻혀 파리를 잡아서 '파리풀'이라고 한다.

**넓은잎꼬리풀**(질경이과)

산의 풀밭에서 50~70㎝ 높이로 자라는 여러해살이풀. 잎은 마주나고 세모진 좁은 달걀형이며 규칙적인 톱니가 있다. 7~8월에 기다란 꼬리 모양의 꽃이삭에 하늘색 꽃이 촘촘히 돌려 가며 달린다.

**토현삼**(현삼과)

높은 산에서 1~1.5m 높이로 자라는 여러해살이풀. 잎은 마주나고 칼 모양이며 잔톱니가 있다. 8~9월에 줄기 윗부분에서 갈라진 잔가지마다 달리는 자잘한 흑자색 꽃은 일그러진 항아리 모양이다.

## 마편초(마편초과)

남부 지방의 바닷가 풀밭에서 30~100㎝ 높이로 자라는 여러해살이풀. 잎은 마주나고 달걀형이며 3갈래로 깊게 갈라진다. 6~9월에 줄기와 가지 끝의 꽃송이에 연분홍색 꽃이 촘촘히 피어 올라간다.

## 메꽃(메꽃과)

들에서 수m 길이로 자라는 여러해살이덩굴풀. 잎은 어긋나고 긴 화살촉 모양이다. 6~8월에 잎겨드랑이에 나팔 모양의 분홍색 꽃이 핀다. 흰색의 뿌리줄기를 '메'라고 하며 이른 봄에 캐서 밥에 넣어 먹기도 한다.

## 별나팔꽃(메꽃과)

열대 아메리카 원산으로 들에서 3m 길이로 자라는 한해살이덩굴풀. 잎은 어긋나고 하트 모양이다. 7~9월에 잎 겨드랑이에 3~8개의 분홍색 나팔꽃이 핀다. 꽃부리 윗부분은 별 모양이며 중심부는 홍자색이다.

## 절굿대(국화과)

산기슭의 풀밭에서 60~100㎝ 높이로 자라는 여러해살이풀. 잎은 어긋나고 새깃 모양으로 깊게 갈라지며 가장자리가 날카로운 가시로 되어 있다. 7~9월에 줄기와 가지 끝에 둥근 남자색 꽃송이가 달린다.

## 엉겅퀴(국화과)

산과 들에서 50~100㎝ 높이로 자라는 여러해살이풀. 잎은 어긋나고 새깃 모양으로 갈라진다. 6~8월에 줄기와 가지 끝에 붉은색 꽃송이가 달린다. 봄에 돋는 가시가 있는 뿌리잎을 나물로 먹기 때문에 '가시나물'이라고도 한다.

## 큰엉겅퀴(국화과)

산기슭과 들에서 1~2m 높이로 자라는 여러해살이풀. 잎은 어긋나고 새깃 모양으로 갈라지며 가장자리는 뾰족한 가시로 되어 있다. 7~10월에 많은 가지 끝마다 붉은색 꽃송이가 고개를 숙이고 늘어진다.

메꽃과의 식물은 대부분 줄기를 자르면 흰색 즙이 나오는 덩굴풀로 잎은 어긋난다. 새삼(p.98) 같은 기생식물도 있다.

**고려엉겅퀴** (국화과)

산의 풀밭에서 1m 정도 높이로 자라는 여러해살이풀. 잎은 어긋나고 긴 타원형~달걀형이며 끝이 뾰족하고 가장자리에 가시 같은 톱니가 있다. 7~10월에 줄기와 가지 끝에 자주색 꽃송이가 위를 보고 핀다.

**각시취** (국화과)

산의 풀밭에서 30~150㎝ 높이로 자라는 두해살이풀. 잎은 어긋나고 새깃 모양으로 깊게 갈라진다. 8~10월에 가지 끝마다 둥근 홍자색 꽃송이가 위를 향해 달린다. 봄에 돋는 뿌리잎을 뜯어서 나물로 먹는다.

**수리취** (국화과)

산에서 40~100㎝ 높이로 자라는 여러해살이풀. 잎은 어긋나고 세모진 달걀형이며 뒷면은 흰빛을 띤다. 9~10월에 가지에 갈자색 꽃송이가 달린다. 봄에 돋는 잎을 뜯어서 말린 것을 떡에 섞어서 먹는다.

**산비장이** (국화과)

산의 풀밭에서 30~140㎝ 높이로 자라는 여러해살이풀. 줄기에 세로줄이 있다. 잎은 어긋나고 새깃처럼 깊게 갈라지며 위로 갈수록 작아진다. 8~10월에 줄기와 가지 끝에 적자색 꽃송이가 위를 향해 핀다.

**우산나물** (국화과)

산의 숲속에서 50~100㎝ 높이로 자라는 여러해살이풀. 6~9월에 줄기 끝에 연홍색 꽃송이가 촘촘히 달린다. 봄에 돋는 새순의 잎몸은 7~9갈래로 갈라져 우산같이 퍼지면서 나오므로 '우산나물'이라고 한다.

**주홍서나물** (국화과)

아프리카 원산으로 남부 지방의 길가나 빈터에서 30~80㎝ 높이로 자라는 한해살이풀. 9~10월에 가지 끝에 꽃잎이 없는 주홍색 꽃송이가 밑을 향해 매달린다. 열매는 흰색 솜털이 달린 씨앗을 퍼뜨린다.

## 잔대 (초롱꽃과)

산과 들의 양지에서 50~100㎝ 높이로 자라는 여러해살이풀. 줄기의 마디마다 2~4장의 잎이 돌려난다. 7~9월에 잎겨드랑이마다 종 모양의 하늘색 꽃이 층층이 달린다. 새순과 뿌리를 캐서 나물로 먹는다.

## 모시대 (초롱꽃과)

산에서 40~100㎝ 높이로 자라는 여러해살이풀. 잎은 어긋나고 달걀형이며 잎자루가 길다. 7~9월에 줄기 윗부분에 넓은 종 모양의 자주색 꽃이 밑을 보고 핀다. 도라지처럼 생긴 뿌리를 캐서 나물로 먹는다.

## 금강초롱꽃 (초롱꽃과)

중부 이북의 깊은 산에서 30~90㎝ 높이로 자라는 여러해살이풀. 줄기 중간에 4~6장이 모여나는 긴 달걀형의 잎은 끝이 뾰족하다. 8~9월에 줄기 윗부분에 매달리는 종 모양의 자주색 꽃은 끝이 5갈래로 얕게 갈라진다.

## 자주꽃방망이 (초롱꽃과)

산의 풀밭에서 40~100㎝ 높이로 자라는 여러해살이풀. 잎은 어긋나고 좁은 달걀형이며 가장자리에 톱니가 있다. 7~9월에 줄기 끝이나 윗부분의 잎겨드랑이에 종 모양의 자주색 꽃이 촘촘히 모여 핀다.

## 바디나물 (미나리과)

산의 풀밭이나 냇가에서 70~150㎝ 높이로 자라는 여러해살이풀. 잎은 통통한 잎자루 끝에 3~5장의 작은잎이 달리는데 끝의 작은잎은 다시 3갈래로 깊게 갈라진다. 8~9월에 진자주색 꽃이 모여 핀다.

## 참당귀 (미나리과)

산에서 1~2m 높이로 자라는 여러해살이풀로 약초로 재배하기도 한다. 전체적으로 자줏빛이 돌고 타원형 잎자루는 통통하며 줄기를 둘러싸다 벗겨진다. 8~9월에 진자주색 꽃이 우산 모양으로 달린다.

초롱꽃과의 식물은 모두 풀이며 대부분 종 모양이나 통 모양의 꽃이 피는 것이 많고 줄기나 잎을 자르면 흰색 즙이 나오는 것이 많다.

### 만수국아재비(국화과)

남아메리카 원산으로 길가나 빈터에서 20~100㎝ 높이로 자라는 한해살이풀. 잎은 마주나고 작은잎이 깃꼴로 붙는 겹잎이며 냄새가 난다. 7~10월에 가지 끝마다 연노란색 꽃송이가 촘촘히 모여 달린다.

### 도깨비바늘(국화과)

산과 들의 빈터에서 30~100㎝ 높이로 자라는 한해살이풀. 네모진 줄기에 마주나는 잎은 새깃 모양으로 깊게 갈라진다. 8~9월에 가지 끝에 노란색 꽃송이가 달린다. 가을에 익는 바늘처럼 생긴 씨앗에는 가시가 있다.

### 달맞이꽃(바늘꽃과)

아메리카 원산으로 길가나 빈터에서 60~100㎝ 높이로 자라는 두해살이풀. 7~9월에 줄기 윗부분의 잎겨드랑이에 노란색 꽃이 피는데 저녁에 피었다가 아침이 되면 시들기 때문에 '달맞이꽃'이라고 한다.

### 여뀌바늘(바늘꽃과)

논이나 습지에서 30~70㎝ 높이로 자라는 한해살이풀. 줄기는 붉은빛이 돌고 세로줄이 있다. 잎은 어긋나고 칼 모양이다. 8~9월에 잎겨드랑이에 피는 노란색 꽃은 지름 1㎝ 정도이며 꽃잎은 4~5장이다.

### 번행초(번행초과)

남부 지방의 바닷가 모래땅에서 10~30㎝ 높이로 자라는 여러해살이풀. 전체가 통통한 육질이다. 잎은 어긋나고 세모진 달걀형이며 두껍고 부드럽다. 5~10월에 잎겨드랑이에 노란색 꽃이 1~2개씩 핀다.

### 솔나물(꼭두서니과)

산과 들의 풀밭에서 50~100㎝ 높이로 자라는 여러해살이풀. 솔잎처럼 생긴 짧은 바늘 모양의 잎은 줄기의 마디마다 6~10장씩 돌려난다. 6~8월에 줄기 윗부분에 자잘한 노란색 꽃이 촘촘히 모여 핀다.

바닷가에는 번행초처럼 바람과 짠 소금기에 적응된 식물만이 무리를 이루어 살아간다.

## 개연꽃(수련과)

중부 이남의 개울가나 연못에서 20~
30㎝ 높이로 자라는 여러해살이풀. 물
밖으로 나오는 긴 달걀형의 잎은 밑
부분이 화살촉 모양이며 광택이 난다.
6~8월에 물 밖으로 자란 긴 꽃자루 끝
에 피는 노란색 꽃은 지름 4~5㎝이다.

## 기린초(돌나물과)

산과 들의 풀밭이나 바위틈에서 10~
30㎝ 높이로 자라는 여러해살이풀. 잎
은 어긋나고 거꾸로달걀형~타원형이며
퉁퉁한 육질로 물기가 많다. 6~8월에
줄기 끝의 편평한 꽃송이에 별 모양의
노란색 꽃이 모여 핀다.

## 말똥비름(돌나물과)

논둑이나 산기슭의 습지에서 10~20㎝
높이로 자라는 두해살이풀. 전체가 퉁
퉁한 육질이다. 잎은 어긋나거나 마
주나고 주걱 모양이다. 6~8월에 줄기
끝의 편평한 꽃송이에 별 모양의 노란
색 꽃이 모여 핀다.

열매

## 바위채송화(돌나물과)

산의 바위틈에서 10㎝ 정도 높이로 자
라는 여러해살이풀. 줄기에 어긋나는
납작한 바늘 모양의 잎은 채송화처럼
퉁퉁한 육질이다. 7~8월에 가지 끝에
별 모양의 노란색 꽃이 촘촘히 모여 피
는데 꽃잎이 꽃받침보다 2배 이상 크다.

## 쇠비름(쇠비름과)

밭이나 빈터에서 5~30㎝ 높이로 자라
는 한해살이풀. 줄기와 잎 전체가 퉁
퉁한 육질로 물기가 많다. 주걱 모양
의 잎은 줄기에 어긋나거나 마주난다.
7~8월에 잎겨드랑이에 달리는 노란색
꽃은 한낮에만 핀다.

## 고추나물(물레나물과)

산과 들의 습한 곳에서 20~60㎝ 높이
로 자라는 여러해살이풀. 잎은 마주나
고 긴 달걀형이며 앞면에 검은색 잔점
이 많다. 7~8월에 가지 끝에 노란색
꽃이 모여 핀다. 열매는 고추처럼 빨갛
게 익는다.

쇠비름과의 풀은 몸 전체가 물기가 많은 퉁퉁한 육질이다. 열매는 뚜껑이 반으로 쪼개지면서 씨앗이 나온다.

**물레나물**(물레나물과)
산과 들의 양지바른 풀밭에서 50~
100㎝ 높이로 자라는 여러해살이풀.
6~8월에 가지 끝에 노란색 꽃이 1개씩
하늘을 보고 핀다. 5장의 꽃잎이 바람
개비처럼 휘는 모양이 실을 뽑는 물레
와 비슷해서 '물레나물'이라고 한다.

**차풀**(콩과)
냇가 주변이나 빈터에서 30~60㎝ 높
이로 자라는 한해살이풀. 잎은 작은잎
이 깃꼴로 붙는 겹잎이다. 7~10월에
잎겨드랑이에 노란색 꽃이 핀다. 잎이
달린 줄기를 말려서 차를 끓여 마시기
때문에 '차풀'이라고 한다.

**딱지꽃**(장미과)
냇가나 바닷가의 양지에서 30~60㎝
높이로 자라는 여러해살이풀. 줄기는
비스듬히 서고 털이 많다. 잎은 어긋
나고 작은잎이 깃꼴로 붙는 겹잎이다.
6~7월에 줄기 끝에서 갈라진 가지마
다 노란색 꽃이 핀다.

**물양지꽃**(장미과)
산의 습지나 물가에서 30~100㎝ 높이
로 자라는 여러해살이풀. 줄기는 곧게
서고 전체에 털이 있다. 잎은 어긋나고
3장의 작은잎이 모여 달린 겹잎이다.
7~8월에 줄기와 가지 끝에 노란색 꽃
이 핀다.

**돌양지꽃**(장미과)
산의 바위틈에서 10~20㎝ 높이로 자
라는 여러해살이풀. 전체에 누운털이
있다. 잎은 긴 잎자루에 3~5개의 작은
잎이 달리는데 밑부분의 2개는 작다.
6~8월에 줄기와 가지 끝에 노란색 꽃
이 핀다.

**물싸리풀**(장미과)
모래땅에서 10~20㎝ 높이로 자라는
여러해살이풀. 잎은 어긋나고 작은잎
이 깃꼴로 붙는 겹잎이다. 작은잎은 길
쭉하며 가장자리가 밋밋하고 끝이 2갈
래로 갈라지기도 한다. 6월에 가지 끝
에 노란색 꽃이 핀다.

물레나물과 식물의 잎에는 검은색 점이나 투명한 점이 있는 것이 많다. 꽃잎과 꽃받침은 보통 5장이며 수술이 많다.

## 짚신나물(장미과)

산과 들의 풀밭에서 30~100㎝ 높이로 자라는 여러해살이풀. 6~8월에 가지 윗부분에 노란색 꽃이 피어 올라간다. 열매에 갈고리 같은 털이 많아서 짚신에 잘 달라붙었기 때문에 '짚신나물'이라고 한다.

## 큰뱀무(장미과)

산과 들의 습한 풀밭에서 25~100㎝ 높이로 자라는 여러해살이풀. 기다란 뿌리잎은 무의 잎과 모양이 비슷하다. 6~7월에 가지 끝에 노란색 꽃이 핀다. 타원형 열매의 가시 같은 털은 밑으로 눕는다.

## 고슴도치풀(아욱과)

길가나 빈터에서 50~100㎝ 높이로 자라는 한해살이풀. 8~9월에 잎겨드랑이에 자잘한 노란색 꽃이 모여 핀다. 작고 둥근 열매는 표면이 갈고리 같은 가시로 덮여 있어서 '고슴도치풀'이라고 한다.

## 수까치깨(아욱과)

산과 들의 풀밭에서 25~60㎝ 높이로 자라는 한해살이풀. 잎은 어긋나고 달걀형이며 끝이 뾰족하다. 6~8월에 잎겨드랑이에 노란색 꽃이 1개씩 핀다. 기다란 열매는 꽃받침조각이 뒤로 젖혀진다.

## 어저귀(아욱과)

인도 원산의 한해살이풀. 한때 섬유 식물로 재배하던 것이 들로 퍼져 나가 50~150㎝ 높이로 자란다. 잎은 어긋나고 둥근 하트 모양이다. 8~9월에 잎겨드랑이에 노란색 꽃이 핀다. 둥근 종지 모양의 열매는 흑갈색으로 익는다.

## 물꽈리아재비(파리풀과)

산의 습한 곳에서 10~30㎝ 높이로 자라는 여러해살이풀. 잎은 마주나고 달걀형이며 톱니가 드문드문 있다. 6~8월에 잎겨드랑이에 노란색 꽃이 1개씩 피는데 꽃자루는 잎보다 길거나 비슷하다.

짚신은 볏짚으로 가는 새끼를 꼬아 만든 신으로 옛날 사람들은 대부분 짚신을 신었다.

**좁쌀풀**(앵초과)

양지바른 습한 풀밭에서 30~90㎝ 높이로 자라는 여러해살이풀. 잎은 마주나거나 한 마디에 3~4장씩 돌려나기도 한다. 6~8월에 줄기 윗부분의 꽃송이에 별 모양의 노란색 꽃이 촘촘히 모여 핀다.

**산해박**(협죽도과)

산기슭의 풀밭에서 60~70㎝ 높이로 자라는 여러해살이풀. 잎은 마주나고 좁고 긴 칼 모양이다. 5~7월에 줄기 끝이나 줄기 윗부분의 잎겨드랑이에서 나온 꽃송이에 자잘한 황갈색 꽃이 모여 핀다.

**우단담배풀**(현삼과)

길가나 빈터에서 1~2m 높이로 자라는 두해살이풀. 전체에 회백색 솜털이 빽빽하다. 잎은 어긋나고 긴 타원형이며 밑부분이 날개로 된다. 7~9월에 줄기와 가지 윗부분에 노란색 꽃이 촘촘히 달린다.

**마타리**(인동과)

산과 들의 풀밭에서 60~150㎝ 높이로 자라는 여러해살이풀. 잎은 마주나고 새깃처럼 깊게 갈라지며 누운털이 있다. 7~9월에 줄기와 가지 끝의 편평한 꽃송이에 자잘한 노란색 꽃이 촘촘히 모여 핀다.

**까치고들빼기**(국화과)

산의 숲 가장자리에서 20~50㎝ 높이로 자라는 한두해살이풀. 줄기와 가지가 매우 연하다. 잎은 어긋나고 잎몸이 새깃처럼 깊게 갈라진다. 9~10월에 가지 끝에 모여 피는 노란색 꽃은 꽃잎이 5장이다.

**노랑어리연꽃**(조름나물과)

늪이나 연못에서 3~12㎝ 높이로 자라는 여러해살이풀. 물 위에 뜨는 넓은 타원형 잎은 한쪽이 깊게 갈라지며 광택이 있다. 7~9월에 잎겨드랑이에서 길게 자란 꽃자루 끝에 피는 노란색 꽃은 꽃잎 가장자리에 긴털이 있다.

## 개상사화/붉노랑상사화 (수선화과)

남부 지방의 숲속에서 60㎝ 정도 높이로 자라는 여러해살이풀. 봄에 뭉쳐나는 칼 모양의 잎은 6~7월이 되면 말라 죽는다. 잎이 말라 죽은 다음인 8~9월에 꽃줄기가 자라 그 끝에 5~10개의 연노란색 꽃이 모여 핀다.

## 원추리 (크산토로이아과)

산과 들의 풀밭에서 1m 정도 높이로 자라는 여러해살이풀. 뿌리에서 모여나는 칼 모양의 잎은 끝부분이 활처럼 뒤로 휜다. 7~8월에 잎 사이에서 자란 꽃줄기 끝에 나팔 모양의 노란색 꽃이 여러 개가 옆을 향해 핀다.

## 금불초 (국화과)

산과 들의 풀밭에서 30~60㎝ 높이로 자라는 여러해살이풀. 전체에 털이 난다. 잎은 어긋나고 긴 타원형이며 잔톱니가 있다. 7~9월에 줄기 끝에서 갈라진 가지마다 노란색 꽃송이가 위를 보고 핀다.

## 미역취 (국화과)

산과 들의 풀밭에서 30~80㎝ 높이로 자라는 여러해살이풀. 잎은 어긋나고 긴 타원형이다. 8~10월에 줄기나 가지 끝에 자잘한 노란색 꽃송이가 촘촘히 달린다. 봄에 돋는 새순을 뜯어 나물로 먹는다.

## 미국미역취 (국화과)

북아메리카 원산으로 길가나 빈터에서 50~150㎝ 높이로 자라는 여러해살이풀. 칼 모양의 잎은 줄기에 촘촘히 어긋난다. 7~9월에 줄기 끝에 달리는 원뿔 모양의 꽃가지에 노란색 꽃송이가 모여 달린다.

## 털머위 (국화과)

남부 지방의 바닷가에서 자라는 늘푸른여러해살이풀. 머위잎처럼 둥글넓적한 잎은 두껍고 광택이 나며 뒷면에는 회백색 털이 있다. 9~10월에 30~70㎝ 높이로 자란 꽃줄기 끝에 노란색 꽃송이가 모여 달린다.

수선화과의 식물은 모두 풀이며 보통 비늘줄기가 있다. 꽃의 각 부분은 3이나 3의 배수로 되어 있다.

**곰취**(국화과)

깊은 산의 습지에서 50~200㎝ 높이로 자라는 여러해살이풀. 줄기에는 보통 3장의 하트 모양의 잎이 어긋난다. 7~9월에 줄기 윗부분에 노란색 꽃이 촘촘히 모여 핀다. 봄에 어린잎을 뜯어서 나물로 먹는다.

**쑥방망이**(국화과)

산의 풀밭에서 60~160㎝ 높이로 자라는 여러해살이풀. 잎은 어긋나고 잎몸이 새깃처럼 깊게 갈라지는 것이 쑥잎과 모양이 비슷하다. 8~10월에 가지 끝마다 노란색 꽃송이가 위를 향해 달린다.

**진득찰**(국화과)

들이나 밭에서 40~100㎝ 높이로 자라는 한해살이풀. 잎은 마주나고 세모진 달걀형이다. 8~9월에 줄기와 가지 끝에 노란색 꽃송이가 달린다. 작은 타원형의 열매에 끈끈한 액체가 묻어 있어 다른 물체에 잘 달라붙는다.

**뚱딴지**(국화과)

북아메리카 원산으로 빈터에서 1.5~3m 높이로 자라는 여러해살이풀. 9~10월에 가지마다 노란색 꽃송이가 달린다. 땅속에 생기는 덩어리 모양의 뿌리줄기를 '돼지감자'라고 하며 가축 사료 등으로 이용한다.

**나래가막사리**(국화과)

북아메리카 원산으로 풀밭이나 빈터에 퍼져 자라는 여러해살이풀. 1~2.5m 높이로 자라는 줄기에는 2줄의 지느러미 날개가 있다. 잎은 어긋나고 긴 타원형이다. 8~9월에 가지 끝에 노란색 꽃송이가 달린다.

**산국**(국화과)

산과 들의 풀밭에서 60~90㎝ 높이로 자라는 여러해살이풀. 잎은 어긋나고 달걀형이며 새깃처럼 갈라진다. 9~10월에 가지마다 노란색 꽃송이가 촘촘히 모여 달린다. 노란색 꽃잎은 차를 끓여 마신다.

여름에 피는 노란색 풀꽃

### 쇠서나물(국화과)

산과 들의 풀밭에서 70~90㎝ 높이로 자라는 두해살이풀. '쇠서'는 '소의 혀'라는 뜻인데 길쭉한 잎에 거센털이 있어 소의 혀같이 깔깔한 느낌을 준다. 6~9월에 가지 끝에 연노란색 꽃송이가 달린다.

### 조밥나물(국화과)

산과 들의 습한 곳에서 30~100㎝ 높이로 자라는 여러해살이풀. 잎은 어긋나고 칼 모양이며 가장자리에 뾰족한 톱니가 약간 있다. 7~10월에 가지 끝에 달리는 노란색 꽃송이는 지름 25~35㎜이다.

### 갯씀바귀(국화과)

바닷가 모래땅에서 3~15㎝ 높이로 자라는 여러해살이풀. 뿌리줄기가 옆으로 길게 벋으면서 마디에서 나오는 잎은 손바닥처럼 3~5갈래로 깊게 갈라진다. 5~7월에 잎겨드랑이에서 자란 꽃자루에 노란색 꽃송이가 달린다.

### 사데풀(국화과)

바닷가의 풀밭에서 30~100㎝ 높이로 자라는 여러해살이풀. 잎은 어긋나고 긴 타원형이며 밑부분이 좁아져서 줄기를 감싼다. 8~10월에 줄기 끝에 노란색 꽃송이가 모여 달리고 솜털이 달린 씨앗을 맺는다.

### 방가지똥(국화과)

길가나 빈터에서 30~100㎝ 높이로 자라는 한두해살이풀. 잎은 어긋나고 칼 모양이며 가장자리가 새깃처럼 갈라지고 밑부분은 귀 모양으로 줄기를 감싼다. 5~9월에 가지 끝에 노란색 꽃송이가 달린다.

### 큰방가지똥(국화과)

유럽 원산으로 길가나 빈터에서 40~120㎝ 높이로 자라는 한두해살이풀. 칼 모양의 잎은 가장자리에 불규칙하고 날카로운 톱니가 있으며 밑부분은 줄기를 감싼다. 5~10월에 가지 끝에 노란색 꽃송이가 달린다.

**가시상치**(국화과)

유럽 원산으로 들에서 1m 정도 높이로 자라는 한두해살이풀. 줄기를 자르면 흰색 즙이 나온다. 잎은 어긋나고 칼 모양이며 가시 같은 톱니가 있다. 7~9월에 줄기와 가지 끝에 노란색 꽃송이가 촘촘히 달린다.

**왕고들빼기**(국화과)

산과 들의 풀밭에서 1~2m 높이로 자라는 한두해살이풀. 잎은 어긋나고 길쭉한 잎몸은 새깃처럼 깊게 갈라진다. 8~9월에 줄기와 가지에 연노란색 꽃송이가 모여 달린다. 봄에 돋는 새순을 나물로 먹는다.

**이고들빼기**(국화과)

산에서 30~70㎝ 높이로 자라는 한두해살이풀. 잎은 어긋나고 주걱 모양이며 밑부분은 귀처럼 되어 줄기를 반쯤 감싸기도 한다. 8~9월에 가지 끝의 노란색 꽃송이는 위를 향해 핀 다음에 밑으로 처진다.

**고들빼기**(국화과)

산과 들에서 30~80㎝ 높이로 자라는 두해살이풀. 뿌리잎은 빗살처럼 갈라지고 줄기잎은 밑부분이 줄기를 감싼다. 5~9월에 가지 끝마다 노란색 꽃송이가 달린다. 이른 봄에 뿌리째 캐서 김치를 담가 먹는다.

**닭의난초**(난초과)

중부 이남의 습지에서 30~70㎝ 높이로 자라는 여러해살이풀. 잎은 어긋나고 좁은 달걀형이며 끝이 길게 뾰족하다. 6~8월에 줄기 윗부분의 잎겨드랑이마다 노란색 꽃이 피는데 꽃잎 안쪽에 홍자색 반점이 있다.

**흑삼릉**(부들과)

연못가나 습지에서 70~100㎝ 높이로 자라는 여러해살이풀. 칼 모양의 뿌리잎은 서로 감싼다. 7~8월에 줄기 윗부분에 수꽃이삭이 모여 달리고 그 밑에 암꽃이삭이 달린다. 도깨비방망이 모양의 열매가 열린다.

## 붕어마름 (붕어마름과)

연못이나 개울의 물속에서 자라는 여러해살이풀. 가늘고 긴 줄기의 마디마다 실같이 갈라진 가는 잎이 **빽빽하게** 돌려난다. 가시 같은 잎은 철사처럼 딱딱하다. 7~8월에 잎겨드랑이에 꽃잎이 없는 작은 꽃이 핀다.

## 선괴불주머니 (양귀비과)

숲 가장자리의 그늘진 습지에서 50~100㎝ 높이로 자라는 두해살이풀. 잎은 어긋나고 3장씩 2~3회 갈라지는 겹잎이다. 7~9월에 줄기나 가지 끝에 모여 피는 노란색 꽃은 뒷부분이 기다란 꿀주머니로 되어 있다.

## 좀꿩의다리 (미나리아재비과)

산과 들에서 50~150㎝ 높이로 자라는 여러해살이풀. 잎은 어긋나고 3장씩 2~3회 갈라지는 겹잎이며 뒷면은 분백색이 돈다. 7~8월에 줄기 끝의 커다란 꽃송이에 자잘한 연노란색 꽃이 모여 핀다.

## 낙지다리 (낙지다리과)

개울가나 습지에서 30~70㎝ 높이로 자라는 여러해살이풀. 칼 모양의 잎은 어긋난다. 7~8월에 줄기 끝에서 사방으로 갈라져 휘어지는 가지에 연노란색 꽃이 촘촘히 위를 보고 달리기 때문에 낙지다리처럼 보인다.

## 고삼 (콩과)

산기슭이나 들에서 80~100㎝ 높이로 자라는 여러해살이풀. 잎은 어긋나고 작은잎이 깃꼴로 붙는 겹잎이다. 6~8월에 줄기와 가지 끝의 기다란 꽃송이에 연노란색 꽃이 한쪽 방향으로 촘촘히 모여 핀다.

## 자귀풀 (콩과)

논이나 습지에서 50~60㎝ 높이로 자라는 한해살이풀. 잎은 어긋나고 작은잎이 깃꼴로 붙는 겹잎이다. 7~10월에 연노란색 꽃이 핀다. 밤에 마주보는 두 잎씩 포개지는 것이 잠자는 것 같아서 '자귀풀'이라고 한다.

붕어마름처럼 완전히 물속에 잠겨 살아가는 식물은 표면의 막을 통해 물속에 녹아 있는 공기를 흡수한다.

### 활량나물(콩과)

산기슭의 풀밭에서 80~120㎝ 길이로 벋는 여러해살이덩굴풀. 잎은 어긋나고 작은잎이 깃꼴로 붙는 겹잎이며 덩굴손이 있다. 7~8월에 피는 나비 모양의 노란색 꽃은 끝부분이 점차 황갈색으로 변한다.

### 여우팥(콩과)

남부 지방의 풀밭에서 50~200㎝ 길이로 벋는 여러해살이덩굴풀. 잎은 어긋나고 3장의 작은잎이 모여 붙는 겹잎이다. 작은잎은 마름모꼴이다. 7~8월에 잎겨드랑이의 꽃송이에 나비 모양의 노란색 꽃이 모여 핀다.

### 여우콩(콩과)

남부 지방의 산기슭이나 들에서 80~200㎝ 길이로 벋는 여러해살이덩굴풀. 잎은 어긋나고 3장의 작은잎이 모여 붙는 겹잎이며 털이 있다. 8~9월에 잎겨드랑이의 꽃송이에 나비 모양의 연노란색 꽃이 모여 핀다.

### 새팥(콩과)

들의 풀밭에서 1m 정도 길이로 벋는 한해살이덩굴풀. 잎은 어긋나고 3장의 작은잎이 모여 달린 겹잎이다. 작은잎은 달걀형이며 3갈래로 얕게 갈라지기도 한다. 8~9월에 나비 모양의 노란색 꽃이 2~3개씩 핀다.

### 벌노랑이(콩과)

산과 들의 풀밭에서 30㎝ 정도 높이로 비스듬히 자라는 여러해살이풀. 잎은 어긋나고 5장의 작은잎이 깃꼴로 붙는 겹잎이다. 5~8월에 잎겨드랑이에서 자란 꽃자루 끝에 1~4개의 나비 모양의 노란색 꽃이 모여 핀다.

### 전동싸리(콩과)

중국 원산으로 들이나 길가에서 60~90㎝ 높이로 자라는 두해살이풀. 잎은 어긋나고 3장의 작은잎이 모여 달린 겹잎이다. 7~8월에 잎겨드랑이에서 길게 자란 꽃대에 자잘한 노란색 꽃이 촘촘히 달린다.

콩과는 우리나라에서 110여 종이 자라며 대부분 나비 모양의 꽃과 꼬투리열매가 열리는 것이 특징이다.

여름에 피는 노란색 풀꽃

**환삼덩굴**(삼과)

길가나 빈터에서 2~4m 길이로 벋는 한해살이덩굴풀. 줄기와 잎자루에 밑을 향한 잔가시가 있다. 잎은 마주나고 잎몸은 손바닥처럼 5~7갈래로 깊게 갈라진다. 암수딴그루로 7~9월에 황록색 꽃이 핀다.

**노랑물봉선화**(봉선화과)

산의 냇가나 습지에서 40~70㎝ 높이로 자라는 한해살이풀. 긴 타원형 잎은 어긋난다. 7~9월에 줄기 윗부분의 잎겨드랑이에 노란색 꽃이 1~3개씩 매달리는데 뒷부분의 기다란 꿀주머니는 끝이 밑으로 처진다.

**해란초**(질경이과)

바닷가의 모래땅에서 15~40㎝ 높이로 자라는 여러해살이풀. 긴 타원형 잎은 두툼하며 줄기에 마주나거나 어긋난다. 7~8월에 줄기나 가지 끝에 모여 달리는 입술 모양의 노란색 꽃은 뒷부분이 기다란 꿀주머니로 된다.

**땅꽈리**(가지과)

열대 아메리카 원산으로 들에서 30~40㎝ 높이로 자라는 한해살이풀. 달걀형~타원형의 잎은 어긋난다. 7~9월에 잎겨드랑이에 노란색 꽃이 1개씩 밑을 향해 핀다. 둥근 열매는 꽈리처럼 꽃받침으로 둘러싸인다.

**미국가막사리**(국화과)

북아메리카 원산으로 길가나 빈터에서 50~150㎝ 높이로 자라는 한해살이풀. 네모진 줄기는 흑자색이 돈다. 잎은 마주나고 잎몸이 새깃처럼 갈라진다. 7~10월에 가지 끝에 노란색 꽃송이가 달린다.

**시호**(미나리과)

산의 풀밭에서 40~80㎝ 높이로 자라는 여러해살이풀. 길쭉한 잎은 가장자리가 밋밋하고 밑부분은 좁아져서 줄기에 붙는다. 8~9월에 가지 끝에 5~10개의 자잘한 노란색 꽃이 우산 모양으로 모여 핀다.

### 벗풀(택사과)

논이나 습지에서 20~80㎝ 높이로 자라는 여러해살이풀. 잎은 뿌리에서 모여나는데 긴 잎자루 끝에 화살촉 모양의 기다란 잎이 달린다. 8~10월에 자란 꽃줄기에 흰색 꽃이 층층으로 돌려가며 핀다.

### 자라풀(자라풀과)

연못가나 도랑에서 5~10㎝ 높이로 자라는 여러해살이풀. 물 위에 뜨는 둥근 잎은 앞면에 광택이 있고 뒷면에는 거북 등처럼 생긴 그물눈이 있다. 8~10월에 물 위로 자란 꽃줄기 끝에 1개의 흰색 꽃이 핀다.

### 물질경이(자라풀과)

논이나 연못가에서 10~20㎝ 높이로 자라는 한해살이풀. 뿌리에서 모여나는 달걀형의 잎은 질경이와 비슷하다. 8~10월에 꽃줄기 끝에 1개의 흰색~연분홍색 꽃이 핀다. 꽃줄기에는 닭의 볏처럼 구불거리는 날개가 있다.

### 마름(부처꽃과)

연못에서 자라는 한해살이풀. 물 밖으로 자란 줄기 끝에는 마름모꼴의 잎이 사방으로 퍼지는데 퉁퉁한 잎자루 속에는 공기가 들어 있어 잎이 물 위에 뜨게 해 준다. 7~8월에 잎겨드랑이에 흰색 꽃이 핀다.

### 바위떡풀(범의귀과)

산의 습한 바위틈에서 10~30㎝ 높이로 자라는 여러해살이풀. 뿌리잎은 잎자루가 길고 둥근 하트 모양이며 가장자리가 얕게 갈라진다. 8~9월에 피는 흰색 꽃은 5장의 꽃잎 중 밑의 2장이 더 크다.

### 바위솔(돌나물과)

바위나 기와지붕에서 30㎝ 정도 높이로 자라는 여러해살이풀. 잎은 퉁퉁한 육질이며 줄기에 촘촘히 돌려 가며 붙는다. 9~10월에 줄기 윗부분에 흰색 꽃이 촘촘히 핀다. 꽃이 피고 열매를 맺으면 죽는다.

### 애기땅빈대 (대극과)

밭이나 길가에서 10~25㎝ 길이로 벋는 한해살이풀. 땅바닥을 기는 줄기를 자르면 흰색 즙이 나온다. 잎은 마주나고 긴 타원형이며 가운데에 적갈색 반점이 있다. 6~9월에 잎겨드랑이에 자잘한 꽃이 모여 핀다.

### 큰땅빈대 (대극과)

북아메리카 원산의 한해살이풀. 밭이나 길가에서 20~60㎝ 높이로 비스듬히 자란다. 적갈색을 띠는 줄기를 자르면 흰색 즙이 나온다. 긴 타원형 잎은 마주난다. 8~9월에 가지 끝에 자잘한 꽃이 모여 핀다.

### 대나물 (석죽과)

산기슭이나 바닷가에서 70~100㎝ 높이로 자라는 여러해살이풀. 잎은 마주나고 대나무잎처럼 길쭉하며 3개의 잎맥이 뚜렷하다. 6~7월에 줄기 끝의 꽃송이에 자잘한 흰색 꽃이 촘촘히 모여 핀다.

### 장구채 (석죽과)

산과 들에서 30~80㎝ 높이로 자라는 두해살이풀. 여러 대가 모여나는 가는 줄기가 장구를 치는 채와 닮아 '장구채'라고 한다. 칼 모양의 잎은 마주난다. 7~9월에 잎겨드랑이의 꽃대 끝에 흰색 꽃이 몇 개씩 모여 핀다.

### 끈끈이주걱 (끈끈이귀개과)

양지바른 습지에서 6~30㎝ 높이로 자라는 여러해살이풀. 뿌리에 모여나는 주걱 모양의 잎에 있는 끈끈한 붉은색 털로 작은 벌레를 잡아먹는 식충식물이다. 7~8월에 꽃줄기 끝에 흰색 꽃이 모여 핀다.

### 석류풀 (석류풀과)

길가나 빈터에서 10~25㎝ 높이로 자라는 한해살이풀. 가는 줄기는 밑에서 가지가 많이 갈라진다. 칼 모양의 잎은 가지의 마디마다 3~5장씩 돌려난다. 7~10월에 가지 끝에 자잘한 흰색 꽃이 모여 핀다.

양분이 모자라는 땅에서 자라는 식물 중에는 벌레를 잡아 양분을 얻는 식물이 있는데, 이런 식물을 '식충식물'이라고 한다.

**미국자리공**(자리공과)

북아메리카 원산으로 길가나 빈터에서 1~1.5m 높이로 자라는 여러해살이풀. 긴 타원형 잎은 어긋난다. 6~9월에 기다란 꽃자루에 흰색 꽃이 촘촘히 모여 핀다. 검게 익는 열매에서 붉은색 물감을 얻는다.

**마디풀**(마디풀과)

길가나 빈터에서 흔히 자라는 한해살이풀. 10~40㎝ 높이로 비스듬히 서는 녹색 줄기는 말라도 빛깔이 변하지 않는다. 줄기와 긴 타원형 잎은 매우 질기다. 6~8월에 잎겨드랑이에 자잘한 홍백색 꽃이 핀다.

**싱아**(마디풀과)

산기슭에서 1m 정도 높이로 자라는 여러해살이풀. 긴 타원형 잎은 어긋나고 끝이 뾰족하다. 6~8월에 줄기 끝의 커다란 꽃송이에 자잘한 흰색 꽃이 핀다. 신맛이 나는 어린 줄기와 잎은 날로 먹기도 한다.

**물매화**(노박덩굴과)

산의 습한 풀밭에서 10~35㎝ 높이로 자라는 여러해살이풀. 뿌리잎은 둥근 하트 모양이고 잎자루가 길다. 1장의 줄기잎도 하트 모양이며 줄기를 감싼다. 7~10월에 꽃줄기 끝에 매화를 닮은 흰색 꽃이 핀다.

**새박**(박과)

남부 지방의 습한 곳에서 2m 정도 길이로 자라는 한해살이덩굴풀. 세모진 달걀형의 잎과 마주나는 덩굴손으로 감고 오른다. 7~8월에 잎겨드랑이에 흰색 꽃이 1개씩 핀다. 새알 모양의 작고 둥근 열매는 회백색으로 익는다.

**하늘타리**(박과)

중부 이남의 산기슭에서 10m 정도 길이로 자라는 여러해살이덩굴풀. 덩굴손은 잎과 마주난다. 잎은 어긋나고 둥그스름한 잎몸은 5~7갈래로 깊게 갈라진다. 7~8월에 잎겨드랑이에 피는 흰색 꽃은 가장자리가 실처럼 잘게 갈라진다.

### 터리풀(장미과)

산의 습한 곳에서 1m 정도 높이로 자라는 여러해살이풀. 잎은 어긋나고 작은잎이 깃꼴로 붙는 겹잎이며 끝의 작은잎이 특히 크다. 7~8월에 줄기 끝의 커다란 꽃송이에 자잘한 흰색~백홍색 꽃이 촘촘히 달린다.

### 수박풀(아욱과)

지중해 원산으로 30~60㎝ 높이로 자라는 한해살이풀. 화초로 심던 것이 들로 퍼져 나갔다. 어린 줄기는 흰색 털이 난다. 잎은 어긋나고 수박잎처럼 3~5갈래로 깊게 갈라진다. 7~8월에 잎겨드랑이나 가지 끝에 백황색 꽃이 핀다.

### 노루발(진달래과)

산의 숲속에서 자라는 늘푸른여러해살이풀. 뿌리잎은 넓은 타원형이며 두껍고 광택이 나며 잎맥을 따라 무늬가 있다. 6~7월에 뿌리잎 사이에서 자란 10~20㎝ 높이의 꽃줄기에 백황색 꽃이 밑을 보고 핀다.

### 큰까치수영(앵초과)

양지바른 풀밭에서 50~100㎝ 높이로 자라는 여러해살이풀. 줄기와 잎에 털이 거의 없다. 긴 타원형 잎은 어긋난다. 6~8월에 줄기 끝에서 한쪽으로 휘어지는 꼬리 모양의 꽃송이에 흰색 꽃이 촘촘히 모여 핀다.

### 꼭두서니(꼭두서니과)

숲 가장자리에서 80~100㎝ 길이로 벋는 여러해살이덩굴풀. 네모진 줄기에 짧은 가시가 있다. 7~8월에 잎겨드랑이에서 자란 꽃대에 자잘한 황록색 꽃이 핀다. 예전에는 뿌리로 붉은색 물감을 만들었다.

### 까마중(가지과)

길가나 밭에서 30~60㎝ 높이로 자라는 한해살이풀. 달걀형의 잎은 어긋난다. 6~8월에 줄기에 달린 짧은 꽃대 끝에 별 모양의 흰색 꽃이 3~8개가 모여 핀다. 둥근 열매는 가을에 검은색으로 익는다.

**배풍등**(가지과)

산에서 1~3m 높이로 자라는 여러해 살이풀. 줄기는 덩굴처럼 기대며 오른 다. 잎은 어긋나고 달걀형~긴 타원형 이며 갈라지기도 한다. 8~9월에 잎과 마주나는 꽃대에 모여 피는 흰색 꽃은 꽃잎이 뒤로 젖혀진다.

**털별꽃아재비**(국화과)

열대 아메리카 원산으로 밭이나 빈터 에서 10~40㎝ 높이로 자라는 한해살 이풀. 전체에 털이 많다. 달걀형의 잎 은 마주난다. 6~9월에 줄기 끝에서 갈 라진 가지마다 꽃송이가 달리며 흰색 꽃잎은 톱니가 있다.

**톱풀**(국화과)

산과 들의 풀밭에서 50~120㎝ 높이 로 자라는 여러해살이풀. 잎은 어긋나 고 잎몸은 양쪽 가장자리가 톱니처럼 규칙적으로 갈라져 '톱풀'이라고 한다. 7~10월에 줄기 끝에 흰색 꽃송이가 고 르게 모여 달린다.

**어리연꽃**(조름나물과)

중부 이남의 연못에서 7~20㎝ 높이로 자라는 여러해살이풀. 물 위에 뜨는 둥 근 잎은 한쪽이 깊게 갈라지고 앞면은 광택이 난다. 7~8월에 꽃자루 끝에 별 모양의 흰색 꽃이 피는데 안쪽은 흰색 털로 덮여 있고 중심부는 노란색이다.

**뚝갈**(인동과)

산과 들의 풀밭에서 80~100㎝ 높이로 자라는 여러해살이풀. 잎은 마주나고 잎몸이 새깃처럼 3~5갈래로 갈라지기 도 한다. 7~8월에 줄기와 가지 끝의 꽃송이에 자잘한 흰색 꽃이 촘촘히 모 여 핀다.

**박새**(여로과)

깊은 산에서 60~150㎝ 높이로 자라는 여러해살이풀. 잎은 어긋나고 타원형 이며 주름이 지고 밑부분은 줄기를 감 싼다. 6~8월에 줄기 윗부분에 달리는 원뿔 모양의 꽃송이에 백황색 꽃이 촘 촘히 달린다.

열매

**문주란**(수선화과)

제주도 바닷가의 모래땅에서 자라는 늘푸른여러해살이풀. 흔히 화분에 심기도 한다. 짧은 줄기 끝에 뭉쳐나는 칼 모양의 잎은 끝이 뒤로 처진다. 7~9월에 50~80cm 높이의 꽃줄기 끝에 흰색 꽃이 핀다.

**수련**(수련과)

연못에서 5~12cm 높이로 자라는 여러해살이풀. 물 위에 뜨는 둥근 달걀형의 잎은 한쪽이 깊게 갈라지고 앞면은 광택이 있다. 6~8월에 피는 흰색 꽃은 낮에만 피고 밤에는 오므라들어 '수련(잠자는 연꽃)'이라고 한다.

**뚜껑덩굴**(박과)

물가에서 2m 정도 길이로 자라는 한해살이덩굴풀. 덩굴손은 잎과 마주난다. 긴 세모꼴 잎은 마주난다. 8~9월에 잎겨드랑이에 백록색 꽃이 모여 핀다. 도토리 모양의 열매는 익으면 가운데가 뚜껑 모양으로 갈라져 씨앗이 나온다.

**단풍취**(국화과)

산의 숲속에서 40~60cm 높이로 자라는 여러해살이풀. 줄기 가운데에 4~7장이 돌려나는 잎은 단풍잎처럼 가장자리가 7~11갈래로 얕게 갈라진다. 7~9월에 줄기 윗부분의 꽃송이에 흰색 꽃이 돌려 가며 핀다.

**왜솜다리**(국화과)

소백산 이북의 높은 산 풀밭에서 25~55cm 높이로 자라는 여러해살이풀. 줄기는 솜 같은 털이 있다. 잎은 어긋나고 좁은 타원형이며 뒷면은 회백색 털이 많다. 8~9월에 줄기 끝에 여러 개의 꽃송이가 위를 향해 핀다.

**한련초**(국화과)

논둑이나 습지에서 20~60cm 높이로 자라는 한해살이풀. 잎은 어긋나고 칼 모양이며 가장자리에 잔톱니가 있다. 8~9월에 가지 끝이나 윗부분의 잎겨드랑이에 흰색 꽃송이가 1개씩 위를 향해 핀다.

수련과의 식물은 뿌리줄기가 물속 땅에 있는 물풀이다. 잎은 잎자루가 길고 어릴 때는 방패 모양이다. 꽃은 1개씩 피고 아름답다.

**참취**(국화과)

산의 풀밭에서 1~1.5m 높이로 자라는 여러해살이풀. 뿌리잎은 하트 모양이며 줄기잎은 어긋나고 위로 갈수록 점차 작아진다. 8~10월에 가지 끝마다 흰색 꽃이 핀다. 봄에 돋는 어린잎을 나물로 먹는다.

**미국쑥부쟁이**(국화과)

길가나 빈터에서 30~100㎝ 높이로 자라는 여러해살이풀. 칼 모양의 잎은 비스듬히 휘어지는 줄기에 촘촘히 어긋나고 위로 갈수록 잎이 가늘어진다. 9~10월에 가지 끝마다 흰색 꽃송이가 달린다.

**개망초**(국화과)

북아메리카 원산으로 길가나 빈터에서 50~100㎝ 높이로 흔히 자라는 두해살이풀. 전체에 거센털이 있다. 잎은 어긋나고 긴 달걀형이며 가장자리에 몇 개의 톱니가 있다. 7~9월에 줄기와 가지 끝에 흰색 꽃송이가 달린다.

**구절초**(국화과)

산과 들에서 50㎝ 정도 높이로 자라는 여러해살이풀. 잎몸은 새깃처럼 갈라진다. 9~10월에 가지 끝에 흰색~연홍색 꽃송이가 달린다. 한약재로 사용하는데 음력 9월 9일에 채취한 것이 약효가 좋다 하여 '구절초'라 한다.

**카밀레**(국화과)

유럽 원산으로 들에서 30~60㎝ 높이로 자라는 한두해살이풀. 잎은 어긋나고 잎몸은 실처럼 가늘게 갈라진다. 6~9월에 가지 끝에 꽃이 피는데 가장자리의 흰색 혀꽃은 꽃이 핀 후에 밑으로 젖혀진다.

**삼백초**(삼백초과)

제주도의 습지에서 50~100㎝ 높이로 자라는 여러해살이풀. 줄기 윗부분에 달리는 달걀형의 잎은 앞면이 흰색을 띤다. 6~8월에 피는 흰색 꽃이삭은 끝부분이 처진다. 잎, 꽃, 뿌리가 희기 때문에 '삼백초'라고 한다.

국화과의 꽃송이에는 꽃잎이 없는 대롱 모양의 '대롱꽃'이나 1장의 꽃잎을 가진 것처럼 보이는 '혀꽃'이 있다.

여름에 피는 흰색 풀꽃

### 잠자리난초 (난초과)

산의 양지바른 습지에서 40~70㎝ 높이로 자라는 여러해살이풀. 줄기에 2~3장이 어긋나는 잎은 가는 칼 모양이며 밑부분은 줄기를 감싼다. 6~8월에 줄기 윗부분에 여러 개의 흰색 꽃이 옆을 향해 핀다.

### 제비난 (난초과)

산의 숲속에서 20~50㎝ 높이로 자라는 여러해살이풀. 줄기 밑부분에 2장의 길쭉한 타원형 잎이 달린다. 7~8월에 줄기 윗부분의 기다란 꽃송이에 누른빛이 도는 흰색 꽃이 촘촘히 돌려 가며 달린다.

### 꿩의다리 (미나리아재비과)

산기슭의 풀밭에서 50~100㎝ 높이로 자라는 여러해살이풀. 잎은 작은잎이 2~4회 깃꼴로 붙는 겹잎이다. 6~8월에 줄기 끝에서 갈라진 잔가지마다 흰색 꽃이 모여 피는데 꽃잎은 없고 수술이 많다.

### 흰진범 (미나리아재비과)

산의 숲속에서 1m 정도 높이로 자라는 여러해살이풀. 잎은 어긋나고 손바닥처럼 잎몸이 5~7갈래로 갈라진다. 8~9월에 줄기 끝에 오리 모양의 흰색 꽃이 모여 피는데 밑부분은 자줏빛이 돌기도 한다.

### 물수세미 (개미탑과)

연못이나 고인 물속에서 50㎝ 정도 길이로 자라는 여러해살이풀. 줄기의 마디마다 4장씩 돌려나는 잎은 잎몸이 새깃처럼 잘게 갈라진다. 7~8월에 물 위로 벋은 줄기의 잎겨드랑이에 자잘한 백황색 꽃이 모여 핀다.

### 이삭물수세미 (개미탑과)

도랑이나 연못 물속에서 1~2m 길이로 자라는 여러해살이풀. 새깃처럼 잘게 갈라지는 잎은 줄기의 마디마다 4장씩 돌려나며 모두 물속에 잠긴다. 6~10월에 물 위로 나오는 줄기 끝에 흰색 꽃이삭이 달린다.

## 흰여뀌(마디풀과)

들에서 50~100cm 높이로 자라는 한해살이풀. 잎은 어긋나고 칼 모양이며 앞면에 검은색 무늬가 있기도 하다. 7~9월에 가지마다 달리는 원통형 꽃이삭은 흰색 또는 연분홍색이며 끝부분은 밑으로 처진다.

## 개싸리(콩과)

산기슭의 풀밭이나 바닷가에서 50~100cm 높이로 자라는 여러해살이풀. 전체에 털이 있다. 잎은 어긋나고 3장의 작은잎이 모여 달린 겹잎이다. 8~9월에 줄기와 가지마다 나비 모양의 흰색 꽃이 피어 올라간다.

## 괭이싸리(콩과)

산기슭이나 들에서 자라는 여러해살이풀. 줄기는 바닥을 기고 전체에 털이 빽빽하다. 잎은 어긋나고 3장의 작은잎이 모여 달린 겹잎이다. 8~9월에 잎겨드랑이에 모여 피는 흰색 꽃은 붉은색 무늬가 있다.

## 비수리(콩과)

산기슭이나 강가에서 50~100cm 높이로 자라는 여러해살이풀. 잎은 어긋나고 3장의 가느다란 작은잎이 모여 달린 겹잎이다. 8~9월에 잎겨드랑이에 모여 피는 나비 모양의 흰색 꽃은 자주색 무늬가 있다.

## 흰전동싸리(콩과)

중앙아시아 원산으로 빈터에서 30~120cm 높이로 자라는 두해살이풀. 잎은 어긋나고 3장의 작은잎이 모여 달린 겹잎이다. 7~8월에 잎겨드랑이에서 자란 꽃대에 나비 모양의 흰색 꽃이 피어 올라간다.

열매

## 털이슬(바늘꽃과)

산의 숲속에서 20~60cm 높이로 자라는 여러해살이풀. 좁은 달걀형의 잎은 마주난다. 8~9월에 줄기 끝이나 잎겨드랑이의 꽃송이에 자잘한 흰색 꽃이 촘촘히 모여 핀다. 열매에는 구부러진 가시털이 빽빽하다.

## 흰물봉선 (봉선화과)
산의 냇가나 습한 곳에서 40~70㎝ 높이로 자라는 한해살이풀. 줄기는 부드러우며 마디가 튀어나온다. 8~9월에 가지 윗부분의 잎겨드랑이에 피는 흰색 꽃은 뒷부분의 기다란 꿀주머니가 안쪽으로 말린다.

## 쉽사리 (꿀풀과)
습지 주변에서 1m 정도 높이로 자라는 여러해살이풀. 줄기 마디는 검은빛이 돌고 흰색 털이 있다. 칼 모양의 잎은 마주나고 가장자리에 톱니가 있다. 7~10월에 윗부분의 잎겨드랑이마다 자잘한 흰색 꽃이 층층으로 달린다.

## 밭뚝외풀 (밭뚝외풀과)
논밭이나 습한 곳에서 7~15㎝ 높이로 자라는 한해살이풀. 잎은 마주나고 긴 타원형이며 3~5개의 잎맥이 나란히 벋고 가장자리는 밋밋하다. 7~9월에 잎겨드랑이에 흰색이나 연홍색 꽃이 피는데 꽃자루가 길다.

## 질경이 (질경이과)
길가나 빈터에서 10~50㎝ 높이로 자라는 여러해살이풀. 뿌리잎은 달걀형이며 매우 질기다. 6~8월에 꽃줄기 윗부분에 흰색 꽃이 모여 핀다. 뿌리째 캐어 제기처럼 차고 논다. 사람들 발에 밟혀도 견디면서 질기게 살아간다.

## 새삼 (메꽃과)
산과 들에서 수m 길이로 자라는 한해살이덩굴풀. 줄기가 다른 식물의 양분을 흡수하여 자라는 기생식물이다. 붉은색이 도는 줄기는 철사처럼 단단하고 잎은 없는 것처럼 보인다. 8~9월에 줄기의 군데군데에 흰색 꽃이 모여 핀다.

## 미국실새삼 (메꽃과)
들에서 자라는 한해살이덩굴풀. 실같이 가는 줄기는 새삼처럼 다른 식물을 감고 오르면서 다른 식물의 양분을 흡수해 자라는 기생식물이다. 7~9월에 줄기의 군데군데에 흰색 꽃이 둥글게 모여 핀다.

새삼과 미국실새삼은 물과 양분을 전부 다른 식물로부터 얻기 때문에 '전기생식물'이라고 한다.

어린 열매

## 흰독말풀(가지과)

열대 아메리카 원산으로 들에서 1~1.5m 높이로 자라는 한해살이풀. 잎은 어긋나고 달걀형이며 가장자리에 톱니가 드문드문 있다. 8~9월에 잎겨드랑이에 달리는 나팔 모양의 흰색 꽃은 활짝 피지 않는다. 열매는 가시로 덮여 있다.

## 삽주(국화과)

산에서 30~100㎝ 높이로 자라는 여러해살이풀. 잎은 어긋나고 타원형이며 가장자리에 가시 같은 톱니가 있다. 7~10월에 가지 끝에 흰색 꽃송이가 위를 향해 달린다. 봄에 돋는 새순을 뜯어서 나물로 먹는다.

## 등골나물(국화과)

산과 들의 풀밭에서 1~2m 높이로 자라는 여러해살이풀. 전체에 가는 털이 있다. 잎은 마주나고 긴 타원형이며 잎자루가 짧다. 8~9월에 줄기 윗부분에서 갈라진 잔가지마다 자잘한 흰색 꽃송이가 모여 달린다.

열매

## 서양등골나물(국화과)

북아메리카 원산으로 숲 가장자리에서 30~100㎝ 높이로 자라는 여러해살이풀. 달걀형의 잎은 마주나고 끝이 뾰족하며 가장자리에 거친 톱니가 있다. 9~10월에 줄기 윗부분의 잔가지마다 꽃잎이 없는 흰색 꽃송이가 모여 달린다.

## 망초(국화과)

북아메리카 원산으로 길가나 빈터에서 50~150㎝ 높이로 자라는 두해살이풀. 잎은 어긋나고 칼 모양이며 2~4쌍의 톱니가 있다. 7~9월에 줄기 윗부분의 가지마다 꽃잎이 없는 작은 흰색 꽃송이가 촘촘히 달린다.

## 멸가치(국화과)

숲속에서 50~100㎝ 높이로 자라는 여러해살이풀. 둥근 하트 모양의 잎은 어긋난다. 8~9월에 줄기와 가지에 흰색 꽃송이가 달린다. 곤봉 모양의 열매에는 끈적거리는 털이 있어서 물체에 잘 달라붙는다.

가지과의 식물은 잎이 어긋나며 꽃부리는 대부분 5갈래이고 수술도 5개이다.

**파드득나물**(미나리과)

산의 숲속에서 30~60㎝ 높이로 자라
는 여러해살이풀. 잎은 어긋나고 3장의
작은잎이 모여 달린 겹잎이다. 6~7월
에 길이가 다른 가지마다 자잘한 흰색
꽃이 모여 핀다. 봄에 돋는 새순을 나
물로 먹는다.

**참나물**(미나리과)

산의 숲속에서 50~80㎝ 높이로 자라
는 여러해살이풀. 잎은 어긋나고 3장
의 작은잎이 모여 달린 겹잎이며 가장
자리에 톱니가 있다. 6~9월에 줄기와
가지 끝에 자잘한 흰색 꽃이 우산 모양
으로 모여 핀다. 잎은 나물로 먹는다.

**누룩치**(미나리과)

깊은 산에서 50~100㎝ 높이로 자라
는 여러해살이풀. 잎은 어긋나고 작은
잎이 3장씩 2~3회 모여 붙는 겹잎이며
가장자리에 큰 톱니가 있다. 6~7월에
줄기와 가지 끝에 자잘한 흰색 꽃이 우
산 모양으로 모여 핀다.

**갯방풍**(미나리과)

바닷가 모래땅에서 10~20㎝ 높이로
자라는 여러해살이풀. 전체에 긴 흰색
털이 있다. 잎자루가 긴 잎은 잎몸이
3장씩 1~2회 갈라진다. 6~7월에 줄
기 끝에 자잘한 흰색 꽃이 우산 모양으
로 모여 핀다.

**어수리**(미나리과)

산의 풀밭에서 70~150㎝ 높이로 자라
는 여러해살이풀. 잎자루의 밑부분은
타원형의 잎집으로 크게 부풀고 줄기
를 둘러싼다. 6~8월에 자잘한 흰색 꽃
이 우산 모양으로 모여 피는데 바깥쪽
의 꽃잎이 더 크다.

**구릿대**(미나리과)

습한 풀밭에서 1~2m 높이로 자라는
여러해살이풀. 겹잎은 어긋나고 잎자
루 밑부분은 타원형 잎집으로 퉁퉁하
게 부풀고 줄기를 둘러싸다 벗겨진다.
7~8월에 줄기와 가지 끝에 흰색 꽃이
우산 모양으로 모여 핀다.

　미나리과의 식물은 대부분이 풀로 대부분이 우산 모양의 꽃차례를 가져 '산형과(傘形科:繖形科)'라고도 하는데 '산형'은 우산 모양이라는 뜻이다.

열매

## 거지덩굴(포도과)

남쪽 섬의 풀밭에서 3~5m 길이로 자라는 여러해살이덩굴풀. 잎은 어긋나고 5장의 작은잎이 손바닥 모양으로 붙는 겹잎이다. 잎과 마주나는 덩굴손으로 감고 오른다. 6~8월에 편평한 꽃송이에 연녹색 꽃이 모여 핀다.

## 며느리배꼽(마디풀과)

길가나 빈터에서 2m 정도 길이로 벋는 한해살이덩굴풀. 줄기에 갈고리 같은 가시가 있다. 세모진 잎은 어긋난다. 7~9월에 가지 끝에 연녹색 꽃이 모여 핀다. 열매송이는 남색으로 변했다가 검은색으로 익는다.

## 가시박(박과)

북아메리카 원산으로 물가에서 자라는 한해살이덩굴풀. 잎은 어긋나고 손바닥처럼 5~7갈래로 갈라진다. 6~9월에 가지의 꽃송이에 연녹색~연한 황록색 꽃이 모여 핀다. 둥근 열매송이는 가느다란 가시로 덮여 있다.

열매

## 쥐방울덩굴(쥐방울덩굴과)

숲 가장자리에서 1~5m 길이로 벋는 여러해살이덩굴풀. 하트 모양의 잎은 어긋난다. 7~8월에 잎겨드랑이에 기다란 나팔 모양의 연녹색 꽃이 핀다. 둥근 열매는 가을에 익으면 실에 매달려 낙하산같이 된다.

## 가래(가래과)

연못이나 흐르는 물속에서 무리 지어 4~5㎝ 높이로 자라는 여러해살이풀. 물 위에 뜨는 칼 모양의 잎은 광택이 나며 물이 잘 묻지 않는다. 6~8월에 잎겨드랑이에서 자란 원기둥 모양의 꽃이삭에 자잘한 황록색 꽃이 모여 핀다.

## 말즘(가래과)

연못이나 흐르는 물속에서 30~70㎝ 길이로 무리 지어 자라는 여러해살이풀. 물속에 잠겨 있는 줄기에 어긋나는 길쭉한 잎은 주름이 진다. 6~9월에 줄기 끝에서 물 밖으로 자란 꽃이삭에 녹황색 꽃이 촘촘히 달린다.

여름에 피는 녹색 풀꽃

## 마(마과)

산과 들에서 2~3m 길이로 자라는 여러해살이덩굴풀로 밭에서도 재배한다. 잎겨드랑이에 둥근 살눈이 생긴다. 6~7월에 잎겨드랑이에서 나온 꽃대에 자잘한 연한 황록색~흰색 꽃이 핀다. 원기둥 모양의 덩이뿌리를 식용한다.

## 옥잠난초(난초과)

산의 숲속에서 자라는 여러해살이풀. 2장의 타원형 잎은 밑부분이 줄기를 감싸고 가장자리는 주름이 진다. 6~7월에 15~30㎝ 높이로 자란 꽃줄기 윗부분에 연녹색이나 자주색 꽃이 촘촘히 모여 핀다.

줄기 마디

## 쇠무릎(비름과)

산과 들의 그늘에서 50~100㎝ 높이로 자라는 여러해살이풀. 줄기는 마디가 소의 무릎처럼 튀어나와 '쇠무릎'이라고 한다. 8~9월에 줄기와 가지 끝에 연녹색 꽃이삭이 달린다. 열매는 옷에 잘 달라붙는다.

## 가는털비름(비름과)

길가나 빈터에서 60~120㎝ 높이로 자라는 한해살이풀. 잎은 어긋나고 마름모 모양의 달걀형이며 가장자리는 주름이 지고 잎자루가 길다. 7~10월에 줄기와 가지 끝에 연녹색의 커다란 꽃이삭이 달린다.

## 개비름(비름과)

밭이나 빈터에서 30~80㎝ 높이로 자라는 한해살이풀. 전체에 털이 없다. 잎은 어긋나고 네모진 달걀형이며 끝이 오목하다. 6~7월에 연녹색 꽃이삭이 달린다. 봄에 새순을 뜯어 나물로 먹는다.

## 명아주(비름과)

밭이나 빈터에서 50~200㎝ 높이로 자라는 한해살이풀. 잎은 어긋나고 세모진 달걀형이다. 6~8월에 줄기 끝에 자잘한 연녹색~황록색 꽃이 촘촘히 달린다. 마른 줄기는 가볍고 단단해 노인들의 지팡이로 애용한다.

비름과의 식물은 모두 풀이며 꽃은 크기가 작아서 눈에 잘 띄지 않는다.

**좀명아주**(비름과)

밭이나 빈터에서 30~60㎝ 높이로 자라는 한해살이풀. 잎은 어긋나고 길쭉한 세모꼴이며 가장자리에 물결 모양의 톱니가 있다. 6~8월에 줄기 끝의 원뿔 모양의 꽃송이에 자잘한 연녹색 꽃이 모여 핀다.

**취명아주**(비름과)

들의 빈터나 바닷가에서 15~30㎝ 높이로 자라는 자라는 한해살이풀. 전체에 털이 없다. 잎은 어긋나고 긴 달걀형이며 가장자리에 깊은 물결 모양의 톱니가 있다. 7~8월에 줄기 끝에 자잘한 연녹색 꽃이 모여 달린다.

**가는갯능쟁이**(비름과)

바닷가에서 30~50㎝ 높이로 자라는 한해살이풀. 잎은 어긋나고 가는 칼 모양이며 두껍고 처음에는 흰색 가루로 덮여 있다. 7~8월에 줄기 끝이나 윗부분의 잎겨드랑이에 자잘한 녹색 꽃이 모여 달린다.

**댑싸리**(비름과)

빈터나 길가에서 1m 정도 높이로 자라는 한해살이풀. 가는 칼 모양의 잎은 어긋난다. 7~8월에 줄기나 가지 윗부분의 잎겨드랑이에 자잘한 황록색 꽃이 몇 개씩 핀다. 줄기를 통째로 베어 묶어 빗자루를 만든다.

**퉁퉁마디**(비름과)

바닷가에서 10~30㎝ 높이로 자라는 한해살이풀. 마디가 특히 퉁퉁하게 튀어나와 '퉁퉁마디'라고 한다. 살이 많은 줄기에 가지가 2개씩 마주 붙는다. 8~9월에 마디 사이에 자잘한 녹색 꽃이 3개씩 핀다.

열매

**나문재**(비름과)

서남쪽 바닷가에서 50~100㎝ 높이로 자라는 한해살이풀. 짧은 바늘 모양의 퉁퉁한 잎은 촘촘히 어긋난다. 7~9월에 잎겨드랑이에 자잘한 황록색 꽃이 촘촘히 달린다. 열매는 별 모양으로 갈라진다.

예전에는 명아주 무리를 명아주과로 따로 분류했지만 APG 분류 체계에서는 모두 비름과에 통합되었다.

**여뀌**(마디풀과)

냇가나 습지에서 40~100㎝ 높이로 자라는 한해살이풀. 줄기에 털이 없고 잎을 씹으면 매운맛이 난다. 7~9월에 가지 끝에 달리는 꽃이삭이 늘어진다. 잎과 줄기는 짓이겨 물에 풀어서 물고기를 잡기도 한다.

**소리쟁이**(마디풀과)

들의 습한 곳에서 30~80㎝ 높이로 자라는 여러해살이풀. 칼 모양의 잎은 밑부분이 둥글고 가장자리가 물결 모양이다. 줄기에는 잎이 어긋난다. 6~7월에 줄기와 가지 끝에 연녹색 꽃이삭이 촘촘히 달린다.

**뽕모시풀**(뽕나무과)

숲 가장자리나 그늘진 빈터에서 30~80㎝ 높이로 자라는 한해살이풀. 전체에 털이 있다. 잎은 어긋나고 넓은 달걀형이며 잎자루가 길다. 7~10월에 잎겨드랑이에 자잘한 녹색~자주색 꽃이 둥글게 모여 핀다.

**왕모시풀**(쐐기풀과)

남부 지방의 바닷가 주변에서 1~1.5m 높이로 자라는 여러해살이풀. 전체에 짧은털이 있다. 잎은 마주나고 넓은 달걀형~둥근 하트형이며 두껍고 털이 많다. 7~9월에 잎겨드랑이에 꼬리 모양의 녹황색 꽃이삭이 달린다.

**담배풀**(국화과)

산의 숲속에서 50~100㎝ 높이로 자라는 두해살이풀. 잎은 어긋나고 타원형~긴 타원형이며 밑부분이 잎자루로 흘러서 날개가 된다. 8~9월에 잎겨드랑이에 꽃자루가 없는 녹황색 꽃송이가 1개씩 달린다.

**여우오줌**(국화과)

중부 이북의 산에서 1m 정도 높이로 자라는 여러해살이풀. 달걀형의 잎은 어긋난다. 8~9월에 가지 끝에 달리는 황록색 꽃송이는 지름 25~35㎜로 큼직하다. 꽃송이 둘레에 잎 모양의 큰 포가 있다.

포는 꽃의 밑에 있는 작은잎 모양의 조각으로 '꽃턱잎'이라고도 한다. 포는 잎이 변한 것으로 꽃을 보호한다.

**붉은서나물**(국화과)

북아메리카 원산으로 빈터에서 1~2m 높이로 자라는 한해살이풀. 칼 모양의 잎은 어긋난다. 9~10월에 가지 끝에 꽃잎이 없는 원통형 꽃이삭이 달리는데 끝부분은 노란색이다. 씨앗에는 긴 흰색 털이 있다.

**사철쑥**(국화과)

냇가나 바닷가의 모래땅에서 30~100㎝ 높이로 자라는 여러해살이풀. 뿌리잎과 줄기잎은 새깃 모양으로 갈라지는데 갈래조각은 실처럼 가늘다. 8~9월에 가지마다 자잘한 녹황색 꽃송이가 촘촘히 달린다.

**제비쑥**(국화과)

산에서 30~90㎝ 높이로 자라는 여러해살이풀. 줄기에 어긋나는 잎은 윗부분이 넓고 끝부분이 여러 갈래로 얕게 갈라진다. 7~9월에 줄기 윗부분에서 갈라진 가지마다 자잘한 녹황색 꽃송이가 달린다.

**쑥**(국화과)

산과 들의 풀밭에서 60~120㎝ 높이로 자라는 여러해살이풀. 잎은 어긋나고 새깃 모양으로 깊게 갈라진다. 7~9월에 줄기 끝에 자잘한 꽃송이가 모여 달린다. 어린잎을 나물로 먹고 말린 쑥잎으로 뜸을 뜨기도 한다.

**돼지풀**(국화과)

북아메리카 원산으로 들이나 빈터에서 30~150㎝ 높이로 자라는 한해살이풀. 잎은 새깃 모양으로 갈라진다. 8~9월에 가지 끝에 자잘한 연녹색 꽃이 이삭 모양으로 모여 핀다. 꽃가루가 화분병을 일으키는 해로운 식물이다.

**단풍잎돼지풀**(국화과)

북아메리카 원산으로 길가나 빈터에서 1~3m 높이로 자라는 한해살이풀. 줄기에 거친털이 있다. 잎은 마주나고 잎몸이 단풍잎처럼 3~5갈래로 깊게 갈라진다. 7~9월에 원줄기와 가지 끝에 연녹색 꽃송이가 모여 달린다.

화분병은 꽃가루가 점막을 자극함으로써 일어나는 알레르기로 결막염, 비염, 천식 등의 증상이 나타난다.

## 큰도꼬마리(국화과)

북아메리카 원산으로 길가나 빈터에서 자라는 한해살이풀. 잎은 어긋나고 넓은 달걀형이며 3갈래로 갈라지기도 하고 잎자루가 길다. 8~9월에 연녹색~연노란색 꽃송이가 모여 달린다. 타원형 열매에는 갈고리 같은 가시가 많다.

## 더덕(초롱꽃과)

산의 숲속에서 2m 정도 길이로 자라는 여러해살이덩굴풀로 밭에서 재배하기도 한다. 8~9월에 가지 끝에 달리는 종 모양의 연녹색 꽃은 안쪽에 진갈색 반점이 있다. 독특한 향기가 나는 뿌리는 나물로 먹거나 약재로 사용한다.

## 초롱꽃(초롱꽃과)

산과 들에서 30~80㎝ 높이로 자라는 여러해살이풀. 전체에 퍼진털이 촘촘하다. 세모진 달걀형의 잎은 어긋난다. 5~7월에 줄기 끝과 잎겨드랑이에 피는 기다란 원통형 꽃이 초롱과 비슷해서 '초롱꽃'이라고 한다.

## 독활(두릅나무과)

산에서 1~2m 높이로 자라는 여러해살이풀로 약용식물로 재배하기도 한다. 7~9월에 잔가지 끝마다 자잘한 연녹색 꽃이 공처럼 둥글게 모여 핀다. 둥근 열매송이는 늦가을에 흑자색으로 익는다.

## 큰피막이(두릅나무과)

산과 들의 습한 곳에서 10~15㎝ 높이로 자라는 여러해살이풀. 둥그스름한 잎은 어긋난다. 6~8월에 백록색 꽃이 둥글게 모여 핀다. 잎은 피를 멈추게 하는 지혈제로 사용해서 '피막이'라는 이름이 붙었다.

## 네모골(사초과)

양지바른 습지에서 20~55㎝ 높이로 자라는 여러해살이풀. 네모진 꽃줄기는 여러 대가 뭉쳐난다. 7~9월에 꽃줄기 끝에 타원형이나 긴 달걀형의 꽃이삭이 달리는데 10~25㎜ 길이이고 꽃줄기보다 굵다.

**솔방울고랭이**(사초과)

양지바른 습지에서 80~150㎝ 높이로 자라는 여러해살이풀. 7~9월에 세모진 줄기 끝의 잎겨드랑이에 2~5개의 꽃가지가 달리며 꽃가지마다 다시 갈라진 가지에 5~10개의 작은꽃이삭이 촘촘히 달린다.

**큰매자기**(사초과)

습지나 연못가에서 1~1.5m 높이로 무리 지어 자라는 여러해살이풀. 잎 가장자리는 까끌거린다. 5~7월에 줄기 끝에서 사방으로 3~8개의 가지가 갈라지며 가지마다 1~4개의 갈색 작은꽃이삭이 모여 달린다.

**올챙이고랭이**(사초과)

습지에서 20~70㎝ 높이로 자라는 한해살이풀. 원통형의 줄기는 약간 모가 진다. 7~9월에 줄기 끝에 모여 달리는 3~9개의 작은꽃이삭은 긴 타원형이다. 꽃이삭 위로 포가 줄기처럼 길게 벋는다.

**방동사니**(사초과)

들이나 밭에서 20~60㎝ 높이로 자라는 한해살이풀. 세모진 줄기와 잎은 뿌리에서 모여난다. 8~9월에 줄기 끝에서 우산살처럼 갈라진 가지 끝마다 꽃이삭이 모여 달린다. 비늘조각 끝은 바깥쪽으로 젖혀진다.

**병아리방동사니**(사초과)

논두렁이나 산기슭의 습지에서 5~20㎝ 높이로 자라는 한해살이풀. 세모진 줄기와 잎은 뿌리에서 모여난다. 8~9월에 줄기 끝에서 갈라진 3~5개의 가지 끝마다 2~6개의 작은꽃이삭이 달린다.

**나도방동사니**(사초과)

논두렁이나 습지에서 10~20㎝ 높이로 자라는 한해살이풀. 세모진 줄기와 잎은 뿌리에서 모여난다. 8~9월에 줄기 끝에 2~3개의 둥근 꽃이삭이 달린다. 꽃이삭 밑에 잎처럼 생긴 2~3장의 포가 비스듬히 퍼진다.

### 파대가리(사초과)

습지에서 10~30㎝ 높이로 자라는 여러해살이풀. 줄기 밑부분에 2~3장의 가는 칼 모양의 잎이 달린다. 7~9월에 줄기 끝에 달리는 둥근 녹색 꽃이삭은 밑에 잎처럼 생긴 2~3장의 가느다란 포가 있다.

### 세대가리(사초과)

습지에서 5~30㎝ 높이로 자라는 한해살이풀. 여러 대가 뭉쳐나는 세모진 줄기 밑부분에 1~2장의 긴 칼 모양의 잎이 달린다. 8~9월에 줄기 끝에 보통 3개가 모여 달리는 둥근 꽃이삭 밑에 잎 같은 2장의 가느다란 포가 있다.

### 골풀(골풀과)

물가나 습지에서 50~100㎝ 높이로 자라는 여러해살이풀. 원통형의 가는 줄기가 뭉쳐난다. 5~6월에 줄기에 모여나는 꽃자루에 녹갈색 꽃이삭이 모여 달린다. 예전에는 줄기로 방석이나 돗자리를 만들었다.

### 길골풀(골풀과)

풀밭에서 30~60㎝ 높이로 자라는 여러해살이풀. 줄기잎은 줄기보다 짧다. 5~7월에 줄기 끝에서 갈라진 가지마다 자잘한 연녹색 꽃이 모여 핀다. 꽃차례 밑에 3~4장의 칼 모양의 포가 비스듬히 퍼진다.

### 억새/참억새(벼과)

산과 들의 풀밭에서 1~2m 높이로 무리 지어 자라는 여러해살이풀. 억센 잎에 스치면 상처가 난다. 8~9월에 줄기 끝에 가느다란 꽃가지가 많이 갈라진다. 열매이삭은 씨앗에 붙은 털이 하얀 털뭉치로 변한다.

### 큰기름새(벼과)

산의 건조한 숲 가장자리에서 80~120㎝ 높이로 자라는 여러해살이풀. 줄기 밑부분에 칼 모양의 잎이 어긋난다. 8월에 줄기 끝의 원뿔 모양의 꽃송이에 촘촘히 모여 달리는 갈색의 작은꽃이삭은 처지지 않는다.

골풀과의 식물은 모두 풀로 꽃이 모여서 피고 꽃잎과 꽃받침은 나뉘어 있지 않다.

**개솔새**(벼과)

산의 풀밭에서 60~100㎝ 높이로 자라는 여러해살이풀. 줄기는 흰색 가루로 덮인다. 8~9월에 줄기 윗부분의 잎겨드랑이에 여러 개의 꽃이삭이 달린다. 녹색 또는 자주색을 띠는 꽃이삭은 밑을 향해 구부러진다.

**솔새**(벼과)

산과 들에서 70~100㎝ 높이로 자라는 여러해살이풀. 8~9월에 줄기 끝과 윗부분의 잎겨드랑이마다 부챗살 모양의 꽃이삭이 한쪽 방향으로 달린다. 땅속의 질긴 수염뿌리를 캐서 그릇을 닦는 솔로 썼다.

**새**(벼과)

산과 들의 풀밭에서 80~120㎝ 높이로 자라는 여러해살이풀. 칼 모양의 잎은 줄기에 어긋난다. 8~9월에 줄기 끝에서 곧게 서는 원뿔 모양의 커다란 꽃송이에 자루가 있는 작은꽃이삭이 보통 2개씩 달린다.

**강아지풀**(벼과)

밭이나 길가에서 40~70㎝ 높이로 자라는 한해살이풀. 7~9월에 줄기 끝에 달리는 원통형 꽃이삭은 7㎝ 정도 길이이며 거의 곧게 선다. 꽃이삭이 강아지 꼬리를 닮았다고 해서 '강아지풀'이라고 한다.

**금강아지풀**(벼과)

길가나 밭둑에서 20~50㎝ 높이로 자라는 한해살이풀. 가는 줄기는 뭉쳐나고 밑부분이 누웠다가 곧게 선다. 8~9월에 줄기 끝에서 곧게 서는 원통형 꽃이삭은 3~10㎝ 길이이고 가시털이 황금색이다.

**수크령**(벼과)

들이나 길가에서 30~80㎝ 높이로 자라는 여러해살이풀. 뿌리에서 여러 대의 줄기가 모여나 큰 포기를 이룬다. 8~10월에 줄기 끝에서 곧게 서는 원통형 꽃이삭은 흑자색이며 기다란 가시털이 많다.

### 바랭이(벼과)

밭이나 길가에서 30~70㎝ 높이로 자라는 한해살이풀. 7~8월에 줄기 끝에 달리는 꽃이삭은 3~8개의 꽃가지가 사방으로 퍼지며 자잘한 꽃이 촘촘히 달린다. 아이들이 '조리'를 만들며 놀기도 한다.

### 주름조개풀(벼과)

산의 숲속에서 20~30㎝ 높이로 자라는 여러해살이풀. 8~10월에 줄기 끝에 달리는 꽃줄기에 긴털이 많이 있다. 작은꽃이삭에 있는 기다란 가시털은 열매가 익을 때면 끈적거리는 액체가 나온다.

### 참새피(벼과)

들의 풀밭에서 40~90㎝ 높이로 자라는 여러해살이풀. 가는 줄기 밑부분에 칼 모양의 잎이 어긋난다. 7~8월에 줄기 끝에서 퍼지는 3~5개의 꽃가지마다 작은꽃이삭이 2줄로 아래를 향해 달린다.

### 나도개피(벼과)

산과 들의 풀밭에서 40~90㎝ 높이로 자라는 여러해살이풀. 7~8월에 줄기 윗부분에서 4~7개의 꽃가지가 한쪽 방향으로 달리는데 흰색 털이 빽빽하다. 꽃가지마다 작은 황록색 꽃이삭이 2줄로 달린다.

### 돌피(벼과)

논이나 습지에서 80~100㎝ 높이로 자라는 한해살이풀. 7~8월에 줄기 끝에 기다란 꽃이삭이 돌려 가며 달리며 점차 휘어진다. 논의 잡초로 여름에 농부들이 부지런히 뽑아 주는데 이 일을 '피사리'라고 한다.

### 줄(벼과)

연못이나 냇가에서 1~2m 높이로 자라는 여러해살이풀. 굵은 뿌리줄기가 진흙 속으로 벋으며 퍼져 무리 지어 자란다. 8~9월에 줄기 끝에 달리는 커다란 원뿔 모양의 꽃송이에 작은꽃이삭이 촘촘히 달린다.

### 왕바랭이 (벼과)

길가에서 30~60cm 높이로 자라는 한
해살이풀. 7~9월에 줄기 끝에 달리는
꽃이삭은 3~7개의 꽃가지가 사방으로
갈라지며 작은꽃이삭이 촘촘히 달린
다. 바랭이와 비슷하나 줄기와 잎이 매
우 질기다.

### 그령 (벼과)

길가에서 30~80cm 높이로 자라는 여
러해살이풀. 줄기와 잎이 매우 질겨서
손으로 잡아당겨도 잘 뽑히지 않는다.
7~9월에 줄기 끝에 달리는 원뿔 모양
의 꽃송이에 적자색 꽃이삭이 엉성하
게 달린다.

### 큰조아재비 (벼과)

유럽 원산으로 산과 들의 풀밭에서 50~
100cm 높이로 자라는 여러해살이풀.
목초로 기르던 것이 퍼져 나갔다. 6~7월
에 줄기 끝에 곧게 서는 기다란 원기둥
모양의 녹색 꽃이삭은 10~20cm 길이
이다.

### 참새귀리 (벼과)

들에서 30~70cm 높이로 자라는 한해
살이풀. 6~7월에 줄기 윗부분에서 자
라는 원뿔 모양의 꽃송이 마디마다
4~6개씩의 긴 타원형 꽃이삭이 돌려
난다. 이삭의 무게 때문에 꽃송이 끝이
비스듬히 휜다.

### 개밀 (벼과)

들의 풀밭에서 40~100cm 높이로 자라
는 여러해살이풀. 6~7월에 줄기 끝의
꽃송이에 어긋나는 작은꽃이삭은 자주
색이나 녹색을 띤다. 꽃이 핀 다음에는
이삭의 무게 때문에 줄기 끝이 비스듬
히 휘어진다.

### 갈대 (벼과)

물가에서 1~3m 높이로 무리 지어 자
라는 여러해살이풀. 땅 위로 벋는 줄
기가 없다. 8~9월에 줄기 끝에 달리는
큼직한 꽃이삭은 자주색에서 자갈색으
로 변한다. 크게 자란 줄기를 잘 다듬
어 '자리'를 만들어 깔기도 한다.

경북 봉화의 조팝나무 군락

# 봄에 피는 나무꽃

풀은 생장이 왕성한 여름철에 꽃이 피는 종류가 많지만 나무는 오히려 봄에 많은 꽃을 피운다. 특히 나무는 5~6월에 꽃이 피는 종류가 전체의 절반 이상을 차지하며 색깔별로는 흰색 꽃이 가장 많다. 봄에 피는 나무꽃은 들과 산에서 자라는 나무와 관상수를 포함해 222종을 소개하였다.

5월에 핀 꽃　　　　　　　10월의 열매

## 으름덩굴 (으름덩굴과)

산에서 자라는 갈잎덩굴나무. 잎은 어긋나고 5~8장의 작은잎이 둥글게 모여 달린 겹잎이다. 암수한그루로 4~5월에 잎겨드랑이에서 나오는 꽃대 끝에 연자주색 꽃이 모여 피는데 수꽃은 여러 개가 모여서 늘어지며 암꽃은 수꽃보다 적게 달리고 크기는 더 크다. 타원형의 열매는 가을에 자갈색으로 익으며 속살은 먹을 수 있다. 열매 속살이 얼음처럼 보이고 줄기는 덩굴져서 '얼음덩굴'이라고 하던 것이 변해서 '으름덩굴'이 되었다.

4월 초에 핀 꽃　　　　　4월 초에 핀 **무늬서향** 꽃

## 서향/천리향 (팥꽃나무과)

중국 원산의 늘푸른떨기나무. 1m 정도 높이로 자라며 남부 지방에서 관상수로 심는다. 잎은 어긋나고 긴 타원형이며 두껍고 앞면은 광택이 난다. 3~4월에 가지 끝에 홍자색 꽃이 모여 피는데 향기가 진하다. 잎 가장자리에 흰색 무늬가 있는 품종은 **'무늬서향'**이라고 하며 함께 관상수로 심는다. 한자 이름 '서향(瑞香)'은 '좋은 향기'란 뜻으로 진한 꽃향기 때문에 붙여졌다. 꽃향기가 천리를 간다고 '천리향'이라고도 한다.

4월에 핀 꽃　　　　　　2월의 금식나무 열매

## 식나무 (가리야과)

울릉도, 전남, 제주도에서 2~3m 높이로 자라는 늘푸른떨기나무. 잎은 마주나고 긴 타원형이며 가장자리에 날카로운 톱니가 있다. 잎몸은 가죽질이며 앞면은 광택이 난다. 암수딴그루로 3~5월에 가지 끝의 꽃송이에 자잘한 자갈색 꽃이 모여 핀다. 꽃은 지름 1cm 정도이며 꽃잎은 4장이다. 긴 타원형 열매는 겨울에 붉은색으로 익는다. 잎에 황금색 얼룩무늬가 있는 품종은 **'금식나무'**라고 하며 남부 지방에서 식나무와 함께 관상수로 심는다.

으름덩굴과의 식물은 작은잎이 손바닥 모양으로 붙는 겹잎을 가지고 있고 암꽃과 수꽃이 한 나무에 따로 피는 암수한그루이다.

## 라일락(물푸레나무과)

유럽 원산의 갈잎떨기나무. 2~4m 높이로 자라며 관상용으로 화단에 심어 기른다. 잎은 마주나고 넓은 달걀형~달걀형이며 끝이 뾰족하다. 4~5월에 가지 끝에 달리는 커다란 꽃송이에 연자주색이나 흰색 꽃이 촘촘히 모여 핀다. 기다란 깔때기 모양의 꽃은 끝이 4갈래로 얕게 갈라져 벌어지는데 향기가 진하다. 타원형의 열매는 끝이 뾰족하고 매끈하다. '라일락(Lilac)'은 영어 이름이며 프랑스어 이름인 '릴라(Lilas)' 또는 '리라'로 부르기도 한다.

4월에 핀 꽃

7월의 어린 열매

## 복숭아나무/복사나무(장미과)

과일나무로 심어 기르는 갈잎작은키나무. 3~6m 높이로 자란다. 4~5월에 나무 가득 분홍색 꽃이 핀다. 칼 모양의 잎은 어긋난다. 7~8월에 노란색이나 연분홍색으로 익는 둥근 열매는 잔털이 빽빽하므로 잘 씻어 먹어야 한다. 복숭아는 백도, 황도, 천도 등 여러 품종이 재배되고 있다. 한나라의 동방삭이라는 사람이 복숭아 3개를 훔쳐 먹고 3천 년을 살았다는 이야기처럼 복숭아는 옛날부터 장수에 도움이 되는 과일로 알려져 왔다.

4월에 핀 꽃

6월의 열매

## 산옥매(장미과)

중국 원산이며 관상수로 심는다. 줄기는 1~1.5m 높이로 자라고 가지가 많이 갈라진다. 잎은 어긋나고 좁은 달걀형이며 가장자리에 둔한 잔톱니가 있다. 4~5월에 잎이 돋기 전이나 잎이 돋을 때 가지 가득 꽃도 함께 핀다. 연분홍색 꽃은 꽃잎이 5장이다. 둥근 열매는 6~7월에 붉은색으로 익으며 지름 10~15mm이고 열매자루가 있다. 열매는 새콤하면서도 아린맛이 난다. 꽃이 핀 나무 모양과 열매가 보기 좋아 화단에 널리 심고 있다.

4월에 핀 꽃

7월의 열매

복숭아 열매에 봉지를 씌우면 햇빛을 직접 쬐인 것보다 훨씬 붉어진다고 한다.

4월에 핀 꽃　　　　　　　7월의 열매

## 서부해당화(장미과)

중국 원산의 갈잎작은키나무. 5m 정도 높이로 자란다. 분홍색 꽃이 핀 나무 모양이 아름다워 관상수로 많이 심는다. 4~5월에 잎이 돋을 때 꽃도 함께 피는데 가지 끝에 꽃자루가 긴 분홍색 꽃이 모여 달려 밑으로 처진다. 분홍색 겹꽃이 피는 품종도 함께 심고 있다. 달걀형~긴 타원형 잎은 어긋난다. 둥근 열매는 지름 6~9㎜로 작고 자루가 길며 가을에 붉은색이나 노란색으로 익는다. '서부해당화'는 중국의 한자 이름에서 유래되었다.

4월에 핀 꽃　　　　　　　9월 초의 열매

## 모과나무(장미과)

중국 원산의 갈잎작은키나무. 관상수로 심으며 6~10m 높이로 자란다. 나무껍질은 묵은 껍질조각이 벗겨지며 얼룩을 만든다. 거꿀달걀형~타원형 잎은 어긋난다. 4~5월에 잎이 돋을 때 분홍색 꽃이 함께 핀다. 울퉁불퉁한 타원형 열매는 가을에 노랗게 익는다. 향기가 좋은 모과 열매는 차를 끓여 마시거나 술을 담그기도 한다. '모과'라는 이름은 '목과(木瓜)'라는 한자 이름에서 ㄱ받침이 탈락하면서 변한 이름인데 '木瓜'라는 한자는 '나무 참외'라는 뜻이다.

4월에 핀 꽃　　　　　　　6월 말의 열매

## 명자나무/명자꽃(장미과)

중국 원산의 갈잎떨기나무. 관상수로 화단에 심으며 1~2m 높이로 자란다. 줄기는 가지가 많이 갈라지고 잔가지는 가시로 변하는 것이 있는데 매우 날카롭다. 잎은 어긋나고 달걀형~긴 타원형이며 가장자리에 날카로운 겹톱니가 있다. 4~5월에 짧은가지의 잎겨드랑이에 2~3개의 붉은색 꽃이 핀다. 분홍색이나 흰색 꽃이 피는 품종도 있다. 타원형 열매는 가을에 노란색으로 익는다. 가지가 촘촘하기 때문에 생울타리로도 많이 심는다.

생울타리는 살아 있는 나무를 촘촘히 심어서 만든 울타리로 '산울타리'라고도 한다. 탱자나무, 명자나무, 사철나무, 쥐똥나무 등을 주로 이용한다.

5월에 핀 꽃

7월에 익은 열매

### 멍석딸기(장미과)

산기슭이나 들에서 자라는 갈잎떨기나무. 1m 정도 높이로 자라는 줄기는 옆으로 비스듬히 벋으며 구부러진 가시와 부드러운 털이 있다. 잎은 어긋나고 긴 잎자루에 3~5장의 작은잎이 모여 달린 겹잎이다. 5~6월에 가지 끝에 모여 피는 홍자색 꽃은 꽃잎이 활짝 벌어지지 않는다. 여름에 붉게 익는 둥근 열매는 새콤달콤하고 먹을 수 있다. 딸기 종류로 줄기가 멍석처럼 바닥에 깔려서 '멍석딸기'라고 부르는 것으로 추측한다.

4월에 핀 꽃

6월에 익은 열매

### 줄딸기(장미과)

산과 들에서 2~3m 길이로 벋는 갈잎덩굴나무. 줄기와 가지에 굽은 가시가 드문드문 있다. 잎은 어긋나고 긴 잎자루에 5~7장의 작은잎이 깃꼴로 붙는 겹잎이다. 작은잎은 가장자리에 톱니가 있고 잎자루에는 가시가 있다. 4~5월에 짧은가지 끝에 1개씩 피는 붉은색 꽃은 꽃자루와 꽃받침에 털과 작은 가시가 있다. 6~7월에 붉게 익는 딸기 열매는 단맛이 나며 먹을 수 있다. 딸기 종류로 줄기가 줄처럼 길게 벋어서 '줄딸기'라고 한다.

5월 말에 핀 꽃

7월에 익고 있는 열매

### 복분자딸기(장미과)

산과 들에서 2~3m 높이로 자라는 갈잎떨기나무. 비스듬히 휘어지는 줄기는 분백색 가루로 덮여 있고 굽은 가시가 있다. 잎은 어긋나고 5~9장의 작은잎이 깃꼴로 붙는 겹잎이다. 작은잎은 달걀 모양의 타원형이며 가장자리에 톱니가 있다. 5~6월에 가지 끝의 꽃송이에 연한 홍자색 꽃이 모여 핀다. 딸기 열매는 여름에 붉게 변했다가 검은색으로 익는다. '복분자(覆盆子)'는 이 열매를 먹으면 요강을 뒤엎을 만큼 소변 줄기가 세진다는 뜻의 한자 이름이다.

6월에 핀 꽃　　　　　　　11월의 열매

## 멀구슬나무(멀구슬나무과)

남부 지방의 마을 주변에서 5~15m 높이로 자라는 갈잎큰키나무. 가지 끝에 모여 달리는 잎은 깃꼴로 2~3회 갈라진 겹잎으로 길이가 80㎝에 이른다. 5~6월에 가지 끝의 잎겨드랑이에 달리는 커다란 원뿔 모양의 꽃송이에 자잘한 연보라색 꽃이 모여 핀다. 동그스름한 열매는 가을에 노랗게 익는데 단맛이 나며 겨울까지 매달려 있다. 구슬 모양의 열매는 겨울에 멀겋게 변하기 때문에 '멀구슬나무'라고 한다. 목재로도 이용한다.

5월에 핀 꽃　　　　　　　8월의 열매

## 철쭉(진달래과)

산에서 2~5m 높이로 자라는 갈잎떨기나무. 주걱 모양의 잎은 어긋나지만 가지 끝에서는 보통 5장씩 모여 달린다. 4~5월에 가지 끝부분에 3~7개의 연분홍색 꽃이 잎과 함께 모여 핀다. 철쭉꽃은 진달래꽃보다 좀 더 크며 꽃잎 안쪽에는 자주색 반점이 있다. 꽃이 아름다운 철쭉은 많은 품종이 개발되어 화단이나 화분에 심고 있다. 진달래꽃이 시들 무렵 철쭉꽃이 연달아 피어나기 때문에 '연달래'라고도 부른다.

4월에 핀 꽃　　　　　　　8월 말의 열매

## 산철쭉(진달래과)

산에서 1~2m 높이로 자라는 갈잎떨기나무. 관상수로도 심는다. 겨울눈은 누운털과 샘털이 있어서 끈적거린다. 잎은 어긋나지만 가지 끝에서는 모여난다. 거꿀달걀형 잎은 끝이 뾰족하고 양면에 갈색 털이 있다. 4~5월에 잎이 돋은 후에 가지 끝마다 2~3개의 홍자색 꽃이 모여 피는데 안쪽에 진한 붉은색 반점이 많다. '산철쭉'은 '산에서 자라는 철쭉'이란 뜻의 이름이다. 물가에서 잘 자라는 진달래 종류라서 '수달래'라고도 한다.

봄에 꽃이 피는 식물은 '장일식물'에 속하는데 봄이 와서 낮이 길어지기 시작하면 꽃이 피는 식물을 말한다.

4월에 핀 꽃          9월의 열매

### 진달래(진달래과)

산에서 2~3m 높이로 자라는 갈잎떨기나무. 4~5월에 잎이 돋기 전에 가지 끝마다 1~5개의 홍자색~연분홍색 꽃이 모여 옆을 향해 핀다. 꽃이 질 때쯤 돋는 타원형 잎은 어긋나고 가지 끝에는 모여난다. 옛날에는 삼월 삼짇날에 부녀자들이 모여 진달래꽃을 따다가 화전을 부쳐 먹고 꽃노래를 부르면서 어울렸는데 이를 '화전놀이' 또는 '꽃놀이'라고 하였다. 이렇게 진달래꽃은 따서 먹을 수 있기 때문에 '참꽃'이라고도 불렀다.

### 영산홍(진달래과)

일본 원산의 떨기나무. 겨울에도 잎의 일부가 살아남는 반상록성이다. 잎은 어긋나고 칼 모양이며 끝이 뾰족하고 두껍다. 5~7월에 가지 끝에 모여 피는 붉은 주황색 꽃은 넓은 깔때기 모양이며 꽃부리가 5갈래로 갈라진다. 긴 달걀형의 열매는 거친털이 있으며 가을에 갈색으로 익는다. 관상수로 널리 심고 있으며 많은 재배 품종이 있고 꽃 색깔도 여러 가지이다. 영산홍은 '연산홍' 또는 '왜철쭉'으로 불리기도 한다.

6월에 핀 꽃          6월의 영산홍

### 동백나무(차나무과)

남부 지방의 산과 들에서 5~7m 높이로 자라는 늘푸른작은키나무. 잎은 어긋나고 타원형이며 두껍고 광택이 난다. 11월부터 다음 해 4월까지 가지 끝이나 잎겨드랑이에 붉은색 꽃이 1개씩 핀다. 둥근 열매는 붉게 변했다가 늦가을에 갈색으로 익으면 3갈래로 갈라져 벌어진다. 씨앗에서 짠 기름을 옛날에는 부인들의 머릿기름으로 사용하였다. 꽃이 아름다운 동백나무는 많은 재배 품종이 개발되어 전 세계적으로 관상수로 널리 심고 있다.

12월에 핀 꽃          10월에 익은 열매

차나무과의 식물은 잎이 어긋나고 꽃은 1개씩 피는 것이 많다. 꽃잎과 꽃받침은 5장이고 수술이 많다.

5월에 핀 꽃　　　　　　8월의 열매

### 오동나무(오동나무과)

흔히 심어 기르는 갈잎큰키나무. 매우 빨리 자라는 나무로 10~15m 높이로 자란다. 잎은 마주나고 둥근 달걀형이며 부채처럼 크다. 5~6월에 가지 끝의 꽃송이에 모여 달리는 연보라색 꽃은 꽃부리 바깥쪽에 끈적거리는 샘털이 있다. 달걀형의 열매는 가을에 갈색으로 익는다. 오동나무 목재는 나뭇결이 아름답고 갈라지거나 뒤틀리지 않아 가구를 만들며 거문고나 가야금 같은 악기를 만든다. 옛날에는 목재로 나막신을 만들어 신었다.

6월에 핀 꽃　　　　　　9월의 열매

### 석류나무(부처꽃과)

관상수로 심는 갈잎작은키나무. 5~6m 높이로 자란다. 긴 타원형 잎은 가지에 2장씩 마주나고 가지 끝에서는 여러 장이 모여난다. 5~6월에 가지 끝에 1~5개의 붉은색 꽃이 핀다. 통 모양의 꽃받침은 붉은빛이 돌며 육질이다. 끝에 꽃받침조각이 붙어 있는 둥근 열매는 9~10월에 붉은색으로 익으면 여러 갈래로 저절로 갈라져서 그 속에서 많은 씨앗이 나온다. 씨앗은 붉은색이 도는 달콤한 열매살에 싸여 있으며 과일로 먹는다.

4월에 핀 꽃　　　　　　9월의 열매

### 자목련(목련과)

중국 원산의 갈잎떨기나무~작은키나무. 1~5m 높이로 자라며 크고 화려한 꽃을 보기 위해 공원이나 화단에 관상수로 심는다. 4월에 잎이 돋기 전에 가지 끝마다 커다란 자주색 꽃이 달리는데 꽃잎 안쪽도 자주색이다. 잎은 어긋나고 달걀형이며 가장자리가 밋밋하다. 원통형 열매는 가을에 갈색으로 익으면 칸칸이 벌어지면서 붉은색 껍질에 싸인 씨앗이 드러난다. 백목련과 비슷하지만 꽃이 자주색이어서 '자목련'이라고 한다.

나막신은 나무를 파서 만든 신으로 앞과 뒤에 높은 굽이 있어서 물이 스며들지 않기 때문에 비가 오는 날이나 땅이 진 곳에서 신었다.

4월에 핀 꽃                    6월의 열매

## 모란(작약과)

중국 원산의 갈잎떨기나무. 옛날부터 화단에 심어 길렀으며 1~1.5m 높이로 자란다. 잎은 어긋나고 작은잎이 3장씩 1~2회 모여 달린다. 4~5월에 가지 끝에 큼직한 붉은색 꽃이 핀다. 여러 재배 품종이 있으며 꽃 색깔이 다양하다. 긴 달걀형의 열매는 갈색 털로 덮여 있고 2~6개가 모여 달린다. 한자 이름은 '목단(牧丹)'인데 목단이 변해서 '모란'이 되었다고 한다. 중국 수나라 임금인 양제는 모란을 '꽃 중의 왕(花王)'으로 불렀다.

5월에 핀 꽃                    5월에 핀 **덩굴장미**

## 장미(장미과)

관상수로 심으며 1~2m 높이로 자라는 갈잎떨기나무. 장미는 많은 재배 품종이 있는데 줄기 모양에 따라 크게 '**덩굴장미**'와 '**나무장미**'로 나눈다. 줄기와 가지에 납작한 가시가 있다. 잎은 어긋나고 3~7장의 작은잎이 깃꼴로 붙는 겹잎이다. 봄부터 가을까지 가지 끝에 여러 색깔의 꽃이 핀다. 대부분 겹꽃이지만 홑꽃이 피는 품종도 있고 향기가 진하다. 향기로운 꽃이나 열매에서 뽑아낸 기름은 화장품이나 약의 원료로 쓴다.

4월 말에 핀 암꽃이삭          6월의 어린 열매

## 양버즘나무(버즘나무과)

북아메리카 원산의 갈잎큰키나무. 20~40m 높이로 자란다. 4~5월에 잎이 돋을 때 방울 모양의 꽃이 피는데 암꽃은 붉은색이고 수꽃은 연녹색이다. 큼직한 손바닥 모양의 잎은 어긋나고 가장자리가 3~5갈래로 갈라진다. 방울 모양의 열매는 10월쯤 익는데 아주 단단하다. 나무껍질이 허옇게 벗겨진 모습이 버즘(버짐)이 핀 것 같다고 하여 '버즘나무'란 이름이 들어간다. 북한에서는 둥근 열매가 1개씩 달려서 '홑방울나무'라고 부른다.

장미과는 우리나라에서 풀과 나무가 120종 정도 자란다. 보통 꽃잎과 꽃받침은 5장이고 수술은 많다.

4월에 핀 암꽃　　　　　7월의 열매

## 계수나무(계수나무과)

일본과 중국 원산의 갈잎큰키나무. 관상수로 많이 심으며 30m 정도 높이로 자란다. 3~5월에 잎이 돋기 전에 먼저 꽃이 피는데 잎겨드랑이에 연붉은색 꽃이 달린다. 잎은 마주나고 둥근 하트 모양이다. 잎에서는 솜사탕 냄새와 비슷한 달콤한 향기가 나는데 가을에 단풍이 들 때면 향기가 더욱 짙어진다. 길쭉한 원통형 열매는 3~5개씩 모여 달린다. 북한에서는 상상 속의 계수나무와 구분하기 위해서인지 '구슬꽃잎나무'라고 부른다.

## 조록나무(조록나무과)

남쪽 섬에서 20m 정도 높이로 자라는 늘푸른큰키나무. 남부 지방에서 관상수로 심는다. 긴 타원형 잎은 어긋난다. 4~5월에 잎겨드랑이에 꽃잎이 없는 자잘한 붉은색 꽃이 촘촘히 모여 핀다. 달걀형 열매는 표면에 털이 빽빽하고 가을에 황갈색으로 익으면 둘로 갈라진다. 잎에는 곤충의 애벌레가 기생한 조롱박 모양의 벌레집이 달려서 '조롱나무'라고 하던 것이 변해 '조록나무'가 되었다고 한다. '잎벌레혹나무'라고도 부른다.

4월에 핀 꽃　　　　　8월의 열매

벌레집

## 굴거리(굴거리나무과)

남부 지방의 산에서 10m 정도 높이로 자라는 늘푸른큰키나무. 긴 타원형 잎은 가지 끝에 촘촘히 달린다. 5~6월에 잎겨드랑이의 꽃송이에 꽃잎이 없는 자잘한 꽃이 모여 핀다. 긴 타원형 열매는 가을에 흑자색으로 익는다. 굿을 할 때 이 나무의 가지를 꺾어다 써서 '굿거리'라고 하던 것이 변해 '굴거리'가 되었다고 한다. 굴거리는 새잎이 돋으면 묵은잎은 자리를 물려주고 밑으로 처지기 때문에 한자어로 '교양목(交讓木)'이라고도 한다.

5월의 수꽃　　　　　9월의 어린 열매

교양목(交讓木)의 '교양(交讓)'은 서로 양보하거나 사양한다는 뜻이다.

## 은사시나무(버드나무과)

길가나 강가에서 20m 정도 높이로 자라는 갈잎큰키나무. 회백색 줄기에 마름모꼴 껍질눈이 많다. 4월에 잎이 돋기 전에 붉은빛을 띠는 꼬리 모양의 꽃이삭이 늘어진다. 잎은 어긋나고 달걀형이며 뒷면은 흰빛을 띤다. 잎자루가 길고 납작해서 바람에 잘 흔들린다. 5월에 익는 열매 속의 씨앗에는 솜털이 있다. 은백양과 사시나무 사이에서 만들어진 잡종으로 사시나무 모양의 잎은 뒷면이 은백양처럼 흰빛이라서 '은사시나무'라고 한다.

3월 말에 핀 암꽃　　　5월의 열매

## 양버들(버드나무과)

길가나 강가에서 30m 정도 높이로 자라는 갈잎큰키나무. 이태리포플러와 달리 가느다란 가지들이 줄기를 따라 위로 자라 나무 모양이 빗자루처럼 보인다. 암수딴그루로 4월에 잎이 돋기 전에 꼬리 모양의 기다란 꽃이삭이 밑으로 늘어진다. 세모꼴~마름모꼴의 잎은 잎자루가 길고 납작해 바람에 잘 흔들린다. 열매는 5~6월에 익고 씨앗에는 흰색 솜털이 붙어 있다. '양버들'은 서양에서 들어온 버드나무 종류라는 뜻의 이름이다.

4월에 핀 수꽃　　　7월의 잎가지

## 이태리포플러(버드나무과)

길가나 강가에서 30m 정도 높이로 자라는 갈잎큰키나무. 가지는 굵게 되며 옆으로 퍼진다. 가지에 어긋나는 세모진 달걀형의 잎은 잎자루가 길고 납작해 바람에 잘 흔들린다. 암수딴그루로 4월에 잎이 돋기 전에 먼저 꼬리 모양의 꽃이삭이 늘어지는데 수꽃이삭은 붉은빛이 돌고 암꽃이삭은 황록색이다. 5월쯤 여무는 열매 속의 씨앗에는 흰색 솜털이 붙어 있다. '이태리포플러'는 '이탈리아에서 처음 들여온 포플러 종류'라는 뜻의 이름이다.

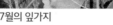

4월에 핀 수꽃　　　5월의 열매

양버들과 이태리포플러를 미루나무와 함께 흔히 '포플러'라고 부르는데 생김새가 비슷하다.

4월에 핀 꽃　　　　　　　　8월의 열매

## 박태기나무(콩과)

중국 원산의 갈잎떨기나무. 관상수로 심으며 2~4m 높이로 자란다. 4월에 잎이 돋기 전에 나무 가득 나비 모양의 홍자색 꽃이 핀다. 하트 모양의 잎은 어긋난다. 기다란 꼬투리열매는 가을에 익는다. 남부 지방에서는 밥알을 '밥티'라고 하는데 꽃봉오리가 모여 있는 모양이 밥알이 붙어 있는 모습과 비슷해서 '밥티기나무'라고 하던 것이 변해 '박태기나무'가 되었다고 한다. 북한에서는 어린 꽃봉오리가 구슬처럼 생겼다고 '구슬꽃나무'라고 한다.

4월 말에 핀 꽃　　　　　　　8월의 열매

## 등/참등(콩과)

관상수로 심는 갈잎덩굴나무. 줄기는 10m 정도 길이로 벋는다. 잎은 어긋나고 작은잎이 깃꼴로 붙는 겹잎이다. 4~5월에 가지 끝에서 늘어지는 20~40㎝ 길이의 꽃송이에 나비 모양의 연자주색 꽃이 촘촘히 달린 모양이 포도송이와 비슷하며 냄새가 향기롭다. 기다란 꼬투리열매 표면은 부드러운 털이 빽빽이 덮여 있다. '등(藤)'은 한자 이름이며 '등나무' 또는 '참등'이라고도 부른다. 줄기를 잘라서 바구니 등을 만들고 껍질을 벗겨 끈으로 이용하였다.

6월 초에 핀 꽃　　　　　　　9월의 열매

## 땅비싸리(콩과)

산에서 30~100㎝ 높이로 자라는 갈잎떨기나무. 잎은 어긋나고 작은잎이 깃꼴로 붙는 겹잎이다. 작은잎은 넓은달걀형~넓은 타원형이며 가장자리가 밋밋하고 양면에 누운털이 있다. 5~6월에 잎겨드랑이에서 나오는 기다란 꽃송이에 나비 모양의 홍자색 꽃이 촘촘히 피어 올라간다. 기다란 원기둥 모양의 꼬투리열매는 가을에 적갈색으로 익으며 겨우내 매달려 있다. '땅비싸리'는 키가 작고 비싸리(댑싸리)를 닮아서 붙여진 이름이다.

'꽃의 향기는 어디에서 날까?' 꽃잎에서 냄새가 나는 것, 꽃가루에서 냄새가 나는 것 등 식물마다 제각기 다르다.

## 오리나무(자작나무과)

산골짜기에서 10~20m 높이로 자라는 갈잎큰키나무. 3월에 잎이 돋기 전에 수꽃이삭이 꼬리처럼 늘어지고 달걀형의 작은 암꽃이삭은 곧게 선다. 달걀 모양의 긴 타원형 잎은 어긋난다. 달걀형의 열매는 10월에 갈색으로 익는다. '십 리 절반 오리나무'라는 노래 가사처럼 옛날에 거리를 나타내기 위해 5리(五里)마다 심어 '오리나무'라고 한다. 나무껍질과 열매에는 탄닌 성분이 있어서 물감 원료로 이용하기 때문에 '물감나무'란 별명도 있다.

3월에 핀 꽃

8월의 열매

## 물오리나무(자작나무과)

산에서 10~20m 높이로 자라는 갈잎큰키나무. 나무껍질은 흑갈색이며 가로로 긴 껍질눈이 있다. 암수한그루로 3~4월에 잎이 돋기 전에 수꽃이삭이 꼬리처럼 늘어진다. 작은 암꽃이삭은 달걀형이며 붉은색이다. 잎은 어긋나고 넓은 달걀형이며 잎몸이 얕게 갈라진다. 가지 끝에 열리는 둥근 달걀형의 열매는 솔방울열매를 닮았으며 10월에 갈색으로 익는다. 오리나무처럼 물감으로 이용해서 '물오리나무'라고 불렀을 것으로 추측한다.

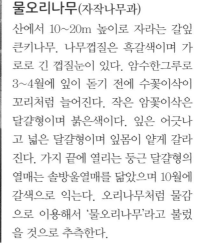

4월에 핀 꽃

10월의 열매

## 서나무/서어나무(자작나무과)

중부 이남의 산에서 10~15m 높이로 자라는 갈잎큰키나무. 타원형 잎은 어긋난다. 암수한그루로 4~5월에 가지 윗부분에서 꼬리 모양의 꽃이삭이 늘어진다. 열매덮개가 엉성하게 모여 달린 열매이삭은 가을에 익는다. '서나무'는 한자 이름 '서목(西木)'에서 유래되었다. 오랜 기간 안정된 숲을 '극상림(極相林)'이라고 하는데 우리나라 극상림에서 가장 많은 비중을 차지하는 나무가 서어나무라고 하니 '우리나라 나무의 왕'이라고 할 수 있다.

4월에 핀 꽃

5월의 어린 열매

4월 초에 핀 수꽃 · 6월 말의 열매

## 소귀나무(소귀나무과)

제주도의 산기슭에서 5~15m 높이로 자라는 늘푸른큰키나무. 가지 끝에 촘 촘히 달리는 칼 모양의 잎은 두껍다. 암수딴그루로 3~4월에 잎겨드랑이에 황적색 꽃이삭이 달린다. 둥근 열매는 표면이 딸기처럼 작은 돌기로 덮여 있 으며 7월에 붉게 익고 먹을 수 있다. 제주도에서는 열매로 잼을 만들거나 과실주를 담근다. 제주도 일부 지방에 서는 '속나무'라고 부르는데 속나무가 변해서 '소귀나무'가 되었을 거라고 추 측하는 사람도 있다.

5월에 핀 꽃 · 6월에 익은 열매

## 닥나무(뽕나무과)

산기슭이나 밭둑에서 2~3m 높이로 자라는 갈잎떨기나무. 잎은 어긋나고 달걀형이며 잎몸이 2~3갈래로 갈라 지기도 한다. 암수한그루로 4~5월에 잎이 돋을 때 둥근 꽃송이도 함께 달 린다. 공처럼 둥근 열매송이는 6~7월 에 주홍색으로 익으며 단맛이 나고 먹 을 수 있다. 질긴 나무껍질을 이용해 화선지나 창호지 같은 한지를 만든다. 가지를 꺾으면 '딱' 소리가 나서 '딱나 무'라고 하던 것이 변해서 '닥나무'가 되었다.

4월에 핀 꽃 · 5월 초의 열매

## 느릅나무(느릅나무과)

산에서 15~30m 높이로 자라는 갈잎 큰키나무. 거꿀달걀형 잎은 어긋난다. 3~4월에 잎이 돋기 전에 잎겨드랑이 에 자잘한 황록색 꽃이 모여 핀다. 납 작한 거꿀달걀형 열매는 가장자리가 날개로 되어 있으며 5~6월에 익는다. 봄에 돋는 어린 새순은 나물로 먹거나 찹쌀가루나 밀가루와 섞어 느릅떡을 만들어 먹었다. 나무의 속껍질은 위장 의 운동과 소화를 돕는 한약재로 썼 다. 어린 가지의 질긴 속껍질은 새끼 처럼 꼬거나 미투리를 삼았다.

한지는 닥나무 속껍질을 흐물거리게 삶아서 고루 풀리게 한 다음 발로 얇게 걸러서 말린 종이이다.

4월에 핀 꽃      7월의 열매

## 단풍나무(무환자나무과)

산에서 10~15m 높이로 자라는 갈잎큰키나무. 가을에 붉은색으로 곱게 물드는 단풍을 보려고 공원이나 화단 등에 많이 심어 기른다. 잎은 마주나고 손바닥처럼 5~7갈래로 갈라진다. 암수한그루로 4~5월에 가지 끝의 꽃송이에 자잘한 꽃이 모여 핀다. 날개가 달려 있는 열매는 양쪽 날개가 八자로 벌어진다. 날개 열매는 가을에 익으면 바람개비처럼 뱅글뱅글 돌면서 바람에 날려 퍼진다. 단풍이 예쁘게 잘 들어서 '단풍나무'라고 한다.

4월에 핀 수꽃      6월의 열매

## 네군도단풍(무환자나무과)

북아메리카 원산의 갈잎큰키나무. 관상수로 심으며 15~20m 높이로 자란다. 가지는 대부분 밑으로 처진다. 잎은 마주나고 3~7장의 작은잎이 깃꼴로 붙는 겹잎이다. 작은잎은 얕게 갈라지기도 한다. 암수딴그루로 4월에 잎이 돋기 전에 가지 윗부분에 기다란 꽃자루에 달린 자잘한 꽃이 모여서 밑으로 늘어진다. 열매의 양쪽 날개는 거의 나란하거나 좁게 벌어진다. 단풍나무 종류로 종소명 네군도(*negundo*)를 합쳐서 '네군도단풍'이라고 한다.

6월 초에 핀 꽃      9월에 익은 열매

## 산앵도나무(진달래과)

산의 능선에서 1~1.5m 높이로 자라는 갈잎떨기나무. 어린 가지는 붉은빛이 돌며 털이 있다. 잎은 마주나고 긴 타원형이며 끝이 뾰족하다. 5~6월에 묵은 가지 끝에서 나오는 꽃송이에 2~3개의 종 모양의 황백색~황적색 꽃이 고개를 숙이고 핀다. 9월에 붉게 익는 둥근 달걀형의 열매는 남아 있는 꽃받침자국 때문에 절구같이 보인다. 열매는 새콤달콤한 맛이 난다. 산에서 자라고 앵두 모양의 열매가 달아서 '산앵도나무'라고 한다.

---

단풍나무 종류는 날개 열매가 열린다. 예전에는 단풍나무과로 따로 분류했지만 APG 분류 체계에서는 무환자나무과에 통합되었다.

봄에 피는 붉은색 나무꽃

### 정금나무(진달래과)

남부 지방의 바닷가 산에서 2~3m 높이로 자라는 갈잎떨기나무. 어린 가지는 회갈색이고 잔털이 있다. 타원형~넓은 달걀형 잎은 가지에 어긋난다. 봄에 돋는 어린잎은 붉은색을 띤다. 5~6월에 가지 끝의 꽃송이에 붉은빛이 도는 종 모양의 꽃이 모여 고개를 숙이고 핀다. 둥근 열매는 가을에 검은색으로 익고 새콤달콤하며 먹을 수 있다. 전남 지방에서는 머루를 '정금'이라고 하는데 열매송이가 머루를 닮아서 '정금나무'로 부른 것으로 추측한다.

6월 초에 핀 꽃                    10월에 익은 열매

### 붉은병꽃나무(인동과)

산에서 2~3m 높이로 자라는 갈잎떨기나무. 잎은 마주나고 달걀형~거꿀달걀형이며 끝이 뾰족하고 가장자리에 얕은 톱니가 있다. 5~6월에 잎겨드랑이에 홍자색 꽃이 1~3개씩 모여 핀다. 꽃부리는 깔때기 모양이고 끝부분은 5갈래로 갈라져서 벌어지며 표면에는 털이 약간 있다. 열매는 길쭉한 병 모양이며 가을에 익으면 세로로 2갈래로 갈라진다. 병 모양의 붉은색 꽃이 피어서 '붉은병꽃나무'라고 한다. 근래에는 관상수로도 많이 심고 있다.

5월에 핀 꽃                    7월의 열매

### 홍괴불나무(인동과)

높은 산에서 1~2m 높이로 자라는 갈잎떨기나무. 잎은 마주나고 달걀형~긴 타원형이며 끝이 뾰족하다. 잎 뒷면은 흰색 털이 많다. 5~6월에 어린 가지의 잎겨드랑이에 홍자색 꽃이 2개씩 모여 핀다. 꽃부리는 끝부분이 입술처럼 2갈래로 갈라지는데 윗부분의 입술꽃잎은 끝이 3~4갈래로 얕게 갈라진다. 열매는 2개가 하나처럼 합쳐져서 둥근 모양이 되며 8~9월에 붉은색으로 익는다. 괴불나무 종류로 붉은색 꽃이 피어서 '홍괴불나무'라고 한다.

6월에 핀 꽃                    8월에 익은 열매

4월 초에 핀 꽃　　　　7월의 어린 열매

## 풍년화(조록나무과)

일본 원산의 갈잎떨기나무~작은키나무. 정원수로 심으며 줄기는 2~5m 높이로 자란다. 3~4월에 잎이 돋기 전에 잎겨드랑이마다 노란색 꽃이 모여 핀다. 4장의 가느다란 꽃잎은 십자 모양을 이루며 꽃잎은 다소 우글쭈글하다. 잎은 어긋나고 달걀형이며 물결 모양의 톱니가 있다. 달걀형의 열매는 짧은털로 덮이며 가을에 갈색으로 익는다. 이 나무의 꽃이 풍성하게 핀 해에는 풍년이 든다고 믿어서 '풍년화(豊年花)'라고 부른다.

4월 초에 핀 꽃　　　　6월 초의 어린 열매

## 삼지닥나무(팥꽃나무과)

중국 원산의 갈잎떨기나무. 1~2m 높이로 자란다. 남부 지방에서 재배하며 요즈음은 관상수로 많이 심는다. 3~4월에 잎이 돋기 전에 가지 끝에 자잘한 노란색 꽃이 둥글게 모여 핀다. 길쭉한 잎은 어긋나고 양면에 털이 있다. 예전에 나무껍질을 닥나무와 같이 한지를 만드는 원료로 사용했고 특이하게도 가지가 보통 3개씩 갈라지므로 '삼지닥나무'라고 한다. 또 서향처럼 꽃향기가 좋고 노란색 꽃이 피어서 '황서향'이라고도 불린다.

4월에 핀 수꽃　　　　12월의 열매

## 겨우살이(단향과)

참나무 등에 기생해서 50~80㎝ 높이로 자라는 늘푸른떨기나무. 모여나는 줄기는 조금씩 늘어지며 가지는 계속 2갈래로 갈라진다. 좁은 타원형 잎은 마주난다. 암수딴그루로 3~4월에 자잘한 연노란색 꽃이 피고 둥근 열매는 겨울에 연노란색으로 익는다. 겨우살이는 다른 나무의 가지에 뿌리를 박고 그 나무의 물과 양분을 가로채어 먹고 사는 기생식물이다. 겨울에도 푸른 잎을 달고 살아가서 '겨울살이'로 부르던 것이 '겨우살이'로 변했다.

삼지닥나무의 '삼지(三枝)'는 가지가 3갈래로 갈라진다는 뜻이다.

4월에 핀 수꽃　　　　　　10월의 열매

## 상산(운향과)

주로 남부 지방에서 2~3m 높이로 자라는 갈잎떨기나무. 어린 가지에 털이 약간 있다. 잎은 어긋나고 긴 타원형이며 앞면은 광택이 있고 자르면 독특한 냄새가 난다. 암수딴그루로 4~5월에 잎겨드랑이에서 자라는 꽃송이에 자잘한 황록색 꽃이 모여 달린다. 열매는 3~4개로 갈라지고 가을에 갈색으로 익으면 칸칸이 껍질이 터지면서 속에 있는 검은색 씨앗이 튀어 나간다. '상산'은 한자 이름 '취상산(臭常山)'에서 유래된 이름이다.

4월에 핀 꽃　　　　　　10월에 익은 열매

## 산수유(층층나무과)

중국 원산으로 마을에서 재배하는 갈잎작은키나무. 4~8m 높이로 자란다. 3~4월에 잎이 돋기 전에 짧은가지 끝에 노란색 꽃이 우산 모양으로 둥글게 모여 달리는데 나무 전체가 노란색 꽃으로 뒤덮인다. 잎은 마주나고 달걀형이며 뒷면은 분백색이다. 가을에 붉은색으로 익는 긴 타원형 열매는 맛이 시기도 하고 약간 떫기도 하다. 열매는 체력을 회복시키는 약재로 쓰며 차를 끓여 마시거나 술을 담근다. 근래에는 관상수로 많이 심고 있다.

6월에 핀 암꽃　　　　　　10월에 익은 열매

## 감나무(감나무과)

중국 원산으로 열매를 얻기 위해 재배하는 갈잎큰키나무. 10m 정도 높이로 자란다. 잎은 어긋나고 타원형이며 두껍고 앞면은 광택이 난다. 대부분 암수한그루로 5~6월에 잎겨드랑이에 납작한 종 모양의 연노란색 꽃이 핀다. 둥근 열매는 10~11월에 황홍색으로 익는다. 단단한 생감을 따서 저장해 말랑말랑해진 감을 '홍시'라고 하고 생감의 껍질을 벗겨 햇빛에 말린 것을 '곶감'이라고 한다. 예전에는 어린 감을 으깨어 물감으로 이용하였다.

감의 떫은맛은 '탄닌'이라고 하는 물질이 들어 있기 때문이다. 곶감은 햇빛을 쬐어 '탄닌'을 다른 물질로 바꿨기 때문에 떫은맛이 없다.

## 고욤나무(감나무과)

낮은 산에서 10m 정도 높이로 자라는 갈잎큰키나무. 잎은 어긋나고 타원형~긴 타원형이며 두껍고 앞면은 광택이 난다. 암수딴그루로 5~6월에 햇가지 밑부분의 잎겨드랑이에 종 모양의 조그만 연노란색 꽃이 핀다. 감나무와 비슷하지만 가을에 진자주색으로 익는 둥근 열매의 크기가 작다. 시골에서는 흔히 가을에 익은 열매를 따서 항아리에 저장해 두었다가 겨울에 꺼내 먹는다. 고욤나무는 감나무 접을 붙이는 대목으로 사용한다.

6월 초에 핀 수꽃

10월의 열매

## 개나리(물푸레나무과)

양지바른 산기슭에서 자라는 갈잎떨기나무. 3m 정도 높이로 자라는 줄기는 가지가 많이 갈라져 빽빽하게 자라기 때문에 생울타리로 많이 심는다. 가지는 둥글게 휘어져 끝이 밑으로 처진다. 4월에 잎이 돋기 전에 가지 가득 노란색 꽃이 핀다. 길쭉한 잎은 마주난다. 끝이 뾰족한 달걀형 열매는 가을에 갈색으로 익는다. 우리나라에서만 자생하는 특산식물이다. 영어 이름은 '골든 벨(Golden Bell)'로 '황금종'이라는 예쁜 이름으로 부른다.

4월에 핀 꽃

10월의 열매

## 까마귀밥여름나무(까치밥나무과)

낮은 산에서 1~1.5m 높이로 자라는 갈잎떨기나무. 잎은 어긋나고 잎몸 윗부분이 3~5갈래로 갈라지며 둔한 톱니가 있다. 4~5월에 잎겨드랑이에 노란색 꽃이 몇 개씩 모여 핀다. 둥근 열매는 끝에 꽃받침자국이 남아 있으며 가을에 붉은색으로 익는다. 열매는 쓴맛이 강해서 먹기가 어려우므로 까마귀밥이나 될 열매라고 해서 '까마귀밥여름나무'라고 하였는데 '여름'은 열매를 뜻하는 옛말이다. 잎과 열매가 보기 좋아 관상수로도 심는다.

4월에 핀 꽃

9월에 익은 열매

특산식물은 우리나라에서만 자생하는 식물로 우리 땅에서 사라지면 영영 다시 볼 수 없게 되므로 잘 보존해야 한다.

4월에 핀 꽃　　　　　　　8월의 열매

## 히어리(조록나무과)

산에서 2~3m 높이로 드물게 자라는 갈잎떨기나무. 관상수로도 심는다. 3~4월에 잎이 돋기 전에 잎겨드랑이에 노란색 꽃송이가 매달린다. 둥그름한 잎은 어긋난다. 둥근 열매는 울퉁불퉁하고 가을에 갈색으로 익는다. 히어리는 우리나라에서만 자생하는 특산식물이다. 히어리 종류는 한자 이름으로 '납판화'라고 하는데 송광사 주변에서 발견되었기 때문에 '송광납판화'라고도 한다. 북한에서는 '납판나무' 또는 '조선납판나무'라고 부른다.

4월에 핀 꽃　　　　　　5월에 핀 죽단화 꽃
6월의 열매

## 황매화(장미과)

중국과 일본 원산의 갈잎떨기나무. 1~2m 높이로 자란다. 관상수로 심으며 흔히 생울타리를 만든다. 잎은 어긋나고 긴 달걀형이다. 4~5월에 새로 자란 가지 끝에 노란색 꽃이 잎과 함께 핀다. 둥근 열매는 1~5개가 꽃받침 안에 모여 달리며 9월에 검은색으로 익는다. 황매화와 비슷하지만 겹꽃이 피는 품종은 '죽단화'라고 하며 황매화와 같이 관상수로 심는다. '황매화(黃梅花)'란 한자 이름은 '매화를 닮은 노란색 꽃'이란 뜻이다.

6월에 핀 수꽃　　　　　　열매 모양

## 개옻나무(옻나무과)

산에서 3~8m 높이로 자라는 갈잎떨기나무~작은키나무. 잎은 어긋나고 작은잎이 깃꼴로 붙는 겹잎이다. 작은잎은 가장자리에 2~3개의 톱니가 있기도 하며 털이 있다. 5~6월에 잎겨드랑이에서 나온 원뿔 모양의 꽃송이에 자잘한 황록색 꽃이 모여 핀다. 동글납작한 열매는 가시 같은 털로 덮여 있다. 옻나무와 가까운 형제 나무이지만 수액은 옻칠에 쓸 수가 없어서 '개옻나무'라고 한다. 북한에서는 털로 덮인 열매를 보고 '털옻나무'라고 부른다.

5월에 핀 꽃                8월 말의 열매

### 옻나무(옻나무과)

산기슭에서 20m 정도 높이로 자라는 갈잎큰키나무. 잎은 어긋나고 작은잎이 깃꼴로 붙는 겹잎이다. 작은잎은 긴 타원형~긴 달걀형이다. 5~6월에 잎겨드랑이에서 자란 꽃송이에 자잘한 황록색 꽃이 모여 핀다. 동글납작한 열매는 표면이 매끈하다. 줄기에 상처를 내어 나오는 수액으로 가구에 옻칠을 한다. 옻나무를 만지면 온몸에 여드름 같은 것이 우툴두툴 돋으면서 피부 염증이 생기고 몹시 가려운데 이것을 '옻이 오른다'고 한다.

4월에 핀 꽃                8월의 열매

### 고로쇠나무(무환자나무과)

산에서 20m 정도 높이로 자라는 갈잎큰키나무. 잎은 마주나고 둥근 잎몸은 손바닥처럼 가장자리가 5~7갈래로 갈라지며 잎자루가 길다. 암수한그루로 4~5월에 가지 끝에 자잘한 연노란색 꽃이 모여 핀다. 열매의 양쪽 날개는 八자로 벌어진다. 이른 봄에 나무에 물이 오를 즈음 줄기에 상처를 내어 나오는 수액을 받아 마시면 신경통에 좋다고 한다. '뼈에 이로운 물'이란 뜻의 한자 이름인 '골리수(骨利樹)'가 변해서 '고로쇠'가 되었다.

4월에 핀 꽃                10월에 익은 열매

### 복자기(무환자나무과)

중부 이북의 산에서 15m 정도 높이로 자라는 갈잎큰키나무. 잎은 마주나고 긴 잎자루 끝에 3장의 작은잎이 모여 달린 겹잎이다. 작은잎은 가장자리에 2~4개의 큰 톱니가 있다. 잎은 가을에 붉은색으로 곱게 단풍이 들며 매우 아름답다. 4~5월에 잎이 돋을 때 가지 끝에 자잘한 황록색 꽃이 모여 핀다. 열매 표면에는 갈색 털이 빽빽이 나 있고 양쪽 날개는 직각 이내로 벌어진다. 목재가 단단해서 '나도박달'이라고도 한다.

이른 봄에 채취하는 나무 수액의 성분은 대부분이 물이지만, 그 속에는 뿌리털에서 빨아올린 무기질 등이 녹아 있다.

봄에 피는 노란색 나무꽃

4월에 핀 꽃          8월의 어린 열매

## 영춘화 (물푸레나무과)

중국 원산의 갈잎떨기나무. 관상수로 심는다. 줄기는 여러 대가 모여나며 가지가 많이 갈라진다. 네모진 가지는 녹색이며 끝부분이 밑으로 처진다. 3~4월에 잎이 돋기 전에 가지 가득 개나리를 닮은 노란색 꽃이 핀다. 가는 원통형의 꽃부리는 끝부분이 5~6갈래로 갈라져 벌어진다. 잎은 마주나고 3~5장의 작은잎이 모여 달린 겹잎이다. 열매는 잘 맺지 않는다. '영춘화(迎春花)'란 한자 이름은 '봄을 맞이하는 꽃'이란 뜻이다.

4월에 핀 꽃          7월의 열매

## 병꽃나무 (인동과)

산기슭이나 산골짜기에서 2~3m 높이로 자라는 갈잎떨기나무. 잎은 마주나고 달걀형이며 끝이 길게 뾰족하다. 5~6월에 잎겨드랑이에 깔때기 모양의 연노란색 꽃이 1~2개씩 핀다. 연노란색 꽃은 점차 붉은색으로 변한다. 꽃받침은 5갈래로 깊게 갈라지고 털이 빽빽이 난다. 길쭉한 열매는 잔털이 있고 가을에 익는다. 우리나라에서만 자생하는 특산식물이다. 꽃의 모양이 병 모양이라서 '병꽃나무'라고 하는데 열매도 길쭉한 병 모양이다.

5월에 핀 꽃          9월의 어린 열매

## 녹나무 (녹나무과)

제주도의 산기슭에서 20m 정도 높이로 자라는 늘푸른큰키나무. 달걀형~타원형 잎은 어긋난다. 5~6월에 햇가지의 잎겨드랑이에 달리는 꽃송이에 자잘한 연노란색 꽃이 모여 핀다. 콩알만 한 열매는 가을에 검은색으로 익는다. 녹나무의 줄기, 가지, 잎, 뿌리 등을 수증기로 증류해서 얻는 '장뇌'는 향신료, 방부제, 한약재, 방향제 등으로 사용한다. 어린 나무줄기가 녹색이라서 '녹나무'라고 한다. 아주 크게 자라며 천 년이 넘게 살 수 있는 나무이다.

녹나무과의 나무는 잎이 어긋나고, 가지를 꺾으면 좋은 향기가 난다.

6월에 핀 꽃　　　　　　　8월의 어린 열매

### 후박나무(녹나무과)

울릉도와 남쪽 섬에서 15~20m 높이로 자라는 늘푸른큰키나무. 가지 끝에 촘촘히 어긋나는 거꿀달걀형~긴 타원형 잎은 두껍고 앞면은 광택이 난다. 5~6월에 잎겨드랑이에서 자란 꽃송이에 자잘한 황록색 꽃이 모여 핀다. 붉은빛이 도는 열매자루 끝에 둥근 열매가 모여 달린다. 나무껍질을 말려서 감기나 근육통 등을 치료하는 약재로 쓴다. '후박나무'란 이름은 잎과 나무껍질이 두껍다는 뜻의 '후박(厚朴)'에서 유래된 것으로 추정하고 있다.

5월 말에 핀 수꽃　　　　9월의 열매

### 청가시덩굴(청미래덩굴과)

산에서 자라는 갈잎덩굴나무. 5m 정도 길이로 벋는 녹색 줄기는 가는 가시와 검은색 점이 있다. 잎자루 중간에 나는 1쌍의 덩굴손으로 다른 물체를 감고 오른다. 잎은 어긋나고 달걀 모양의 하트형이며 앞면은 광택이 난다. 암수딴그루로 5~6월에 잎겨드랑이에서 나온 꽃송이에 자잘한 황록색 꽃이 우산 모양으로 모여 달린다. 콩알만한 둥근 열매는 가을에 남흑색으로 익는다. 줄기가 푸른색이고 가시가 많은 덩굴이라서 '청가시덩굴'이라고 한다.

5월 초에 핀 꽃　　　　　10월에 익은 열매

### 청미래덩굴(청미래덩굴과)

산에서 자라는 갈잎덩굴나무. 지그재그로 벋는 줄기는 2~5m 길이로 벋고 갈고리 가시와 덩굴손이 있다. 둥근 잎은 어긋나고 앞면은 광택이 난다. 암수딴그루로 4~5월에 잎겨드랑이에 자잘한 황록색 꽃이 우산 모양으로 모여 핀다. 가을에 붉은색으로 익는 둥근 열매를 '명감' 또는 '망개'라고 하며 따 먹기도 한다. 빨간 열매가 달린 가지를 잘라 꽃꽂이 재료로 쓴다. 둥근 잎으로 싸서 찐 떡을 '망개떡'이라고 하는데 오랫동안 상하지 않는다.

5월에 핀 꽃                    9월에 익은 열매

### 튤립나무(목련과)

북아메리카 원산의 갈잎큰키나무. 관상수로 심으며 20~40m 높이로 자란다. 네모진 잎은 어긋나고 끝이 2~6갈래로 갈라진다. 5~6월에 가지 끝에 튤립 모양의 황록색 꽃이 위를 보고 핀다. 열매는 좁은 원뿔형이며 가을에 익으면 조각조각 벌어진다. 꽃이 튤립을 닮아 '튤립나무'라고 하고 백합과도 비슷하기 때문에 '백합나무'라고 부르기도 한다. 원산지에서는 목재가 가벼워서 물에 잘 뜨기 때문에 통나무배를 만들었다고 한다.

5월 말에 핀 꽃                7월의 어린 열매

### 매발톱나무(매자나무과)

중부 이북의 산에서 2m 정도 높이로 자라는 갈잎떨기나무. 어린 가지는 회갈색이며 날카로운 가시가 있다. 거꿀달걀형 잎은 짧은가지 끝에 모여난다. 5~6월에 짧은가지 끝에 노란색 꽃송이가 포도송이처럼 매달린다. 작은 포도송이 모양의 열매는 가을에 붉은색으로 익는다. 줄기에 달리는 3갈래로 갈라진 가시가 매의 발톱처럼 날카로워서 '매발톱나무'라고 한다. 꽃과 열매가 아름다워서 관상수로 심기도 하는데 흔히 생울타리를 만든다.

5월에 핀 꽃                    9월의 열매

### 붓순나무(오미자과)

남쪽 섬에서 2~5m 높이로 자라는 늘푸른작은키나무. 잎은 어긋나고 긴 타원형이며 두껍고 앞면은 광택이 난다. 3~4월에 잎겨드랑이에 연노란색 꽃이 모여 핀다. 꽃만두 모양의 열매는 가을에 익으면 칸칸이 갈라지면서 속에 있는 씨앗이 드러난다. 씨앗은 독이 있으므로 먹으면 위험하다. 붓순나무에서는 특유의 냄새가 나는데 짐승들이 싫어해서 이 나무를 무덤가에 심기도 한다. 새순이 붓처럼 나와서 '붓순나무'라고 한다.

4월에 핀 꽃                    6월의 어린 열매

## 감태나무(녹나무과)

충북 이남의 산기슭에서 3~7m 높이로 자라는 갈잎떨기나무~작은키나무. 긴 타원형 잎은 어긋나고 가장자리가 밋밋하다. 암수딴그루로 4월에 잎이 돋을 때 잎겨드랑이에 자잘한 노란색 꽃이 함께 모여 핀다. 콩알만 한 둥근 열매는 열매자루가 길며 10~11월에 검은색으로 익는다. 갈색으로 변한 낙엽들이 겨울에도 떨어지지 않고 가지에 그대로 붙어 있다. 가지나 잎을 자르면 향기가 난다. 제주도에서는 '백동백나무'라고도 한다.

## 비목나무(녹나무과)

산에서 6~15m 높이로 자라는 갈잎작은키나무~큰키나무. 길쭉한 잎은 어긋나고 가장자리가 밋밋하며 뒷면은 흰빛이 돈다. 암수딴그루로 4~5월에 잎이 돋을 때 꽃도 함께 핀다. 햇가지 밑의 잎겨드랑이에 자잘한 연노란색 꽃이 우산 모양으로 모여 달린다. 콩알만 한 둥근 열매는 가을에 붉은색으로 익는데 긴 열매자루 끝부분은 곤봉처럼 굵어진다. 잎이나 열매를 자르면 매운 냄새가 난다. 가지와 잎, 열매는 열을 내리는 약으로 쓴다.

4월에 핀 꽃                    10월의 열매

## 생강나무(녹나무과)

산에서 2~6m 높이로 자라는 갈잎떨기나무. 암수딴그루로 3~4월에 잎이 돋기 전에 자잘한 노란색 꽃이 우산처럼 둥글게 모여 핀다. 잎은 어긋나고 둥근 달걀형이며 3갈래로 갈라지기도 한다. 콩알만 한 열매는 가을에 붉게 변했다가 검은색으로 익는다. 씨앗으로 짠 기름은 부인들의 머릿기름으로 썼다. 어린잎을 따서 말렸다가 차를 끓여 마시기도 한다. 잎이나 가지를 잘라 비비면 생강 냄새가 나기 때문에 '생강나무'라고 한다.

4월에 핀 꽃                    6월의 어린 열매

3월 말에 핀 꽃                 6월의 열매

## 회양목 (회양목과)

산에서 2~3m 높이로 자라는 늘푸른 떨기나무. 정원수로 많이 심는다. 잎은 마주나고 작은 타원형이며 두껍고 광택이 난다. 추운 겨울에는 잎이 붉은빛을 띤다. 3~4월에 잎겨드랑이에 자잘한 연노란색 꽃이 모여 핀다. 둥근 열매는 끝에 암술대가 뿔처럼 남아 있다. 한자 이름인 '황양목(黃楊木)'이 변해서 '회양목'이 되었다고 한다. 예전에는 단단하고 치밀한 목재가 도장을 만드는 재료로 많이 쓰여서 '도장나무'라는 별명이 붙었다.

6월 초에 핀 꽃                 11월에 익은 열매

## 이나무 (버드나무과)

전라도와 제주도의 산에서 10~15m 높이로 자라는 갈잎큰키나무. 하트 모양의 잎은 어긋난다. 암수딴그루로 5~6월에 가지 끝에 연노란색 꽃송이가 길게 늘어진다. 둥근 열매는 포도송이처럼 매달려 늘어지며 가을에 붉은색으로 익는다. 열매송이는 잎이 떨어진 후에도 오랫동안 매달려 있다. 중국에서 부르는 한자 이름인 '의수(椅樹)'를 보고 '의나무'라고 부르던 것이 변해 '이나무'가 되었다고 한다. 북한에서는 아직 '의나무'라고 부른다.

4월에 핀 수꽃                 5월의 열매

## 왕버들 (버드나무과)

물가에서 10~20m 높이로 자라는 갈잎큰키나무. 타원형 잎은 어긋나고 귀 모양의 턱잎이 있다. 새로 돋는 잎은 붉은빛이 돈다. 암수딴그루로 4월에 잎이 돋을 때 잎겨드랑이에 원통형의 꽃이삭이 달린다. 열매는 5~6월에 익으며 솜털이 달린 씨앗은 바람을 타고 퍼진다. 비교적 오래 사는 나무로 그늘이 좋아서 마을의 정자나무로도 많이 심는다. 버드나무 종류 중에서 크게 자라고 수명이 길어서 '왕버들'이라고 한다.

## 버드나무(버드나무과)

물가에서 20m 정도 높이로 자라는 갈 잎큰키나무. 잔가지가 밑으로 처진다. 길쭉한 잎은 어긋난다. 암수딴그루로 4월에 잎이 돋기 전에 잎겨드랑이에 타원형 꽃이삭이 달린다. 솜털이 달린 씨앗은 바람을 타고 퍼진다. 쓴맛이 나는 잎을 씹으면 통증을 줄여 주는 데 해열진통제인 아스피린은 버드나무 종류의 뿌리에서 얻은 성분으로 만든다. 가지가 부드러워 '부들나무'라고 하던 것이 '버들나무'로 변했다가 '버드나무'가 되었다.

4월에 핀 수꽃

5월의 열매

## 수양버들(버드나무과)

중국 원산의 갈잎큰키나무. 관상수로 심으며 10~18m 높이로 자란다. 어린 가지는 밑으로 길게 처진다. 칼 모양의 잎은 어긋나고 가장자리에 잔톱니가 있다. 암수딴그루로 3~4월에 잎이 돋을 때 잎겨드랑이에 원통형의 꽃이삭이 달린다. 수양버들은 예전부터 심어 가꾸었으나 늘어진 가지의 모습이 머리를 풀어 헤친 여인 같아서 집안에는 심지 않았고 한다. '수양버들'은 '중국의 수나라 양제가 강가에 심게 한 버들'이란 뜻의 이름이다.

4월에 핀 암꽃

4월의 어린 열매

## 용버들(버드나무과)

중국 원산의 갈잎큰키나무. 관상수로 심으며 10~20m 높이로 자란다. 밑으로 늘어지는 가지가 꾸불꾸불 구부러진다. 길쭉한 잎은 어긋난다. 암수딴그루로 4월에 잎이 돋을 때 잎겨드랑이에 타원형 꽃이삭이 달린다. 열매는 5월에 익고 솜털이 달린 씨앗은 바람을 타고 퍼진다. 가지가 꾸불꾸불 구부러지는 모습이 용과 비슷하다고 '용버들'이라고 한다. 또 가지가 꾸불꾸불 구부러지는 모습이 파마를 한 머리카락 같아서 '파마버들'이라고도 한다.

4월에 핀 수꽃

6월 초의 열매

버드나무과의 식물은 대부분 암수딴그루의 나무이다. 잎보다 먼저 피거나 잎과 함께 피는 꽃이삭에는 꽃잎과 꽃받침이 없다.

봄에 피는 노란색 나무꽃

4월 초에 핀 수꽃

4월 말의 열매

## 호랑버들(버드나무과)

산에서 6~10m 높이로 자라는 갈잎작은키나무. 잎은 어긋나고 타원형~긴 타원형이며 가장자리에 희미한 톱니가 있거나 없다. 잎몸은 주름이 많고 뒷면에는 흰색 털이 빽빽하다. 암수딴그루로 4월에 잎이 돋기 전에 잎겨드랑이에 원통형의 꽃이삭이 달린다. 수꽃이삭은 노란색이고 암꽃이삭은 회녹색이다. 5~6월에 익는 긴 달걀형 열매 속에는 흰색 솜털이 달린 씨앗이 들어 있어 바람을 타고 퍼진다. 꽃가지를 잘라 꽃꽂이 재료로 쓴다.

3월에 핀 수꽃

4월에 익은 열매

## 갯버들(버드나무과)

개울가에서 2~3m 높이로 자라는 갈잎떨기나무. 암수딴그루로 3~4월에 잎이 돋기 전에 잎겨드랑이에 긴 타원형 꽃이삭이 달린다. 강아지처럼 회색 솜털을 뒤집어 쓴 꽃이삭을 흔히 '버들강아지'라고 부른다. 칼 모양의 잎은 어긋난다. 아이들이 만들어 부는 버들피리는 가지의 껍질을 벗겨 내어 만드는데 '호드기'라고 한다. 꽃이삭이 달린 가지를 잘라 꽃꽂이 재료로 쓴다. '갯버들'은 '개울가에서 자라는 버드나무'라는 뜻의 이름이다.

4월 초에 핀 암꽃

9월의 잎가지

## 키버들/고리버들(버드나무과)

개울가나 습지 주변에서 2~3m 높이로 자라는 갈잎떨기나무. 가늘고 긴 가지는 질기며 잘 휘어진다. 칼 모양의 잎은 가지에 어긋나거나 마주난다. 잎 뒷면은 흰빛이 돈다. 암수딴그루로 3~4월에 잎이 돋기 전에 잎겨드랑이에 가는 원기둥 모양의 꽃이삭이 달린다. 열매는 5월에 익는다. 길게 자라는 가는 가지를 잘라 '고리짝'이나 '키' 같은 생활용품을 만들어 썼기 때문에 '고리버들'이나 '키버들'이라는 이름이 붙었다.

**골담초**(콩과)

중국 원산으로 관상수로 심는 갈잎떨기나무. 2m 정도 높이로 자란다. 잎은 어긋나고 4장의 작은잎이 깃꼴로 마주 붙는 겹잎이다. 4~5월에 잎겨드랑이에 나비 모양의 노란색 꽃이 1~2개씩 피는데 점차 붉은빛을 띤다. 아이들이 어린 꽃을 따서 먹기도 한다. 꼬투리열매는 잘 열리지 않는다. '골담초(骨擔草)'란 한자 이름은 '뼈를 책임지는 풀'이란 뜻으로 뿌리를 관절염이나 신경통처럼 뼈와 관련된 증상을 치료하는 약재로 쓴다.

4월에 핀 꽃
7월의 잎가지

**사방오리**(자작나무과)

일본 원산의 갈잎작은키나무. 남부 지방의 산에서 8~15m 높이로 자란다. 암수한그루로 3~4월에 잎이 돋기 전에 원통형의 연노란색 수꽃이삭이 꼬리처럼 늘어지며 그 옆에 붉은빛이 도는 암꽃이삭이 달린다. 좁은 달걀형의 잎은 어긋난다. 일본 원산의 오리나무 종류로 헐벗은 산에 사방용으로 심었기 때문에 '사방오리'라고 한다. 사방오리는 뿌리에 뿌리혹박테리아가 기생해서 양분을 스스로 만들기 때문에 거친 땅에서도 잘 자란다.

3월에 핀 꽃
7월의 어린 열매

**자작나무**(자작나무과)

북부 지방의 산에서 15~20m 높이로 자라는 갈잎큰키나무. 관상수로도 심는다. 흰색을 띠는 나무껍질은 옆으로 종이처럼 얇게 벗겨진다. 암수한그루로 4~5월에 잎이 돋을 때 연노란색 수꽃이삭이 밑으로 늘어지며 암꽃이삭도 점차 밑으로 처진다. 세모진 달걀형의 잎은 어긋난다. 긴 원통형의 열매이삭은 밑으로 늘어진다. 기름기가 많은 나무껍질은 불쏘시개로 이용하는데 껍질이 탈 때 '자작자작'하는 소리가 나서 '자작나무'라고 한다.

나무껍질
4월에 핀 꽃
9월의 열매

헐벗은 산에서 흙이 씻겨 내려가는 것을 막는 사방용으로 사방오리, 물오리나무, 아까시나무, 싸리 등을 심었다.

4월에 핀 꽃

5월의 열매

## 박달나무(자작나무과)

깊은 산에서 20~30m 높이로 자라는 갈잎큰키나무. 나무껍질은 흑갈색~회갈색이며 가로로 긴 껍질눈이 있다. 잎은 어긋나고 긴 달걀형이다. 암수한그루로 4~5월에 가지 끝에 기다란 수꽃이삭이 늘어지고 그 옆에 기다란 암꽃이삭이 위로 선다. 열매이삭은 암꽃이삭처럼 곧게 선다. 박달나무 목재는 재질이 치밀하고 단단하여 나무를 자를 때 도끼날이 망가지기도 한다. 예로부터 목재는 방망이나 절굿공이, 윷 등을 만드는데 이용해 왔다.

4월에 핀 꽃

7월 말의 열매

## 물박달나무(자작나무과)

산에서 10~20m 높이로 자라는 갈잎큰키나무. 회갈색 나무껍질은 여러 겹으로 얇게 벗겨져서 눈에 잘 띤다. 암수한그루로 4~5월에 잎이 돋을 때 꽃도 함께 핀다. 가지 끝부분의 잎겨드랑이에 꽃이삭이 달리는데 기다란 수꽃이삭은 밑으로 늘어지고 작은 암꽃이삭은 곧게 선다. 달걀형의 잎은 어긋난다. 긴 원통형 열매는 아래로 늘어지며 9~10월에 익는다. 박달나무 종류로 물(수액)이 많아서 '물박달나무'라고 한다.

4월에 핀 꽃

7월의 열매

## 개암나무(자작나무과)

산기슭에서 2~3m 높이로 자라는 갈잎떨기나무. 암수한그루로 3~4월에 잎이 돋기 전에 꼬리 모양의 수꽃이삭이 밑으로 늘어진다. 그 옆의 암꽃은 붉은색으로 매우 작다. 둥근 타원형 잎은 어긋난다. 둥근 개암 열매는 큼직한 포조각에 싸여 있다. 개암 열매는 껍질을 까서 날로 먹는데 고소한 맛이 난다. 가루를 내어 떡을 만들거나 죽을 쑤어 먹고 기름을 짜기도 한다. 밤보다 맛이 덜해서 '개밤나무'로 부르던 것이 '개암나무'로 변했다.

자작나무과의 나무는 잎이 어긋나며 대부분 암수한그루이다. 수꽃이삭은 꼬리처럼 길게 늘어진다.

4월에 핀 꽃　　　　　　　　6월의 어린 열매

## 까치박달(자작나무과)

산에서 15m 정도 높이로 자라는 갈잎 큰키나무. 잎은 어긋나고 넓은 달걀형이며 잎맥이 뚜렷하다. 암수한그루로 4~5월에 잎이 돋을 때 꽃이 함께 핀다. 기다란 수꽃이삭과 암꽃이삭은 밑으로 늘어지는데 수꽃이삭이 좀 더 길다. 열매이삭은 원통형이며 밑으로 늘어지고 포조각이 비늘처럼 촘촘히 포개져 있다. 씨앗은 타원형이며 8~10월에 여문다. 박달나무처럼 단단한 목재는 잘 쪼개지지 않아 가구 등을 만드는 재료로 쓴다.

5월에 핀 꽃　　　　　　　　9월의 열매

## 구실잣밤나무(참나무과)

서남해 섬에서 15~20m 높이로 자라는 늘푸른큰키나무. 길쭉한 잎은 가죽질이고 앞면은 광택이 난다. 암수한그루로 5~6월에 잎겨드랑이에 연한 황백색 꽃이삭이 달린다. 달걀형의 열매는 꽃이 핀 다음 해 가을에 익는데 익으면 껍질이 벌어지면서 속에 있는 씨앗이 드러난다. 씨앗은 껍질을 까서 먹는데 밤과 맛이 비슷하지만 잣알처럼 크기가 작아서 이름에 '잣밤'이 들어간다. 근래에는 남부 지방에서 관상수로 많이 심는다.

5월에 핀 수꽃　　　　　　　9월의 열매

## 붉가시나무(참나무과)

서남해안과 울릉도에서 20m 정도 높이로 자라는 늘푸른큰키나무. 긴 타원형 잎은 뒷면이 연녹색이다. 암수한그루로 5월에 기다란 수꽃이삭이 늘어진다. 도토리열매는 다음 해 10월에 익는데 도토리를 담고 있는 깍정이 표면이 둥글게 층을 이룬다. 도토리열매를 '가시'라고도 하며 묵을 만들어 먹는다. 가시나무 종류로 목재가 붉은빛이 돌아서 '붉가시나무'라고 한다. 목재는 배를 만드는데 많이 이용했다. 남부 지방에서 관상수로 심기도 한다.

붉가시나무는 참나무의 한 종류로 남부 지방에서 자라는 늘푸른나무이다. 깍정이 표면이 둥근 층을 이루는 점이 특징이다.

4월에 핀 꽃  8월의 열매

### 상수리나무(참나무과)

산기슭에서 20~25m 높이로 자라는 갈잎큰키나무. 긴 타원형 잎은 뒷면이 연녹색이다. 암수한그루로 4~5월에 잎이 돋을 때 꽃도 함께 피는데 노란색 수꽃이삭은 밑으로 길게 늘어진다. 도토리열매는 꽃이 핀 다음 해 가을에 익는데 깍정이는 얇은 비늘조각으로 수북이 덮여 있다. 도토리열매는 가루를 내어 묵을 쑤어 먹는다. 옛날 선조임금의 수라상에 도토리묵이 올라 '상수라'라고 하던 것이 변해 '상수리'가 되었다고 한다.

5월 초에 핀 수꽃  8월의 열매

### 굴참나무(참나무과)

낮은 산에서 20~25m 높이로 자라는 갈잎큰키나무. 나무껍질은 코르크질이 두껍게 발달한다. 긴 타원형 잎의 뒷면은 회백색이다. 암수한그루로 4~5월에 노란색 수꽃이삭이 길게 늘어진다. 도토리열매는 꽃이 핀 그 다음 해 가을에 익는데 깍정이는 얇은 비늘조각으로 덮여 있다. 상수리나무와 비슷하나 나무껍질이 두껍고 잎 뒷면이 회백색인 점이 다르다. 코르크질이 발달한 줄기가 골이 져서 '골참나무'라고 하던 것이 '굴참나무'로 변했다.

5월 초에 핀 수꽃  9월의 열매

### 갈참나무(참나무과)

낮은 산에서 20~25m 높이로 자라는 갈잎큰키나무. 잎은 어긋나고 거꿀달걀형이며 가장자리에 물결 모양의 큰 톱니가 있고 잎자루가 있다. 암수한그루로 5월에 잎이 돋을 때 노란색 수꽃이삭이 길게 늘어진다. 도토리열매는 꽃이 핀 그 해 가을에 익는데 깍정이의 표면은 비늘조각이 기와를 포갠 모양이다. 도토리로 묵을 쑤어 먹는다. 가을까지 단풍잎이 달려 있어 '가을참나무'라고 하던 것이 '갈참나무'가 되었다고 풀이하기도 한다.

도토리열매를 맺는 참나무에는 상수리나무, 굴참나무, 갈참나무, 졸참나무, 신갈나무, 떡갈나무와 늘 푸른 잎을 가진 가시나무 종류가 모두 포함된다.

5월에 핀 수꽃                    8월의 열매

### 졸참나무(참나무과)

낮은 산에서 20m 정도 높이로 자라는 갈잎큰키나무. 잎은 어긋나고 거꿀달걀형이며 가장자리에 있는 톱니 끝이 안으로 구부러진다. 암수한그루로 5월에 잎이 돋을 때 꽃도 함께 피는데 노란색 수꽃이삭은 밑으로 길게 늘어진다. 도토리열매는 꽃이 핀 그 해 가을에 익는다. 깍정이는 비늘조각이 기와처럼 포개지며 씨앗은 길쭉한 타원형이다. 참나무 잎 중에서 크기가 가장 작은 졸병이라서 '졸참나무'라고 부른다.

5월 초에 핀 수꽃                    8월의 열매

### 신갈나무(참나무과)

산에서 20~30m 높이로 자라는 갈잎큰키나무. 신갈나무는 우리나라에서 가장 많이 자라는 나무로 산 중턱 이상에서 숲을 이루며 자란다. 잎은 어긋나고 거꿀달걀형이며 가장자리에 물결 모양의 큰 톱니가 있고 잎자루는 거의 없다. 4~5월에 노란색 수꽃이삭이 길게 늘어진다. 도토리열매는 꽃이 핀 그 해 가을에 익는데 깍정이는 표면이 기와를 포갠 모양이다. 옛날에는 흔히 잎을 짚신 바닥에 깔아서 '신갈나무'라고 부른다.

4월 말에 핀 꽃                    8월의 열매

### 떡갈나무(참나무과)

낮은 산에서 15~20m 높이로 자라는 갈잎큰키나무. 잎은 어긋나고 거꿀달걀형이며 가장자리에 물결 모양의 큰 톱니가 있고 잎자루는 거의 없다. 잎 뒷면은 털이 빽빽하다. 암수한그루로 4~5월에 잎이 돋을 때 노란색 수꽃이삭이 길게 늘어진다. 도토리열매는 꽃이 핀 그 해 가을에 익는데 깍정이는 가늘고 얇은 비늘조각으로 수북이 덮여 있다. 도토리열매로 묵을 쑤고 크고 넓적한 잎은 떡을 찌는 데 이용해서 '떡갈나무'라고 한다.

숯은 참나무 줄기로 만든 것을 최고로 친다. 또 참나무 줄기는 표고버섯을 재배하는 버섯나무(골목)로도 사용한다.

4월에 핀 수꽃                    9월의 열매

### 핀참나무/대왕참나무(참나무과)

북아메리카 원산의 갈잎큰키나무. 20m 정도 높이로 자라며 관상수로 심는다. 잎은 어긋나고 타원형이며 가장자리가 5~7갈래로 깊게 갈라진다. 갈래조각은 모양이 서로 다르며 끝이 뾰족하다. 암수한그루로 4~5월에 잎이 돋을 때 노란색 수꽃이삭이 길게 늘어진다. 깍정이는 도토리열매의 밑부분만 살짝 싸고 있다. 영어 이름이 '핀 오크(Pin Oak)'라서 '핀참나무'라고 하고 잎이 왕(王)자처럼 갈라져서 '대왕참나무'라고도 한다.

6월 초에 핀 꽃                    9월의 열매

### 굴피나무(가래나무과)

산에서 5~12m 높이로 자라는 갈잎작은키나무. 잎은 어긋나고 7~19장의 작은잎이 깃꼴로 붙는 겹잎이다. 5~6월에 가지 끝에 기다란 연노란색 꽃이삭이 모여 달린다. 솔방울열매를 닮은 타원형 열매는 가을에 갈색으로 익으며 겨우내 나무에 붙어 있다. 굴피나무 껍질로 짠 즙은 물감으로 쓰는데 특히 물고기를 잡는 그물을 물들이는 데 이용하였다. 그래서 '그물피나무'라고 하던 것이 변해 '굴피나무'가 되었다고 추정하는 사람도 있다.

5월에 핀 수꽃                    7월에 익은 열매

### 꾸지나무(뽕나무과)

산기슭에서 4~10m 높이로 자라는 갈잎큰키나무. 달걀형의 잎 뒷면은 녹백색이고 3~5갈래로 갈라지기도 한다. 암수딴그루로 5~6월에 피는 둥근 암꽃송이는 붉은 실 모양의 암술대로 싸여 있고 원통형 수꽃송이는 밑으로 늘어진다. 둥근 열매송이는 주홍색으로 익는다. 닥나무처럼 나무껍질을 한지 원료로 쓴다. 닥나무를 뜻하는 한자 구(構)와 저(楮)를 합쳐 '구저'라고 하던 것이 변해 '꾸지나무'가 되었을 것이라고 추측한다.

4월에 핀 꽃          9월의 열매

## 느티나무(느릅나무과)

산골짜기에서 20~25m 높이로 자라는 갈잎큰키나무. 긴 타원형~달걀형 잎은 어긋난다. 암수한그루로 4~5월에 잎이 돋을 때 자잘한 황록색 꽃이 모여 핀다. 일그러진 납작한 공 모양의 열매는 딱딱하며 10월에 익는다. 느티나무는 천 년 이상 오래 사는 나무로 나무 그늘이 좋아 정자나무로 널리 심고 있다. 봄에 돋는 어린잎을 떡에 섞어서 쪄 먹는다. 느티나무 목재는 단단하면서도 뒤틀리지 않아 가구재나 조각재로 널리 이용한다.

5월에 핀 꽃          6월의 열매

## 신나무(무환자나무과)

산에서 5~8m 높이로 자라는 갈잎작은키나무. 잎은 마주나고 세모진 달걀형이며 가장자리가 3갈래로 얕게 갈라진다. 5~6월에 가지 끝의 꽃송이에 자잘한 연노란색 꽃이 모여 핀다. 꽃이 지면 양쪽에 날개가 달려 있는 열매가 열리는데 양쪽 날개가 거의 나란하거나 겹쳐진다. 가을에 붉은색으로 물드는 단풍이 매우 아름답다. 옛날에는 '붉다'는 뜻으로 사용하던 고어인 '싣'자를 붙여 '싣나모'라고 부르던 것이 변해 '신나무'가 되었다.

4월에 핀 꽃          6월의 열매

## 중국단풍(무환자나무과)

중국 원산의 갈잎큰키나무. 15m 정도 높이로 자란다. 잎은 마주나고 둥근 달걀형이며 윗부분이 3갈래로 갈라진 것이 오리발처럼 생겼다. 암수한그루로 4~5월에 잎이 돋을 때 꽃도 함께 핀다. 햇가지 끝의 꽃송이에 자잘한 연노란색 꽃이 모여 핀다. 열매는 양쪽 날개가 거의 나란하거나 약간 벌어진다. 가을 단풍이 아름다워 관상수로 심어 기르는데 가로수로도 많이 심는다. 단풍나무 종류로 중국 원산이라서 '중국단풍'이라고 한다.

정자나무는 가지가 잘 퍼지고 잎이 무성하여 좋은 그늘을 만드는 나무로 느티나무, 팽나무, 왕버들, 은행나무 등을 흔히 볼 수 있다.

봄에 피는 노란색 나무꽃

5월에 핀 수꽃

8월 말의 열매

## 초피나무(운향과)

산기슭에서 3m 정도 높이로 자라는 갈잎떨기나무. 줄기와 가지에 날카로운 가시가 2개씩 마주난다. 잎은 어긋나고 작은잎이 깃꼴로 붙는 겹잎이다. 4~5월에 잎겨드랑이에서 자란 꽃송이에 자잘한 연노란색 꽃이 모여 핀다. 둥근 열매는 9~10월에 적갈색으로 익으면 벌어지면서 속에 있는 검은색 씨앗이 드러난다. 열매 가루를 추어탕 끓이는 데 양념으로 넣는다. 이명인 '제피나무'가 변해서 '초피나무'가 되었을 것으로 추정한다.

5월에 핀 꽃

7월의 어린 열매

## 향선나무(물푸레나무과)

아시아 서부 원산으로 관상수로 심어 기르는 갈잎떨기나무~작은키나무. 줄기는 3~5m 높이로 자라며 어린 가지는 네모진다. 잎은 마주나고 긴 달걀형이며 끝이 길게 뾰족해지고 뒷면은 회녹색이다. 5월에 가지 끝과 잎겨드랑이에 달리는 꽃송이에 자잘한 흰색 꽃이 촘촘히 모여 달린다. 납작한 열매는 넓은 타원형이며 끝에 암술대가 남아 있다. 꽃이 향기롭고 열매가 미선(둥근 부채) 모양이라서 '향선나무'라고 한다.

4월 말에 핀 꽃

6월에 익은 열매

## 딱총나무(연복초과)

산에서 3~5m 높이로 자라는 갈잎떨기나무. 잎은 마주나고 5~7장의 작은잎이 깃꼴로 마주 붙는 겹잎이다. 4~5월에 햇가지 끝의 꽃송이에 자잘한 연노란색 꽃이 뭉쳐 달리는데 꽃송이에 털이 촘촘히 난다. 다닥다닥 열리는 작고 둥근 열매는 7월에 붉은색으로 익는다. 열매가 아름답기 때문에 관상수로 심기도 한다. 가지의 골속을 파낸 다음에 화약을 종이에 싸서 만든 총알을 넣고 치면 '딱' 소리를 내며 날아가서 '딱총나무'라고 한다.

5월 초에 핀 꽃　　　　　9월에 익은 열매

## 보리수나무(보리수나무과)

숲 가장자리에서 2~4m 높이로 자라는 갈잎떨기나무. 가지 끝이 가시로 변하기도 한다. 잎은 어긋나고 긴 타원형이며 뒷면은 은백색을 띤다. 5~6월에 잎겨드랑이에 작은 깔때기 모양의 꽃이 1~6개가 모여 핀다. 처음에 피는 꽃은 흰색이지만 점차 누런색으로 변한다. 둥근 열매는 가을에 붉게 익는데 약간 떫으면서도 달콤한 맛이 나며 아이들이 많이 따 먹는다. 씨앗의 모양이 보리알과 비슷해서 '보리수나무'라고 한다.

## 병아리꽃나무(장미과)

황해도, 경기도, 강원도, 경북의 낮은 산에서 1~2m 높이로 자라는 갈잎떨기나무. 잎은 마주나고 달걀형~긴 타원형이며 끝이 길게 뾰족하다. 4~5월에 햇가지 끝에 지름 3~4㎝의 큼직한 흰색 꽃이 피는데 꽃잎이 4장이다. 콩알만 한 열매는 보통 4개가 4장의 꽃받침에 싸여 있으며 8~9월에 붉은색으로 변했다가 검은색으로 익는다. 흰색 꽃이 피는 모습이 어린 병아리를 연상하게 해서 '병아리꽃나무'라고 한다. 관상수로 심으며 생울타리를 만든다.

5월에 핀 꽃　　　　　7월의 열매

5월에 핀 꽃　　　　　8월의 열매

## 칠엽수(무환자나무과)

일본 원산의 갈잎큰키나무. 20m 정도 높이로 자라고 정원수나 가로수로 심는다. 잎은 마주나고 긴 잎자루 끝에 5~9장의 작은잎이 둥글게 모여 붙는 겹잎이다. 5~6월에 가지 끝에 원뿔 모양의 큼직한 흰색 꽃송이가 달린다. 둥근 열매는 가을에 갈색으로 익는다. 원산지인 일본에서는 밤처럼 생긴 씨앗에서 녹말을 채취해 떡을 만들어 먹는다. '칠엽수(七葉樹)'는 '7장의 잎을 가진 나무'란 뜻으로 보통 7장의 작은잎이 달려서 붙여진 이름이다.

보리수나무과의 나무는 잎과 가지에 별이나 비늘 모양의 은색 또는 갈색 털이 있다.

5월에 핀 꽃                    9월에 익은 열매

### 산딸나무 (층층나무과)

산에서 7m 정도 높이로 자라는 갈잎 작은키나무. 관상수로 심기도 한다. 잎은 마주나고 타원형이며 끝이 뾰족하다. 5~6월에 가지 끝에 흰색 꽃이 피는데 십자 모양으로 벌어진 4장의 흰색 잎은 꽃잎이 아니고 꽃을 싸고 있는 총포조각이다. 그 가운데에 20~30개의 연한 황록색 꽃이 둥글게 모여 핀다. 딸기 모양의 열매는 가을에 붉은색으로 익는데 단맛이 나며 먹을 수 있다. 산에서 자라고 열매 모양이 딸기와 비슷해서 '산딸나무'라고 한다.

5월에 핀 꽃                    9월에 익은 열매

### 서양산딸나무 (층층나무과)

북아메리카 원산의 갈잎작은키나무. 7~10m 높이로 자라고 관상수로 많이 심는다. 잎은 마주나고 타원형이며 끝이 뾰족하다. 4~5월에 가지 끝에 흰색 꽃이 피는데 4장의 흰색 총포조각 끝은 오목하게 들어가고 가운데에 연한 황록색 꽃이 둥글게 모여 핀다. 분홍색 꽃이 피는 품종도 있다. 가지 끝에 2~10개의 타원형 열매가 촘촘히 모여 달리며 가을에 붉은색으로 익는다. 산딸나무 종류로 원산지가 서양이라서 '서양산딸나무'라고 한다.

5월에 핀 꽃                    10월에 익은 열매

### 층층나무 (층층나무과)

산에서 10~20m 높이로 자라는 갈잎 큰키나무. 관상수로 심기도 한다. 어린 가지는 겨울에 붉은색으로 변한다. 잎은 어긋나고 타원형이며 끝이 뾰족하다. 5~6월에 햇가지 끝에서 자란 꽃송이에 자잘한 흰색 꽃이 납작하게 모여 달린다. 콩알만 한 둥근 열매는 가을에 붉은색으로 변했다가 흑자색으로 익는다. 가지가 줄기에 층층으로 돌려나기 때문에 '층층나무'라고 하며 '계단나무'라고도 한다. 꽃에서 꿀을 많이 딸 수 있는 밀원식물이다.

밀원식물(蜜源植物)은 꽃에 꿀이 많아서 꿀벌이 꿀을 많이 딸 수 있는 식물을 말하며 '양봉식물(養蜂植物)'이라고도 한다.

6월에 핀 꽃　　6월 말의 열매

## 흰말채나무(층층나무과)

북부 지방의 산에서 2~3m 높이로 자라는 갈잎떨기나무. 관상수로 정원에 심고 생울타리를 만들기도 한다. 줄기는 여러 대가 모여나며 가지는 겨울에 적자색으로 변한다. 잎은 마주나고 타원형~넓은 타원형이며 끝이 뾰족하다. 5~6월에 가지 끝에 달리는 꽃송이에 자잘한 흰색 꽃이 모여 핀다. 작고 둥근 열매는 끝에 꽃받침자국이 남아 있고 8~9월에 흰색으로 익으며 단맛이 난다. 말채나무 종류로 열매가 흰색이라서 '흰말채나무'라고 한다.

## 얇은잎고광나무(수국과)

숲 가장자리에서 2~3m 높이로 자라는 갈잎떨기나무. 어린 가지는 적갈색이다. 잎은 마주나고 타원형이며 끝이 길게 뾰족하고 가장자리에 뚜렷하지 않은 톱니가 있다. 잎 양면에 털이 있다. 5~6월에 가지 끝에서 나온 꽃송이에 3~9개의 흰색 꽃이 모여 핀다. 꽃송이에 잔털이 많고 꽃잎은 4장이다. 타원형 열매는 꽃받침조각과 뾰족한 암술대가 남아 있으며 9~10월에 익는다. 고광나무 종류로 잎이 얇은 편이라서 '얇은잎고광나무'라고 한다.

5월에 핀 꽃　　7월 말의 열매

4월에 핀 꽃　　6월의 어린 열매

## 쇠물푸레(물푸레나무과)

산에서 5~9m 높이로 자라는 갈잎작은키나무. 잎은 마주나고 3~7장의 작은잎이 깃꼴로 마주 붙는 겹잎이다. 암수딴그루로 4~5월에 햇가지 끝이나 잎겨드랑이에서 자란 꽃송이에 자잘한 흰색 꽃이 촘촘히 모여 달린다. 꽃부리는 4갈래로 깊게 갈라지고 갈래조각은 가늘다. 가느다란 열매는 날개가 있고 9월에 붉은색으로 익는다. 질기고 단단한 줄기로 도낏자루나 도리깨 등을 만든다. 물푸레나무에 비해 작아서 '쇠물푸레'라고 한다.

5월에 핀 꽃

10월 말에 익은 열매

## 이팝나무 (물푸레나무과)

산과 들에서 20m 정도 높이로 자라는 갈잎큰키나무. 관상수로도 심는다. 긴 타원형~거꿀달걀형 잎은 마주난다. 5월에 햇가지 끝에서 자란 꽃송이에 흰색 꽃이 촘촘히 모여 달려 나무 전체가 흰색으로 뒤덮인다. 꽃부리는 4갈래로 깊게 갈라지며 갈래조각은 가늘다. 예전에는 쌀밥을 '이밥'이라고도 했는데 탐스러운 꽃송이가 사발에 수북이 담긴 쌀밥처럼 보여 '이밥나무'라고 부르다가 '이팝나무'로 변했다고 한다. 타원형 열매는 가을에 검게 익는다.

5월 말에 핀 꽃

씨앗

11월의 열매

## 쥐똥나무 (물푸레나무과)

산기슭에서 1~4m 높이로 자라는 갈잎떨기나무. 촘촘히 심어서 생울타리를 만들기 때문에 도시에서도 학교 등의 건물 울타리로 심은 것을 흔히 볼 수 있다. 긴 타원형 잎은 마주나고 뒷면은 연녹색이다. 5~6월에 가지 끝의 꽃송이에 자잘한 흰색 꽃이 모여 핀다. 콩알만 한 타원형 열매는 가을에 검은색으로 익는다. 열매의 모양과 색이 쥐똥처럼 생겼기 때문에 '쥐똥나무'라고 부르는데 땅에 수북이 떨어진 씨앗도 쥐똥과 비슷하다.

4월에 핀 꽃

6월의 어린 열매

## 미선나무 (물푸레나무과)

충북과 전북의 산에서 1~2m 높이로 자라는 갈잎떨기나무. 햇가지는 네모지고 자줏빛이 돈다. 3~4월에 잎이 돋기 전에 개나리꽃을 닮은 흰색 꽃이 나무 가득 피는데 은은한 향기가 난다. 달걀형~타원형 잎은 마주난다. 동글납작한 열매가 '미선(尾扇)'이라고 하는 둥근 부채와 닮아서 '미선나무'라고 한다. '미선'은 용왕 곁의 시녀가 들고 있는 부채이다. 열매는 9~10월에 익는다. 우리나라에서만 자생하는 특산식물이며 관상수로 심기도 한다.

5월에 핀 꽃                    10월의 열매

## 유동(대극과)

중국과 베트남 원산의 갈잎큰키나무. 10~12m 높이로 자라고 남부 지방에서 심어 기른다. 잎은 어긋나고 하트 모양이며 3갈래로 얕게 갈라지기도 한다. 5월에 가지 끝에 흰색 꽃이 모여 핀다. 둥그스름한 열매는 끝이 뾰족하다. '유동(油桐)'이란 한자 이름은 '기름 오동'이란 뜻인데 잎의 모양이 오동나무와 비슷하고 씨앗으로 기름을 짜기 때문에 붙여진 이름이다. 유동 씨앗으로 짠 기름에는 독성분이 있어서 주로 공업용으로 사용한다.

4월에 핀 꽃                    5월 말에 익은 열매

## 조팝나무(장미과)

양지바른 산과 들에서 1.5~2m 높이로 자라는 갈잎떨기나무. 4~5월에 잎이 돋기 전에 먼저 가지 가득 흰색 꽃이 촘촘히 모여 핀다. 줄기에 다닥다닥 달린 작은 흰색 꽃이 마치 튀긴 좁쌀을 붙인 것처럼 보여서 '조밥나무'라고 하던 것이 발음이 강해져 '조팝나무'가 되었다고 한다. 타원형 잎은 어긋난다. 달걀형의 열매는 4~5개가 모여 달린다. 나무에 열을 내리고 통증을 누그러뜨리는 성분이 들어 있어 진통제의 원료로 쓴다.

5월에 핀 꽃                    7월의 열매

## 공조팝나무(장미과)

중국 원산의 갈잎떨기나무. 촘촘히 모여나는 줄기는 1~2m 높이로 자라며 가지는 끝이 밑으로 휘어진다. 칼 모양의 잎은 어긋나고 상반부에 톱니가 있다. 잎 양면은 털이 없고 뒷면은 분백색이다. 4~5월에 가지 끝에 달리는 반구형 꽃송이에 자잘한 흰색 꽃이 모여 달린다. 꽃잎과 꽃받침은 각각 5개씩이다. 열매는 털이 없다. 조팝나무 종류로 꽃송이가 둥근 공 모양이라서 '공조팝나무'라고 한다. 꽃이 가득 핀 나무 모양이 보기 좋아 관상수로 심는다.

5월에 핀 꽃                    7월의 열매

## 국수나무(장미과)

산에서 1~2m 높이로 자라는 갈잎떨
기나무. 가지 끝이 밑으로 처진다. 세
모진 달걀형의 잎은 어긋난다. 5~6월
에 가지 끝의 꽃송이에 자잘한 백황색
꽃이 모여 핀다. 둥근 열매는 9월에 익
는다. 줄기와 잎은 물감을 얻는 염료
로 이용한다. 옛날에는 줄기로 숯가마
의 포대를 만들거나 광주리나 바구니
를 짰다. 줄기와 가지 속에 들어 있는
흰색 골속이 국수와 비슷한데 옛날에
아이들이 골속을 뽑아서 '국수'라고 하
며 놀아서 '국수나무'라고 한다.

4월 초에 핀 꽃                6월의 열매

## 매실나무/매화나무(장미과)

중국 원산의 갈잎작은키나무. 5m 정
도 높이로 자란다. 2~4월에 잎이 돋
기 전에 나무 가득 피는 흰색~연홍색
꽃은 향기가 진하다. 꽃자루는 짧고
꽃받침조각은 뒤로 젖혀지지 않는다.
타원형 잎은 어긋난다. 열매는 6~7월
에 노란색으로 익는다. 열매인 매실로
과실주를 담그거나 음료수로 마신다.
매실은 설사를 멈추거나 위를 튼튼하
게 해 준다. 열매의 쓰임새가 중요하다
고 '매실나무'라고 부르지만 많은 사람
은 꽃을 보고 '매화나무'라고 부른다.

4월 초에 핀 꽃                7월의 열매

## 살구나무(장미과)

중국 원산의 갈잎작은키나무~큰키나
무. 시골 마을에서는 집집마다 심어 기
르며 5~12m 높이로 자란다. 4월에 잎
이 돋기 전에 연홍색~흰색 꽃이 나무
가득 핀다. 달걀형의 잎은 어긋난다.
둥근 열매는 털로 덮여 있으며 6~7월
에 노란색으로 익는다. 새콤달콤한 열
매는 과일로 먹으며 통조림, 잼, 건살
구, 주스 등으로 가공해서 이용하기도
한다. 살구 씨앗은 기침과 가래를 삭
이는 한약재로 쓰이며 근래에는 화장
품이나 비누의 원료로도 쓴다.

## 자두나무(장미과)

중국 원산의 갈잎작은키나무. 과일나무로 심으며 7~8m 높이로 자란다. 3~4월에 잎이 돋기 전에 흰색 꽃이 보통 3개씩 모여 피며 꽃자루가 길다. 좁은 타원형 잎은 어긋난다. 둥근 열매는 7월에 노란색~붉은색으로 익으며 표면이 흰색 가루로 덮여 있다. 새콤달콤한 맛이 나는 열매는 과일로 먹기도 하고 잼이나 젤리의 원료로 이용한다. 복숭아 모양의 열매가 자줏빛이 돌아서 '자도(紫桃)나무'라고 한 것이 '자두나무'로 변했다.

4월에 핀 꽃　　　6월 말의 열매

## 귀룽나무(장미과)

산에서 10~15m 높이로 자라는 갈잎큰키나무. 타원형 잎은 어긋난다. 4~6월에 햇가지 끝에서 늘어지는 긴 꽃송이에 흰색 꽃이 촘촘히 모여 핀다. 작고 둥근 열매는 검은색으로 익는데 먹을 수 있다. 비교적 다른 나무보다 먼저 잎이 돋기 때문에 이른 봄에 산에서 연두색 잎을 단 나무가 눈에 잘 띈다. 한자 이름 '구룡목(九龍木)'이 변해서 '귀룽나무'가 되었다고 한다. 북한에서는 나무 가득 핀 흰색 꽃을 보고 '구름나무'라고 한다.

4월에 핀 꽃　　　9월 초에 익은 열매

## 벚나무(장미과)

주로 낮은 산에서 15~25m 높이로 자라는 갈잎큰키나무. 4~5월에 잎이 돋을 때 흰색~연홍색 꽃이 3~5개씩 모여 피는데 꽃자루가 길다. 잎은 어긋나고 타원형이며 끝이 길게 뾰족하고 가장자리에 날카로운 톱니가 있다. 콩알만 한 둥근 열매는 '버찌'라고 하는데 6~7월에 흑자색으로 익으며 먹을 수 있다. 여러 재배 품종이 개발되었으며 꽃으로 뒤덮인 나무의 모습이 아름답기 때문에 가로수나 공원수로 많이 심는다.

4월 초에 핀 꽃　　　5월 말의 열매

5월 초에 핀 꽃

5월 말에 익은 열매

### 양벚(장미과)

유라시아 원산의 갈잎큰키나무. 벚나무 종류의 하나로 열매인 '체리'를 얻기 위해 심어 기르는데 10m 정도 높이로 자란다. 4~5월에 잎이 돋을 때 꽃이 함께 피는데 흰색 꽃이 가지에 3~5송이씩 모여 달린다. 잎은 어긋나고 달걀형~거꿀달걀형이며 끝이 뾰족하고 가장자리에 불규칙한 톱니가 있다. 둥근 열매는 5~6월에 붉은색으로 익으며 단맛이 나고 과일로 먹는다. 관상수로 심기도 한다. '서양에서 들어온 벚나무'란 뜻으로 '양벚'이라고 한다.

4월에 핀 꽃

6월에 익은 열매

### 앵두나무(장미과)

중국 원산의 갈잎떨기나무. 2~3m 높이로 자란다. 3~4월에 잎이 돋기 전에 흰색~연분홍색 꽃이 가지 가득 모여 핀다. 타원형~거꿀달걀형 잎은 어긋난다. 둥근 열매는 6~7월에 붉은색으로 익는데 단맛이 나며 옛날부터 과일로 즐겨 먹었다. 꽃과 열매가 아름다워 관상수로도 많이 심는다. 앵두는 원래 앵두나무 앵(櫻), 복숭아 도(桃)를 써서 '앵도(櫻桃)'라고 부르던 것이 '앵두'로 변했는데 열매는 작지만 복숭아 열매와 모양이 비슷하다.

4월에 핀 꽃

10월에 익은 열매

### 다정큼나무(장미과)

남쪽 바닷가에서 1~4m 높이로 자라는 늘푸른떨기나무. 바람이 센 바닷가에서는 줄기와 가지가 위로 자라지 못하고 옆으로 기면서 자라기도 한다. 잎은 어긋나고 긴 타원형~거꿀달걀형이며 가장자리는 살짝 뒤로 말리고 앞면은 광택이 난다. 5~6월에 가지 끝의 꽃송이에 흰색 꽃이 모여 핀다. 꽃송이에는 갈색 털이 빽빽이 난다. 콩알만 한 둥근 열매는 10~11월에 흑자색으로 익는다. 나무껍질은 고기 잡는 그물을 물들이는 물감으로 쓰였다.

5월에 핀 꽃                    9월에 익은 열매

## 산사나무(장미과)

산에서 6~8m 높이로 자라는 갈잎작은키나무. 가지에 가시가 있다. 잎은 어긋나고 넓은 달걀형이며 가장자리가 3~5쌍으로 갈라진다. 5~6월에 가지 끝의 꽃송이에 흰색 꽃이 모여 핀다. 둥근 열매는 끝에 꽃받침자국이 남아 있으며 가을에 붉은색으로 익는다. 중국의 한자 이름인 '산사수(山査樹)'에서 '산사나무'란 이름이 왔으며 북한에서는 '찔광나무'라고 부른다. 열매로 차를 끓여 마시거나 술을 담그는데 '산사주(山査酒)'라고 한다.

5월에 핀 꽃                    10월에 익은 열매

## 윤노리나무(장미과)

중부 이남의 산에서 5m 정도 높이로 자라는 갈잎작은키나무. 어린 가지에 흰색 털이 있다. 잎은 어긋나고 긴 타원형~거꿀달걀형이며 끝이 길게 뾰족하다. 5월에 가지 끝에 달리는 꽃송이는 털이 촘촘히 나며 자잘한 흰색 꽃이 모여 핀다. 작은 타원형~달걀형 열매는 9~10월에 붉은색으로 익으며 단맛이 난다. 열매자루에 갈색 점 같은 껍질눈이 많이 있다. 윷을 만들어 놀기 좋아서 '윷놀이나무'라고 하던 것이 변해 '윤노리나무'가 되었다고 한다.

5월에 핀 꽃                    11월에 익은 열매

## 아그배나무(장미과)

산에서 3~6m 높이로 자라는 갈잎작은키나무. 잎은 어긋나고 타원형~긴 달걀형이다. 햇가지에 달린 잎은 잎몸이 3~5갈래로 얕게 갈라지기도 한다. 5월에 가지 끝에 흰색 꽃이 4~5개씩 모여 핀다. 작고 둥근 열매는 가을에 붉은색이나 노란색으로 익는다. 꽃과 열매가 아름답기 때문에 관상용으로 심기도 하고 사과나무의 접을 붙이는 대목으로도 사용한다. 아기처럼 작은 배가 열려서 '아기배나무'라고 하던 것이 '아그배나무'가 된 것으로 추정한다.

5월에 핀 꽃                    10월에 익은 열매

## 사과나무(장미과)

서아시아와 유럽 원산의 갈잎큰키나무. 3~10m 높이로 자란다. 여러 품종이 있으며 과수원에서 재배한다. 타원형~달걀형 잎은 어긋난다. 4~5월에 짧은가지 끝에 흰색~연홍색 꽃이 모여 핀다. 둥근 열매는 끝부분의 꽃받침자국이 오목하게 들어가며 가을에 붉은색으로 익는다. 사과는 그냥 날로 먹기도 하고 사과주스나 잼을 만들기도 하며 사과식초를 만들기도 한다. 열매를 잘라서 건조시킨 것은 오래 보관해 두고 먹을 수 있다.

4월에 핀 꽃                    8월에 익은 열매

## 꽃사과(장미과)

중국 원산의 갈잎작은키나무. 관상수로 흔히 심으며 3~8m 높이로 자란다. 타원형 잎은 어긋나고 끝이 뾰족하다. 봄에 잎이 돋기 전이나 잎이 돋을 때 짧은가지 끝에 흰색이나 연분홍색 꽃이 모여 핀다. 둥근 달걀형의 작은 열매는 끝에 꽃받침자국이 남아 있으며 자루가 길다. 열매는 가을에 붉은색이나 황홍색으로 익는다. 여러 재배 품종을 정원이나 공원 등에 심고 있으며 열매가 더 작은 품종은 '꽃아그배나무'라고도 한다.

## 홍가시나무(장미과)

중국과 일본 원산의 늘푸른작은키나무. 남부 지방에서 관상수로 심으며 5~10m 높이로 자란다. 잎은 어긋나고 긴 타원형이며 끝이 뾰족하고 앞면은 광택이 난다. 5~6월에 가지 끝에 달리는 꽃송이에 자잘한 흰색 꽃이 고르게 모여 달린다. 작고 동그스름한 열매는 끝에 꽃받침자국이 남아 있으며 가을에 붉은색으로 익는다. 가시나무를 닮은 잎이 새로 돋을 때와 단풍이 들 때 붉은빛이 돌기 때문에 '홍가시나무'라고 한다.

5월에 핀 꽃                    1월의 열매

4월에 핀 꽃                8월의 열매

## 배나무(장미과)

과일나무로 심어 기르는 갈잎작은키나무. 과수원에서 많이 재배하며 5~10m 높이로 자란다. 우리나라는 배가 익는 가을 날씨가 좋아 달고 시원한 배가 생산되는 곳으로 유명하다. 4월에 잎과 함께 나무 가득 흰색 꽃이 핀다. 타원형 잎은 어긋나고 처음 돋는 어린잎은 붉은빛이 돈다. 둥근 열매는 꽃받침자국이 오목하게 들어가며 가을에 누런색으로 탐스럽게 익는다. 배는 날로 먹고 고기를 재울 때나 김치나 냉면 등에도 넣어 먹는다.

4월에 핀 꽃                9월 초의 열매

## 콩배나무(장미과)

산에서 3m 정도 높이로 자라는 갈잎떨기나무. 가지 끝이 가시로 변하기도 한다. 달걀형~넓은 달걀형의 잎은 어긋난다. 4~5월에 짧은가지 끝에 5~12개의 흰색 꽃이 모여 피는데 꽃밥은 붉은색이다. 둥근 열매는 지름 1cm 정도로 작고 표면에 껍질눈이 많으며 가을에 흑갈색으로 익는다. 배 모양의 열매가 콩알처럼 작아서 '콩배나무'라고 한다. 가지에 가시가 많아서 촘촘히 심어서 생울타리를 만들기도 한다. 열매는 설사를 멈추는 한약재로 쓴다.

5월 말에 핀 꽃                1월의 열매

## 피라칸다(장미과)

중국 원산의 늘푸른떨기나무. 관상수로 화단에 심으며 1~2m 높이로 자란다. 가지에는 잔가지가 변한 날카롭고 억센 가시가 있다. 가시 때문에 생울타리를 만들기도 한다. 길쭉한 잎은 어긋난다. 5~6월에 가지 끝의 꽃송이에 흰색 꽃이 고르게 모여 핀다. 작고 둥근 열매는 가을에 주황색으로 익는데 겨울까지 매달려 있다. 열매가 붉은색이나 노란색으로 익는 품종도 있다. '피라칸다(Pyracantha)'는 속명을 그대로 사용한 이름이다.

껍질눈은 나무의 줄기나 가지, 열매 등에 코르크 조직이 만들어진 후 숨구멍 대신 공기의 통로가 되는 조직이다.

5월에 핀 꽃                    9월에 익은 열매

## 마가목(장미과)

산에서 6~8m 높이로 자라는 갈잎작은키나무. 잎은 어긋나고 작은잎이 깃꼴로 붙는 겹잎이다. 5~6월에 가지 끝의 꽃송이에 자잘한 흰색 꽃이 고르게 모여 핀다. 콩알만 한 열매는 여름에 노란색으로 변했다가 가을에 붉은색으로 익는다. 꽃과 열매가 보기 좋아 관상수로 심기도 한다. 한자 이름 '마아목(馬牙木)'이 변해서 마가목이 되었는데 '馬牙木'은 '말이빨나무'란 뜻으로 봄에 돋는 새순이 말의 이빨처럼 튼튼하고 질겨서 붙여진 이름이다.

4월 말에 핀 꽃                10월에 익은 열매

## 팥배나무(장미과)

산에서 10~15m 높이로 자라는 갈잎큰키나무. 달걀형~타원형의 잎은 어긋난다. 4~6월에 가지 끝의 꽃송이에 흰색 꽃이 고르게 모여 핀다. 팥알 모양의 작은 열매는 가을에 붉은색으로 익는데 열매 표면에는 흰색 반점이 있다. 배꽃을 닮은 흰색 꽃이 피고 팥 모양과 비슷한 작은 열매가 열려 '팥배나무'라고 한다. 나무껍질과 잎은 붉은색 물감 원료로 쓰였다. 나무 모양이 단정하고 잎, 꽃, 열매가 보기 좋아 관상수로도 각광받고 있다.

5월에 핀 꽃                    6월 말에 익은 열매

## 산딸기(장미과)

산과 들에서 1~2m 높이로 자라는 갈잎떨기나무. 붉은빛이 도는 줄기는 가지가 많이 갈라지며 가지에는 날카로운 가시가 있다. 잎은 어긋나고 넓은 달걀형이며 잎몸이 3~5갈래로 갈라진다. 잎자루와 잎 뒷면에 잔가시가 있다. 5~6월에 햇가지 끝에 2~6개의 흰색 꽃이 모여 핀다. 둥근 열매송이는 초여름에 붉은색으로 익는데 새콤달콤한 맛이 나며 아이들이 주전부리로 따 먹는다. 딸기 종류로 산에서 흔히 자라서 '산딸기'라고 한다.

## 수리딸기(장미과)

남부 지방의 산에서 1~2m 높이로 자라는 갈잎떨기나무. 어린 가지는 연녹색이고 부드러운 털이 빽빽하지만 점차 없어지고 가시가 드문드문 달린다. 잎은 어긋나고 달걀형이며 끝이 뾰족하고 잎몸이 3갈래로 얕게 갈라지기도 한다. 4~5월에 잎이 돋을 때 짧은가지 끝에 흰색 꽃이 1~3개씩 모여 피는데 꽃받침조각에는 부드러운 털이 빽빽이 난다. 5~6월에 붉은색으로 익는 둥근 딸기 열매는 단맛이 나며 먹을 수 있다.

4월에 핀 꽃　　5월에 익은 열매

## 곰딸기(장미과)

산과 들에서 2~3m 높이로 자라는 갈잎떨기나무. 비스듬히 처지는 줄기와 가지에 붉은색의 긴 샘털이 빽빽이 난다. 잎은 어긋나고 붉은색 샘털이 있는 잎자루에 3~5장의 작은잎이 깃꼴로 붙는 겹잎이다. 잎 뒷면은 흰빛이 돈다. 5~6월에 가지 끝의 꽃송이에 흰색~연한 홍자색 꽃이 모여 피는데 꽃자루와 꽃받침에도 붉은색 샘털이 있다. 딸기 열매는 단맛이 나며 먹을 수 있다. 붉은 가시로 덮인다고 '붉은가시딸기'라고도 한다.

6월에 핀 꽃　　7월 초에 익은 열매

## 장딸기(장미과)

남부 지방의 산과 들에서 20~60㎝ 높이로 자라는 갈잎떨기나무. 가는 줄기에는 가시와 함께 끈끈한 샘털과 잔털이 있다. 잎은 어긋나고 3~5장의 작은잎이 깃꼴로 붙는 겹잎이다. 작은잎은 달걀형~긴 달걀형이며 끝이 뾰족하고 잎맥이 뚜렷하며 주름이 진다. 4~5월에 짧은가지 끝에 1개씩 피는 흰색 꽃은 지름 3~4㎝로 큼직하며 위를 향한다. 둥근 열매송이는 5~7월에 붉은색으로 익으며 아이들이 심심풀이로 따 먹는다.

4월에 핀 꽃　　5월에 익은 열매

봄에 피는 흰색 나무꽃

5월에 핀 꽃

11월에 익은 열매

## 찔레꽃(장미과)

산과 들에서 2~4m 높이로 자라는 갈잎떨기나무. 끝이 밑으로 처지는 가지에 날카로운 가시가 많아서 찔리기 쉽기 때문에 '찔레'라고 부른다. 잎은 어긋나고 작은잎이 깃꼴로 붙는 겹잎이다. 5~6월에 가지 끝의 꽃송이에 흰색 꽃이 모여 핀다. 콩알만 한 열매는 가을에 붉은색으로 익는다. 봄철에 돋는 연하고 통통한 새순을 골라 껍질을 까서 먹기도 한다. 옛날 사람들은 향기로운 찔레꽃 꽃잎을 모아 향주머니를 만들거나 베개 속에 넣었다.

5월에 핀 꽃

6월의 열매

## 고추나무(고추나무과)

산에서 2~3m 높이로 자라는 갈잎떨기나무. 잎은 마주나고 긴 잎자루 끝에 3장의 작은잎이 모여 붙는 겹잎이다. 5~6월에 가지 끝에 매달리는 꽃송이에 자잘한 흰색 꽃이 모여 피는데 좋은 향기가 난다. 고무 베개처럼 부푼 반원형 열매는 윗부분이 2개로 갈라지고 갈래조각 끝은 뾰족하다. 폭신거리는 열매는 9~10월에 갈색으로 익는다. 작은잎의 모양이 고춧잎을 닮아서 '고추나무'라고 한다. 봄에 돋는 잎을 뜯어서 나물로 먹는다.

4월에 핀 꽃

11월에 익은 열매

## 귤(운향과)

중국, 대만, 일본 원산의 늘푸른작은키나무. 남쪽 섬에서 과일나무로 기르며 3~5m 높이로 자란다. 햇가지는 녹색이며 가시가 없다. 잎은 어긋나고 타원형이며 끝이 뾰족하고 잎자루에 날개가 있거나 없다. 5~6월에 가지 끝이나 잎겨드랑이에 1~3개의 흰색 꽃이 핀다. 동글납작한 열매는 늦가을부터 주황색으로 익는다. 열매는 과일로 먹으며 주스나 잼 등을 만든다. 요즘에는 온실에서 재배하는 곳도 있기 때문에 여름에도 귤을 먹을 수 있다.

귤 열매 속의 알맹이들이 서로 붙어 있는 것은 '펙틴질'이라고 하는 물질 때문이다. 이 펙틴질은 열매가 익어 가면서 점차 줄어든다.

5월에 핀 꽃　　　　　　　10월에 익은 열매

## 유자나무(운향과)

남쪽 바닷가에서 재배하는 늘푸른떨기나무. 줄기는 4m 정도 높이로 자라고 가지에 날카로운 가시가 있다. 좁은 달걀형~긴 타원형 잎은 어긋나고 잎자루에는 날개가 있다. 5~6월에 잎겨드랑이에 흰색 꽃이 1~2개씩 핀다. 귤과 비슷한 모양의 유자 열매는 표면이 울퉁불퉁하며 10~11월에 노란색으로 익는다. 열매는 신맛이 강하지만 향기가 좋으므로 날로 먹지는 못하고 유자차를 만들어 마신다. 한자 이름 '유자(柚子)'에서 '유자나무'가 유래되었다.

4월에 핀 꽃　　　　　　　10월에 익은 열매

## 탱자나무(운향과)

남부 지방에서 3~4m 높이로 자라는 갈잎떨기나무. 녹색을 띠는 줄기와 가지에 날카로운 가시가 어긋난다. 4~5월에 잎이 돋기 전에 가지 끝이나 잎겨드랑이에 흰색 꽃이 핀다. 잎은 어긋나고 날개가 있는 잎자루에 3장의 작은잎이 모여 달린 겹잎이다. 둥근 열매는 가을에 노란색으로 익는다. 열매는 귤과 비슷하지만 쓰고 시어서 날로 먹지 못한다. 가시가 많은 탱자나무는 남부 지방의 과수원이나 시골집의 생울타리로 많이 심는다.

6월 초에 핀 꽃　　　　　　9월의 열매

## 말발도리(수국과)

산에서 1~3m 높이로 자라는 갈잎떨기나무. 어린 가지에 별모양털이 있다. 잎은 마주나고 타원 모양의 달걀형이며 끝이 뾰족하다. 잎 양면에 별모양털이 있어서 만지면 껄끄럽다. 5~6월에 가지 끝의 꽃송이에 자잘한 흰색 꽃이 촘촘히 모여 피는데 꽃받침통에 별모양털이 있다. 말발굽 모양의 반구형 열매는 별모양털로 덮여 있고 끝에 암술대가 남아 있으며 가을에 익는다. 열매의 모양이 말발굽과 비슷해서 '말발도리'라고 한다.

5월에 핀 꽃        8월의 열매

## 빈도리(수국과)

일본 원산의 갈잎떨기나무. 1~3m 높이로 자란다. 관상수로 많이 심으며 촘촘히 심어 생울타리를 만들기도 한다. 줄기 단면의 골속은 비어 있다. 잎은 마주나고 긴 달걀형이며 끝이 뾰족하다. 잎 양면에 별모양털이 있다. 5~7월에 가지 끝의 꽃송이에 흰색 꽃이 고개를 숙이고 핀다. 둥근 열매는 별모양털로 덮여 있고 끝에 암술대가 남아 있으며 10~11월에 익는다. '빈도리'는 '줄기 속이 빈 말발도리'라는 뜻의 이름이다.

5월에 핀 꽃        8월에 익은 열매

## 노린재나무(노린재나무과)

산에서 2~5m 높이로 자라는 갈잎떨기나무. 잎은 어긋나고 타원형~거꿀달걀형이며 가장자리에 날카로운 톱니가 있다. 5~6월에 햇가지 끝에 달리는 원뿔 모양의 꽃송이에 자잘한 흰색 꽃이 모여 핀다. 많은 수술이 꽃잎 밖으로 길게 벋고 꽃자루에는 털이 있다. 타원형 열매는 가을에 남흑색으로 익는다. 가지를 태워 만든 잿물을 염색을 할 때 매염제로 쓰는데 잿물이 누런색이라서 '노란재나무'라고 하던 것이 변해 '노린재나무'가 되었다고 한다.

5월에 핀 꽃        10월에 익은 열매

## 검노린재(노린재나무과)

남부 지방의 산에서 2~8m 높이로 자라는 갈잎떨기나무~작은키나무. 잎은 어긋나고 긴 타원형이며 가장자리에 날카로운 톱니가 있다. 잎 뒷면은 회녹색이며 잎맥 위에 털이 있다. 5~6월에 햇가지 끝에 달리는 원뿔 모양의 꽃송이에 흰색 꽃이 모여 핀다. 많은 수술이 꽃잎 밖으로 길게 벋는다. 노린재나무와 비슷하나 둥근 달걀형의 열매가 가을에 검은색으로 익는 점이 다르다. 노린재나무 종류로 열매가 검게 익어서 '검노린재'라고 한다.

매염제는 옷감에 물을 들일 때 물감이 옷감에 잘 물들도록 도와주는 역할을 하는 물질을 말한다.

5월에 핀 꽃                    7월의 열매

## 때죽나무(때죽나무과)

산에서 7~8m 높이로 자라는 갈잎작은키나무. 나무의 모양과 꽃향기가 좋아 관상수로 심어 기른다. 잎은 어긋나고 달걀형~긴 타원형이며 뒷면은 연녹색이다. 5~6월에 햇가지 끝부분에서 나온 꽃송이에 종 모양의 흰색 꽃이 2~6개씩 밑을 보고 달린다. 둥근 달걀형의 열매는 별모양털로 덮여 있으며 9월에 회백색으로 익는다. 열매는 물고기를 잡을 때 이용하기도 했는데 열매를 찧어 냇물에 풀면 물고기들이 기절한 채 떠오른다고 한다.

## 쪽동백나무(때죽나무과)

산에서 6~15m 높이로 자라는 갈잎작은키나무~큰키나무. 관상수로 심기도 한다. 잎은 어긋나고 거꿀달걀형~넓은 달걀형이며 짧은가지에는 보통 3장씩 모여 달린다. 5~6월에 가지 끝에서 비스듬히 처지는 긴 꽃대 양쪽으로 흰색 꽃이 촘촘히 달려 밑을 향해 핀다. 둥근 달걀형의 열매는 별모양털이 빽빽하며 9월에 익는다. '쪽'은 '작다'는 뜻으로 작은 씨앗에서 짠 기름을 동백기름처럼 머릿기름으로 썼기 때문에 '쪽동백나무'라고 한다.

6월 초에 핀 꽃                 8월의 열매

7월에 핀 꽃                    11월의 열매

## 마삭줄(협죽도과)

남부 지방의 산과 들에서 5~10m 길이로 벋으며 자라는 늘푸른덩굴나무. 가는 줄기에서 내린 공기뿌리로 다른 물체에 붙는다. 타원형~달걀형 잎은 마주난다. 5~6월에 가지 끝이나 잎겨드랑이에 여러 개의 흰색 꽃이 모여 핀다. 꽃잎은 5갈래로 깊게 갈라진 바람개비 모양이다. 기다란 열매는 2개가 매달리며 가을에 익으면 둘로 쪼개지면서 털이 달린 씨앗이 날려 퍼진다. 덩굴줄기가 삼으로 만든 밧줄인 '마삭(麻索)'과 비슷해서 '마삭줄'이라고 한다.

165

5월에 핀 수꽃                    8월 말의 열매

## 대팻집나무 (감탕나무과)

충청도 이남의 산에서 10~15m 높이로 자라는 갈잎큰키나무. 타원형 잎은 긴가지에서는 어긋나지만 짧은가지 끝에서는 모여난다. 잎 뒷면은 연녹색이다. 암수딴그루로 5~6월에 짧은가지 끝에 자잘한 백록색 꽃이 모여 핀다. 수꽃은 수술이 많고 암꽃에 있는 1개의 암술은 밑부분에 둥근 녹색 씨방이 있다. 콩알만 한 둥근 열매는 가을에 노랗게 변했다가 붉은색으로 익는다. 목재로 대패를 만들기 때문에 '대팻집나무'라고 한다.

6월 초에 핀 꽃                    7월에 익기 시작한 열매

## 미국딱총나무 (연복초과)

북아메리카 원산의 갈잎떨기나무. 3~4m 높이로 자란다. 관상수로 심은 것이 들과 산으로 퍼져 나가 저절로 자란다. 잎은 마주나고 5~9장의 작은 잎이 깃꼴로 붙는 겹잎이다. 작은잎은 긴 타원형이며 뒷면은 흰빛이 돈다. 5~7월에 가지 끝에 달리는 꽃송이에 자잘한 흰색 꽃이 고르게 모여 핀다. 작고 둥근 열매는 7~9월에 흑자색으로 익으며 과일로 먹는다. 딱총나무 종류로 원산지가 미국이라서 '미국딱총나무'라고 한다.

5월에 핀 꽃                    9월의 열매

## 백당나무 (연복초과)

산에서 3m 정도 높이로 자라는 갈잎떨기나무. 잎은 마주나고 넓은 달걀형이며 흔히 끝부분이 3갈래로 갈라진다. 5~6월에 가지 끝에 둥근 접시 모양의 흰색 꽃송이가 달린다. 꽃송이 가장자리에는 꽃잎만 가진 장식꽃이 빙 둘러 있고 중심부에는 암술과 수술이 있는 양성꽃이 모여 핀다. 콩알만 한 열매는 가을에 붉은색으로 익는다. 북한에서는 접시 모양의 꽃송이를 보고 '접시꽃나무'라고 부른다. 관상수로도 심는다.

씨방은 암술대 밑에 붙은 통통한 주머니 모양의 부분으로 그 속에 밑씨가 들어 있다.

## 불두화(연복초과)

관상수로 심는 갈잎떨기나무. 3~6m 높이로 자란다. 잎은 마주나고 넓은 달걀형이며 흔히 끝부분이 3갈래로 갈라진다. 5~6월에 가지 끝에 달리는 공 모양의 탐스러운 꽃송이는 누른빛이 돌다가 흰색으로 변한다. 백당나무를 개량한 원예 품종으로 작은 꽃들은 모두 꽃잎만 가지고 있는 장식꽃이어서 열매를 맺을 수가 없다. 둥근 꽃송이가 스님의 머리 모양을 닮았다고 '불두화(佛頭花)'라고 하는데 '부처님 머리 모양의 꽃'이란 뜻이다.

5월에 핀 꽃

5월 말의 불두화

## 가막살나무(연복초과)

산에서 2~3m 높이로 자라는 갈잎떨기나무. 잎은 마주나고 거꿀달걀형~넓은 달걀형이며 가장자리에 얕은 톱니가 있다. 5~6월에 가지 끝에 달리는 꽃송이에 자잘한 흰색 꽃이 접시 모양으로 납작하게 모여 달린다. 꽃에는 꽃잎보다 약간 긴 수술이 꽃잎 밖으로 나온다. 둥근 달걀형의 작은 열매는 가을에 붉은색으로 익는다. 꽃과 열매의 모양이 아름다워 관상수로 심기도 한다. 나무껍질이나 가지살이 검은빛이라서 '가막살나무'라고 한다.

6월 초에 핀 꽃

9월에 익은 열매

## 댕강나무(인동과)

충북과 강원도 이북의 석회암 지대에서 2m 정도 높이로 자라는 갈잎떨기나무. 관상수로 심는다. 줄기에 세로로 6개의 골이 있다. 긴 타원형 잎은 마주난다. 5월에 가지 끝에 연홍색 꽃이 둥글게 모여 핀다. 꽃부리는 좁고 긴 깔때기 모양이며 끝이 5갈래로 갈라져 벌어지고 표면이 털로 덮여 있다. 열매는 꽃받침이 남아 있고 가을에 갈색으로 익는다. 댕강나무는 뻣뻣한 가지를 휘면 가지가 '댕강댕강' 잘 부러져 '댕강나무'라고 한다.

5월에 핀 꽃

8월의 열매

5월에 핀 꽃  11월에 익은 열매

## 돈나무(돈나무과)

남부 지방의 바닷가 산에서 2~3m 높이로 자라는 늘푸른떨기나무. 관상수로도 많이 심는다. 뿌리와 나무껍질에서 역겨운 냄새가 난다. 주걱 모양의 잎은 가죽질이고 광택이 난다. 4~6월에 가지 끝에 흰색 꽃이 모여 피는데 꽃잎은 점차 노란색으로 변한다. 둥근 열매는 11~12월에 익으면 3갈래로 벌어지면서 붉은색 점액질에 싸인 씨앗이 드러난다. 제주도에서는 열매에 파리가 꼬인다고 '똥낭'이라고 하였는데 여기서 '돈나무'가 유래되었다.

4월 초에 핀 꽃  9월 초의 열매

## 목련(목련과)

제주도 한라산에서 10~15m 높이로 자라는 갈잎큰키나무. 관상수로 심기도 한다. 3~4월에 잎이 돋기 전에 가지 끝마다 탐스러운 흰색 꽃이 피는데 6~9장의 꽃덮이조각은 활짝 벌어진다. 꽃이 질 때쯤 거꿀달걀형 잎이 어긋난다. 원통형 열매는 가을에 익으면 칸칸이 벌어지면서 주홍색 껍질에 싸인 씨앗이 드러난다. 백목련보다 꽃잎이 더 희고 꽃덮이조각이 활짝 벌어진다. 나무(木)에 연꽃(蓮) 모양의 꽃이 피어서 '목련(木蓮)'이라고 한다.

5월에 핀 수꽃  11월에 익은 열매

## 멀꿀(으름덩굴과)

남쪽 섬에서 15m 정도 길이로 벋는 늘푸른덩굴나무. 잎은 어긋나고 5~7장의 작은잎이 둥글게 모여 달린 겹잎이다. 작은잎은 두꺼우며 앞면은 광택이 난다. 4~5월에 잎겨드랑이에서 나오는 짧은 꽃송이에 연한 황백색 꽃이 모여 달려서 늘어진다. 둥근 달걀형의 열매는 가을에 적갈색으로 익어도 벌어지지 않는다. 제주도에서는 열매가 멍이 든 것처럼 보이고 꿀처럼 달아서 '멍꿀'이라고 부르던 것이 '멀꿀'로 변했다.

6월에 핀 꽃                    8월의 열매

## 박쥐나무(층층나무과)

산에서 2~4m 높이로 자라는 갈잎떨기나무. 잎은 어긋나고 둥그스름한 잎몸은 끝이 3~5갈래로 얕게 갈라지며 갈래조각 끝은 뾰족하다. 잎 모양이 박쥐가 날개를 편 모양과 닮았다 하여 '박쥐나무'라고 한다. 5~6월에 잎겨드랑이에 달리는 꽃대에 2~5개의 흰색 꽃이 매달리는데 꽃잎은 용수철처럼 뒤로 말리고 노란색 수술과 흰색 암술은 술처럼 밑으로 늘어진다. 작고 둥근 열매는 끝에 꽃받침자국이 남아 있고 9월에 벽자색으로 익는다.

5월 초에 핀 꽃              8월의 어린 열매

## 백목련(목련과)

중국 원산의 갈잎큰키나무. 15m 정도 높이로 자라며 관상수로 심는다. 3~4월에 잎이 돋기 전에 가지 끝마다 탐스러운 흰색 꽃이 달린다. 꽃덮이조각은 9장이며 활짝 벌어지지 않는다. 거꿀달걀형의 잎은 어긋난다. 원통형 열매는 가을에 익으면 칸칸이 벌어진다. 옛날에는 회갈색 털로 덮인 꽃눈의 모양이 붓을 닮아 '나무붓'이라는 뜻으로 '목필(木筆)'이라고 했다. 꽃봉오리 끝이 북쪽을 향해 구부러지기 때문에 '북향화(北向花)'라고도 한다.

5월에 핀 꽃                    8월의 열매

## 일본목련(목련과)

일본 원산의 갈잎큰키나무. 20m 정도 높이로 자라며 관상수로 심는다. 거꿀달걀형의 커다란 잎은 가지에 어긋나지만 가지 끝에서는 촘촘히 모여 달린다. 5~6월에 가지 끝에 커다란 흰색 꽃이 1개씩 피는데 향기가 진하다. 긴 타원형 열매는 가을에 붉은색으로 익으면 칸칸이 벌어지면서 주홍색 껍질에 싸인 씨앗이 나온다. 일본이 원산지인 목련 종류라서 '일본목련'이라고 부른다. 북한에서는 '황목련'이라고 부른다.

목련과의 식물은 꽃이 1개씩 피며 꽃잎은 6장 또는 여러 장이고 3장의 꽃받침이 꽃잎처럼 보이는 것도 있다.

6월에 핀 꽃

9월의 열매

## 함박꽃나무(목련과)

산에서 7~10m 높이로 자라는 갈잎 작은키나무. 잎은 어긋나고 타원형~ 거꿀달걀형이며 뒷면은 회녹색이다. 5~6월에 가지 끝에 탐스러운 흰색 꽃이 1개씩 피는데 향기가 좋다. 수술대와 꽃밥은 붉은색이다. 타원형 열매는 가을에 붉은색으로 익으면 칸칸이 벌어지면서 주홍색 껍질에 싸인 씨앗이 드러난다. 주먹만 한 큼직한 꽃이 함박꽃(작약)과 비슷하여 '함박꽃나무'라고 한다. 산에서 피는 목련이라 하여 '산목련'이라고도 하며 북한의 나라꽃이다.

5월에 핀 꽃

8월의 열매

## 큰꽃으아리(미나리아재비과)

산기슭에서 2~4m 길이로 벋는 갈잎 덩굴나무. 잎은 마주나고 3장의 작은 잎이 모여 달린 겹잎이다. 기다란 잎자루는 다른 물체에 닿으면 구부러져 덩굴손처럼 다른 물체를 감고 줄기가 오른다. 5~6월에 줄기 끝이나 잎겨드랑이에 흰색 또는 연노란색의 크고 탐스러운 꽃이 핀다. 꽃잎은 벌레가 잘 갉아먹는다. 넓은 달걀형의 열매는 약간 납작하고 긴 암술대가 깃털처럼 변한다. 으아리 종류로 꽃이 큼직해서 '큰꽃으아리'라고 한다.

5월 초에 핀 꽃

4월 말의 옥매

## 옥매(장미과)

중국 원산의 갈잎떨기나무. 관상수로 심으며 1~1.5m 높이로 자란다. 4월경에 잎이 돋기 전이나 잎이 돋을 때 흰색 겹꽃도 함께 핀다. 가지마다 흰색 꽃이 촘촘히 달려 나무 전체가 흰색 꽃으로 뒤덮인다. 잎은 어긋나고 좁은 달걀형이며 가장자리에 물결 모양의 잔톱니가 있다. 열매는 맺지 못한다. 꽃이 가득 핀 나무 모양이 아름다워 정원수로 심는다. '옥매(玉梅)'는 '옥으로 다듬은 듯한 매화'라는 뜻의 이름이며 '백매'라고도 한다.

5월에 핀 꽃                8월의 열매

## 아까시나무(콩과)

북아메리카 원산의 갈잎큰키나무. 산에서 15~25m 높이로 자라며 가지에 가시가 있다. 잎은 어긋나고 작은잎이 깃꼴로 붙는 겹잎이다. 5~6월에 잎겨드랑이에서 흰색 꽃송이가 밑으로 늘어진다. 꽃은 향기롭고 꿀이 많아 양봉으로 많은 꿀을 채취한다. 길고 납작한 꼬투리열매는 가을에 갈색으로 익는다. 흔히 '아카시아'라고 부르나 열대 지방에서 자라는 나무 중에 '아카시아'라는 나무가 있어 '아까시나무'라고 이름을 바꿔 부른다.

4월에 핀 수꽃              10월에 익은 열매

## 사스레피나무(펜타필락스과)

남쪽 바닷가에서 3~10m 높이로 자라는 늘푸른떨기나무~작은키나무. 잎은 어긋나고 긴 타원형이며 가장자리에 잔톱니가 있고 가죽처럼 질기며 앞면은 광택이 난다. 암수딴그루로 3~4월에 잎겨드랑이에 백황색 꽃이 보통 밑을 보고 모여 피는데 약한 지린내가 난다. 콩알만 한 둥근 열매는 가을에 흑자색으로 익는다. 푸른 잎이 달린 가지를 졸업식 꽃다발이나 꽃꽂이 재료로 사용하기도 한다. 가지와 잎을 태운 잿물과 열매는 물감으로 이용한다.

5월에 핀 꽃                10월에 익은 열매

## 괴불나무(인동과)

산골짜기에서 2~4m 높이로 자라는 갈잎떨기나무. 잎은 마주나고 긴 달걀형이며 끝이 뾰족하다. 5~6월에 잎겨드랑이에 흰색 꽃이 2개씩 모여 피는데 향기가 있다. 흰색 꽃은 점차 누렇게 변한다. 꽃부리는 끝이 입술처럼 2갈래로 갈라지는데 윗입술꽃잎은 끝이 다시 4갈래로 얕게 갈라진다. 둥근 열매는 2개가 나란히 달리고 9~10월에 붉게 익는다. 북한에서는 '아귀꽃나무'라고 부르는데 꽃이 잎아귀(잎겨드랑이)에 달려서 붙인 이름인 것 같다.

---

양봉(養蜂)은 벌꿀이나 꽃가루, 밀랍, 로열 젤리 등을 얻기 위해 꿀벌을 기르는 일을 말한다.

봄에 피는 녹색 나무꽃

6월에 핀 꽃　　　　　9월에 익은 열매

## 참빗살나무(노박덩굴과)

산에서 3~8m 높이로 자라는 갈잎작은키나무. 잎은 마주나고 긴 타원형이며 가장자리에 잔톱니가 있다. 5~6월에 잎겨드랑이에서 나오는 꽃송이에 자잘한 백록색 꽃이 모여 핀다. 꽃잎은 4장이고 꽃밥은 붉은색이다. 열매는 네모진 구형이며 얕게 골이 진다. 열매는 가을에 붉은색으로 익으면 4갈래로 갈라지면서 주홍색 껍질에 싸인 씨앗이 드러난다. 단단한 목재는 참빗의 살을 만드는 재료로 쓰여서 '참빗살나무'라고 한다.

5월에 핀 꽃　　　　　10월에 익은 열매

## 화살나무(노박덩굴과)

산에서 1~3m 높이로 자라는 갈잎떨기나무. 관상수로 심기도 한다. 흔히 줄기에 발달하는 2~4줄의 회색 날개가 마치 화살에 붙이는 날개의 모양과 비슷하다 하여 '화살나무'라고 한다. 타원형 잎은 마주난다. 5~6월에 잎겨드랑이에 작은 황록색 꽃이 2~3개씩 모여 핀다. 타원형 열매는 가을에 적갈색으로 익으면 껍질이 벌어지면서 주홍빛 껍질에 싸인 씨앗이 드러난다. 이른 봄에 돋는 잎을 나물로 먹는데 흔히 '홑잎나물'이라고 한다.

5월 말에 핀 꽃　　　　　7월 말의 어린 열매

## 주엽나무(콩과)

산골짜기나 냇가에서 10~20m 높이로 자라는 갈잎큰키나무. 줄기나 가지에 달리는 날카로운 가시는 가지가 갈라지며 단면은 약간 납작하다. 잎은 어긋나고 6~12쌍의 작은잎이 깃꼴로 붙는 겹잎이다. 5~6월에 짧은가지 끝에서 늘어지는 꽃송이에 자잘한 황록색 꽃이 촘촘히 달린다. 길고 납작한 꼬투리열매는 비틀려서 꼬이며 가을에 흑갈색으로 익는다. 한자 이름은 '조협(皂莢)'이라고 하는데 이 이름이 변해서 '주엽나무'가 된 것으로 추측한다.

6월 초에 핀 수꽃      7월 초의 어린 열매

## 참갈매나무 (갈매나무과)

지리산 이북의 낮은 산골짜기에서 2~4m 높이로 자라는 갈잎떨기나무. 어린 가지 끝이 흔히 가시로 변한다. 잎은 대부분이 마주나고 짧은가지 끝에서는 모여난다. 잎몸은 좁은 타원형이며 가장자리에 뾰족한 잔톱니가 있다. 잎 뒷면은 연녹색이다. 암수딴그루로 5~6월에 짧은가지 끝과 잎겨드랑이에 자잘한 황록색 꽃이 모여 핀다. 작고 둥근 열매는 열매자루가 길며 가을에 검은색으로 익는다. 열매는 열을 내리는 한약재로 쓴다.

5월에 핀 수꽃      9월의 어린 열매

## 감탕나무 (감탕나무과)

울릉도와 남쪽 섬에서 6~10m 높이로 자라는 늘푸른작은키나무. 잎은 어긋나고 타원형이며 가장자리는 밋밋하지만 어린 나무의 잎은 2~3개의 톱니가 있다. 잎은 가죽처럼 질기고 앞면은 광택이 난다. 암수딴그루로 4~5월에 잎겨드랑이에 자잘한 황록색 꽃이 모여 핀다. 꽃잎과 꽃받침조각은 4개씩이다. 콩알만 한 작은 열매는 11~12월에 붉은색으로 익는다. 나무껍질에서 끈끈이로 쓰였던 '감탕(甘湯)'을 얻을 수 있어서 '감탕나무'라고 한다.

5월에 핀 꽃      10월에 익은 열매

## 호랑가시나무 (감탕나무과)

남부 지방의 바닷가에서 2~3m 높이로 자라는 늘푸른떨기나무. 남부 지방에서 관상수로 흔히 심는다. 잎은 어긋나고 긴 육각형이며 모서리가 날카로운 가시로 되어 있다. 이 가시를 호랑이도 무서워한다고 하여 '호랑가시나무'라고 한다. 잎은 두꺼운 가죽질이고 광택이 난다. 4~5월에 잎겨드랑이에 자잘한 녹백색 꽃이 모여 핀다. 콩알만 한 둥근 열매는 가을에 붉게 익는데 크리스마스 때 열매가 달린 가지를 장식용으로 사용하기도 한다.

봄에 피는 녹색 나무꽃

6월 초에 핀 수꽃

6월 초에 핀 암꽃과 묵은 열매

## 먼나무(감탕나무과)

남쪽 섬에서 10m 정도 높이로 자라는 늘푸른큰키나무. 잎은 어긋나고 긴 타원형이며 앞면은 광택이 난다. 암수딴그루로 6월에 잎겨드랑이에서 나온 꽃송이에 자잘한 백록색~연자주색 꽃이 모여 핀다. 콩알만 한 둥근 열매는 11~12월에 붉은색으로 익으며 겨울에도 그대로 매달려 있다. 붉은 열매를 단 나무 모양이 아름다워 남쪽 섬에서 가로수나 공원수로 많이 심고 있다. 제주도에서 나무껍질이 검다고 '먹낭'이라고 부르던 것이 변해 '먼나무'가 되었다.

4월 말에 핀 꽃

9월의 열매

## 참회나무(노박덩굴과)

산에서 1~4m 높이로 자라는 갈잎떨기나무. 잎은 마주나고 달걀형~긴 타원형이며 끝이 뾰족하다. 5~6월에 잎겨드랑이에서 늘어지는 꽃송이에 자잘한 황록색~연자주색 꽃이 모여 달린다. 꽃잎, 꽃받침조각, 수술은 대부분 5개씩이다. 열매송이는 밑으로 늘어진다. 둥근 열매는 가을에 붉은색으로 익으면 5갈래로 갈라지면서 속에 있는 붉은색 껍질에 싸인 씨앗이 밖으로 드러난다. 나무껍질이 회색인 '회나무'와 닮아서 '참회나무'라고 한다.

5월에 핀 꽃

11월에 익은 열매

## 노박덩굴(노박덩굴과)

숲 가장자리에서 10m 정도 길이로 벋는 갈잎덩굴나무. 덩굴지는 줄기는 다른 물체를 감고 오른다. 둥그스름한 잎은 어긋나고 가장자리의 둔한 톱니는 안으로 구부러진다. 암수딴그루로 5~6월에 잎겨드랑이에 자잘한 황록색 꽃이 모여 핀다. 둥근 열매는 10월에 노랗게 익으면 껍질이 3갈래로 갈라져 벌어지면서 주황색 껍질에 싸인 씨앗이 드러난다. 봄에 돋는 새순을 나물로 먹는다. 줄기와 가지의 껍질을 벗겨 노끈이나 밧줄을 만들었다.

5월에 핀 꽃

11월에 익은 열매

## 말오줌때(고추나무과)

남부 지방의 바닷가 산에서 3~8m 높이로 자라는 갈잎떨기나무~작은키나무. 잎은 마주나고 5~11장의 작은잎이 깃꼴로 붙는 겹잎이다. 작은잎은 좁은 달걀형이며 끝이 뾰족하다. 5~6월에 가지 끝에 달리는 꽃송이에 자잘한 황록색 꽃이 모여 핀다. 열매송이는 밑으로 늘어진다. 꼬부라진 타원형 열매는 가을에 붉게 익으면 껍질이 갈라지면서 검은색 씨앗이 드러난다. 가지를 꺾으면 말오줌 비슷한 지린내가 나서 '말오줌때'라고 한다.

## 미국풍나무(알팅기아과)

북아메리카 원산의 갈잎큰키나무. 20m 정도 높이로 자라고 정원수나 가로수로 심는다. 가지에는 코르크질의 날개가 발달한다. 잎은 어긋나고 잎몸은 손바닥 모양으로 5갈래로 갈라지며 가장자리에 가는 톱니가 있다. 암수한그루로 4~5월에 잎이 돋을 때 꽃도 함께 핀다. 수꽃이삭은 곧게 서고 둥근 암꽃이삭은 늘어진다. 둥근 열매는 철퇴처럼 보인다. 잎이 단풍잎 모양이고 붉게 단풍이 들며 미국이 원산지라서 '미국풍나무'라고 한다.

5월에 핀 꽃

9월의 열매

4월에 핀 꽃

7월의 어린 열매

## 중국굴피나무(가래나무과)

마을 주변에 심어 기르는 갈잎큰키나무. 10~30m 높이로 자란다. 잎은 어긋나고 작은잎이 깃꼴로 붙는 겹잎이다. 잎자루에 좁은 날개가 있다. 암수한그루로 4~5월에 잎이 돋을 때 기다란 꽃이삭이 아래로 늘어진다. 꽃이삭 모양의 기다란 열매이삭에 양쪽에 날개가 있는 열매가 촘촘히 달리며 9~10월에 익는다. 중국 원산이며 굴피나무와 생김새가 비슷하기 때문에 '중국굴피나무'라고 하지만 열매의 생김새는 전혀 다르다.

5월에 핀 꽃　　　　　7월의 어린 열매

## 가래나무(가래나무과)

산골짜기에서 20m 정도 높이로 자라는 갈잎큰키나무. 잎은 어긋나고 작은 잎이 깃꼴로 붙는 겹잎이다. 암수한그루로 4~5월에 가지 끝에 붉은색 암꽃이삭이 위로 서고 꼬리 모양의 수꽃이삭은 아래로 늘어진다. 이삭 모양으로 모여 달리는 둥근 열매는 9월쯤 익는다. 씨앗의 속살은 호두처럼 고소하며 기름을 짜기도 한다. 가래 씨앗은 겉껍질이 단단하여 잘 깨지지 않기 때문에 2알의 가래를 손안에 넣고 비벼서 지압을 한다.

4월에 핀 꽃　　　　　9월의 열매

## 호두나무(가래나무과)

중국과 서남아시아 원산의 갈잎큰키나무. 호두 열매를 얻기 위해 심어 기르며 10~20m 높이로 자란다. 잎은 어긋나고 5~9장의 작은잎이 깃꼴로 붙는 겹잎이다. 암수한그루로 4~5월에 잎이 돋을 때 연녹색 수꽃이삭은 밑으로 늘어지고 암꽃은 햇가지 끝에 1~3개가 모여 핀다. 둥근 열매 속의 단단한 씨앗을 '호두'라고 한다. 중국의 한자 이름 '호도(胡桃)'가 '호두'로 변했는데 호도는 '오랑캐 나라(중국)의 복숭아'란 뜻이다.

4월에 핀 꽃　　　　　10월에 익은 열매

## 팽나무(삼과)

주로 남부 지방에서 20m 정도 높이로 자라는 갈잎큰키나무. 잎은 어긋나고 달걀형이며 윗부분에만 톱니가 있고 측맥은 3~4쌍이다. 암수한그루로 4~5월에 잎이 돋을 때 잎겨드랑이에 자잘한 꽃이 핀다. 작고 둥근 열매는 가을에 적갈색으로 익는데 맛이 달콤하며 먹을 수 있다. 그늘이 좋기 때문에 남부 지방에서는 정자나무로 많이 심는다. 쏘면 '팽'하고 날아가는 '팽총(대나무총)'의 총알로 열매를 써서 '팽나무'라고 한다.

가래나무과의 식물은 암수한그루의 나무로 잎은 깃꼴겹잎이다. 수꽃이삭은 길며 대부분 늘어진다.

5월 초에 핀 수꽃      10월에 익은 열매

## 푸조나무(삼과)

남부 지방에서 15~20m 높이로 자라는 갈잎큰키나무. 잎은 어긋나고 긴 타원형이며 끝이 길게 뾰족하다. 잎 양면에 짧은 누운털이 있어서 만지면 껄끄럽다. 측맥은 7~12쌍이고 톱니 끝까지 길게 벋는다. 암수한그루로 4~5월에 잎이 돋을 때 햇가지 밑부분에 자잘한 황록색 꽃이 모여 핀다. 암꽃은 암술머리에 흰색 털이 빽빽하다. 둥근 타원형 열매는 열매자루가 길고 가을에 검은색~흑자색으로 익으며 단맛이 나고 먹을 수 있다.

4월에 핀 수꽃      6월에 익은 열매

## 뽕나무(뽕나무과)

중국 원산의 갈잎큰키나무. 마을 주변에서 6~15m 높이로 자란다. 잎은 어긋나고 달걀형이며 3갈래로 갈라지기도 한다. 4~5월에 잎겨드랑이에 원통형의 꽃이삭이 늘어진다. 6월에 검게 익는 타원형의 오디 열매를 먹으면 소화가 잘 되어 방귀를 뽕뽕 뀌게 되어 '뽕나무'가 되었다고 한다. 열매로 잼이나 파이를 만들고 술을 담그기도 한다. 뽕나무잎은 누에의 먹이로 쓴다. 누에가 번데기가 되기 위해 만든 누에고치에서 명주실을 뽑아내 비단을 짠다.

5월의 모람      1월의 열매

## 모람(뽕나무과)

남해안 이남에서 2~5m 길이로 벋으며 자라는 늘푸른덩굴나무. 덩굴지는 줄기는 공기뿌리를 내어 다른 물체에 달라붙는다. 긴 타원형 잎은 두껍고 질긴 가죽질이다. 5~7월에 잎겨드랑이에 열매 모양의 둥근 꽃주머니가 1~2개씩 달린다. 꽃주머니 속에는 자잘한 꽃이 빽빽이 들어 있으며 좀벌이 들어가 꽃가루받이를 도와주면 그대로 자라 열매가 된다. 자루가 없이 가지에 바짝 붙는 둥근 열매는 9~11월에 흑자색으로 익는다.

4월 초의 무화과      10월 말의 열매

## 무화과(뽕나무과)

지중해 원산의 갈잎작은키나무. 남부 지방에서 과일나무로 심으며 4~8m 높이로 자란다. 잎은 어긋나고 넓은 달걀형이며 3~5갈래로 깊게 갈라진다. 4~8월에 잎겨드랑이에 달리는 둥근 꽃주머니 속에서 꽃이 핀다. 가을에 흑자색~황록색으로 익는 열매는 날로 먹기도 하고 말리기도 하며 통조림을 만들기도 한다. '무화과(無花果)'란 한자 이름은 '꽃이 없는 열매'란 뜻이다. 육식을 한 뒤에 무화과 열매를 먹으면 소화를 도와준다.

3월 말의 천선과나무      7월의 열매

## 천선과나무(뽕나무과)

남해안 이남에서 2~5m 높이로 자라는 갈잎떨기나무. 나무껍질은 매끈하고 가지는 회백색이며 털이 없다. 거꿀달걀형 잎은 끝이 뾰족하다. 암수딴그루로 4~5월에 잎겨드랑이에 열매 모양의 둥근 꽃주머니가 달린다. 열매는 가을에 흑자색으로 익는다. '천선과(天仙果)'는 '하늘의 신선이 먹는 열매'란 뜻의 이름이지만 먹어 보면 그렇게 뛰어난 맛은 아니다. 열매의 모양과 크기가 젖꼭지와 비슷해서 전라도 지방에서는 '젖꼭지나무'라고 부른다.

## 시무나무(느릅나무과)

산에서 20m 정도 높이로 자라는 갈잎큰키나무. 가지에 어린 가지가 변한 긴 가시가 많다. 잎은 어긋나고 타원형이며 가장자리에 톱니가 있다. 암수한그루로 4~5월에 잎이 돋을 때 황록색 꽃이 햇가지의 잎겨드랑이에 모여서 핀다. 가을에 익는 열매는 씨앗 한쪽에만 날개를 가지고 있다. 봄에 돋는 어린싹은 콩가루와 버무려 밥솥에 얹어서 쪄 먹었다. 20리마다 이정표로 심어서 '스무나무'라고 하던 것이 변해 '시무나무'가 되었다.

4월에 피기 시작한 꽃      7월의 열매

5월에 핀 수꽃                    10월의 열매

## 황벽나무(운향과)

산에서 10~20m 높이로 자라는 갈잎 큰키나무. 회색 나무껍질은 코르크가 발달하며 깊게 갈라진다. 잎은 마주 나고 작은잎이 깃꼴로 붙는 겹잎이다. 5~6월에 가지 끝의 꽃송이에 자잘한 연한 황록색 꽃이 모여 핀다. 작고 둥근 열매는 가을에 검은색으로 익는다. 쓴맛이 나는 노란색 속껍질에서 노란색 물감을 얻는다. 또 속껍질은 위장을 튼튼하게 해 주는 한약재로 쓴다. 쓴맛이 나는 나무 속껍질이 노란색이라서 '황벽(黃蘗)나무'라고 한다.

## 두충(두충과)

중국 원산의 갈잎큰키나무. 흔히 심어 기르며 10~20m 높이로 자란다. 암수 딴그루로 4월에 잎이 돋을 때 햇가지 밑부분에 피는 연녹색 꽃은 꽃잎이 없다. 달걀형~긴 타원형 잎은 어긋난다. 긴 타원형 열매는 납작하고 가장자리가 날개로 되어 있으며 가을에 갈색으로 익는다. 나무껍질은 몸을 튼튼하게 하는 한약재로 사용하고 잎은 두충차를 만들어 마신다. 중국의 두충이라는 사람이 껍질을 달여 먹고 도를 깨달아서 '두충'이라고 한다.

4월에 핀 수꽃                    6월의 어린 열매

4월에 핀 암꽃                    7월의 어린 열매

## 물푸레나무(물푸레나무과)

산에서 10~15m 높이로 자라는 갈잎 큰키나무. 잎은 마주나고 5~7장의 작은잎이 깃꼴로 붙는 겹잎이다. 암수딴 그루로 4~5월에 햇가지 끝에서 나오는 꽃송이에 꽃잎이 없는 자잘한 꽃이 모여 핀다. 열매송이는 밑으로 처진다. 가늘고 긴 납작한 열매는 가장자리에 날개가 있다. 단단한 목재는 질겨서 야구방망이나 스키와 같은 운동 기구를 만든다. 가지를 꺾어 물에 담그면 녹색이 우러나서 물이 푸른색을 띠므로 '물푸레나무'라고 한다.

5월 초의 수솔방울

9월에 익은 열매

## 은행나무(은행나무과)

중국 원산의 갈잎큰키나무. 가로수나 공원수로 심으며 40~60m 높이로 자란다. 암수딴그루로 4~5월에 잎이 돋을 때 잎겨드랑이에 암솔방울과 수솔방울이 달린다. 부채 모양의 잎은 짧은가지 끝에는 모여난다. 둥근 열매는 가을에 노랗게 익으면 고약한 냄새가 나고 만지면 두드러기가 나기도 한다. '은행(銀杏)'은 씨앗이 살구 씨앗을 닮았고 은빛이 나서 붙여진 이름이다. 은행은 음식에 넣어 먹고 천식과 기침을 치료하는 약재로도 쓴다.

5월의 수솔방울

5월의 암솔방울

7월의 솔방울열매

## 구상나무(소나무과)

한라산, 지리산, 덕유산 등 남부 지방의 높은 산에서 10~15m 높이로 자라는 늘푸른바늘잎나무. 짧은 바늘잎은 끝이 오목하게 들어간다. 암수한그루로 4~5월에 긴 타원형의 암솔방울과 수솔방울이 달린다. 원통형의 솔방울열매는 곧게 서며 솔방울조각 끝의 뾰족한 돌기는 뒤로 젖혀진다. 관상수로도 널리 심고 있다. '구상나무'란 이름은 제주도에서 부르는 '쿠살낭'에서 유래했으며 촘촘한 잎가지가 '쿠살(성게)'을 닮아서 붙여진 이름이다.

4월의 수솔방울

4월의 암솔방울

9월의 솔방울열매

## 전나무/젓나무(소나무과)

주로 높은 산에서 30~40m 높이로 자라는 늘푸른바늘잎나무. 관상수로도 심는다. 짧은 바늘잎은 가지에 촘촘히 돌려난다. 암수한그루로 4~5월에 연녹색 암솔방울과 황록색 수솔방울이 달린다. 원통형의 솔방울열매는 위를 향하며 겉으로 돌기가 나오지 않는다. 옛날부터 집을 짓는 목재로 썼으며 고급 종이를 만드는 펄프재로도 쓴다. 젖 같은 송진이 나와서 '젖나무'라고 하던 것이 '젓나무'로 변했다가 '전나무'가 되었다.

바늘잎나무는 씨방이 없고 밑씨가 겉으로 드러나 있어 '겉씨식물'이라고 한다.

4월의 암솔방울

5월의 수솔방울

5월 말의 어린 솔방울열매

## 독일가문비(소나무과)

유럽 원산의 늘푸른바늘잎나무. 관상수로 심으며 40~50m 높이로 자란다. 노목이 될수록 어린 가지는 더욱 밑으로 처진다. 짧은 바늘잎은 단면이 찌그러진 마름모꼴이다. 암수한그루로 4~5월에 가지에 달리는 암솔방울과 수솔방울은 긴 타원형이다. 긴 타원형의 솔방울열매는 밑을 향해 매달린다. 집을 짓는 재료로 널리 쓰이며 고급종이를 만드는 펄프재로도 쓴다. 가문비나무 종류로 독일에서 널리 자라서 '독일가문비'라고 한다.

4월의 암솔방울과 수솔방울

8월 말의 솔방울열매

## 일본잎갈나무/낙엽송(소나무과)

일본 원산의 갈잎바늘잎나무. 산에 심으며 20m 정도 높이로 곧게 자란다. 짧은 바늘잎은 짧은가지에 모여나며 부드럽다. 암수한그루로 4~5월에 잎이 돋을 때 자잘한 연노란색 암수솔방울이 달린다. 솔방울열매는 9~10월에 갈색으로 익는다. 잎갈나무 종류로 일본이 원산지라서 '일본잎갈나무'라고 하며 가을에 잎이 누렇게 물든 다음 낙엽이 지기 때문에 '낙엽송'이라고도 한다. 예전에는 줄기를 철도 침목이나 전봇대로 써서 '전봇대나무'라고도 한다.

5월의 수솔방울

7월의 솔방울열매

## 스트로브잣나무(소나무과)

북아메리카 원산의 늘푸른바늘잎나무. 관상수로 많이 심으며 30m 정도 높이까지 자란다. 기다란 바늘잎은 5개가 한 묶음이며 부드럽다. 암수한그루로 5월에 햇가지에 노란색 수솔방울과 자주색 암솔방울이 달린다. 긴 원통형의 솔방울열매는 밑으로 늘어지며 흔히 구부러진다. 잎이 가늘고 열매가 길며 나무껍질이 미끈한 점이 잣나무와 다르다. 잣나무처럼 잎이 5엽송이고 종소명 스트로부스(*strobus*)를 따서 '스트로브잣나무'라고 한다.

침목은 철도 레일을 받치고 고정시키기 위해 바닥에 나란히 까는 재료를 말하는데 예전에는 목재를 이용했지만 지금은 콘크리트를 이용한다.

5월 말의 수솔방울　　　7월의 솔방울열매

## 잣나무(소나무과)

높은 산에서 20~30m 높이로 자라는 늘푸른바늘잎나무. 잣을 얻기 위해 흔히 심어 기른다. 기다란 바늘잎은 5개가 한 묶음이 되어 가지에 촘촘히 붙는다. 암수한그루로 5~6월에 햇가지 아래쪽에 노란색 수솔방울과 연한 홍자색 암솔방울이 달린다. 세모진 달걀형 씨앗을 '잣'이라고 한다. 잣은 맛이 고소하고 향이 뛰어나며 영양가가 높아 흔히 잣죽을 쑤어 먹고 각종 음식에 고명으로 넣는다. '잣나무'는 '잣이 열리는 나무'란 뜻의 이름이다.

5월의 수솔방울　　　5월의 어린 솔방울열매

## 섬잣나무(소나무과)

울릉도에서 20~30m 높이로 자라는 늘푸른바늘잎나무. 관상수로도 많이 심는다. 기다란 바늘잎은 5개가 한 묶음이 되어 가지에 촘촘히 붙는데 잣나무보다는 길이가 짧다. 암수한그루로 5~6월에 햇가지에 노란색 수솔방울과 자주색 암솔방울이 달린다. 솔방울열매는 달걀형이며 꽃이 핀 다음 해 가을에 익는다. 달걀형의 씨앗은 잣처럼 날개가 없다. 섬(울릉도)에서 자라고 잣나무처럼 잎이 5엽송이라서 '섬잣나무'라고 부른다.

5월 초의 수솔방울　　　9월의 솔방울열매

## 리기다소나무(소나무과)

북아메리카 원산의 늘푸른바늘잎나무. 거친 땅에서도 잘 자라기 때문에 산에 많이 심어 기르며 25m 정도 높이로 자란다. 기다란 바늘잎은 3개가 한 묶음이 되어 가지에 촘촘히 붙는다. 암수한그루로 4~5월에 햇가지에 암솔방울과 수솔방울이 달린다. 솔방울 조각은 끝이 가시처럼 뾰족하다. 다른 소나무들과 달리 원줄기에서도 짧은가지가 나와 잎이 달리기도 하므로 구분이 쉽다. 종소명 리기다(*rigida*)를 따서 '리기다소나무'라고 한다.

182　고명은 식욕을 돋우기 위해 음식 위에 뿌리거나 얹어서 아름답게 꾸미는 음식 재료를 말한다.

5월의 수솔방울        다음 해 9월의 솔방울열매

## 소나무(소나무과)

산에서 25~35m 높이로 자라는 늘푸른바늘잎나무. 줄기 윗부분의 나무껍질은 적갈색이고 줄기 밑부분은 진한 회갈색이며 세로로 깊게 갈라진다. 새순은 붉은빛이 돈다. 기다란 바늘잎은 2개가 한 묶음이다. 암수한그루로 5월에 햇가지에 연노란색 수솔방울과 적자색 암솔방울이 달린다. 수솔방울에서 날리는 송홧가루는 전통 과자인 다식의 재료로, 솔잎은 송편을 찌는 데 이용했다. 솔방울열매는 달걀형이며 익으면 조각조각 벌어진다.

5월의 암솔방울과 수솔방울        6월 초의 어린 솔방울열매

## 곰솔/해송(소나무과)

바닷가에서 20~25m 높이로 자라는 늘푸른바늘잎나무. 소나무와 비슷하지만 줄기가 흑회색~흑갈색을 띠고 바늘잎이 몹시 거친 점이 다르다. 새순은 흰빛을 띤다. 기다란 바늘잎은 2개가 한 묶음이 되어 가지에 촘촘히 붙는다. 암수한그루로 4~5월에 햇가지에 암수솔방울이 달린다. 솔방울열매는 달걀형이다. 나무껍질이 검은 소나무라서 '검솔'이라고 부르던 것이 '곰솔'로 변했다. 한자로는 '흑송(黑松)' 또는 '해송(海松)'이라고 한다.

4월의 암솔방울과 수술방울        8월의 솔방울열매

## 삼나무(측백나무과)

일본 원산의 늘푸른바늘잎나무. 40m 정도 높이로 곧게 자란다. 가지에 촘촘히 붙는 짧은 바늘잎은 약간 구부러진다. 암수한그루로 3~4월에 가지에 타원형 수솔방울과 둥근 암솔방울이 달린다. 둥근 솔방울열매는 돌기가 많으며 가을에 갈색으로 익는다. 씨앗에는 날개가 있다. 남부 지방에서 산에 흔히 심으며 제주도에서는 귤밭의 바람을 막아 주는 방풍림으로 심고 있다. '삼나무'란 이름은 한자 이름 '삼목(杉木)'에서 유래되었다.

소나무 가지를 자르면 '송진'이라고 하는 끈적끈적한 물질이 나온다. 송진은 상처를 막아 병균이 몸에 들어오는 것을 어렵게 만든다.

3월의 수솔방울　　　　　　7월의 솔방울열매

## 메타세쿼이아(측백나무과)

중국 원산의 갈잎바늘잎나무. 20m 정도 높이로 곧게 자라며 가로수나 공원수로 많이 심는다. 잔가지는 2개씩 마주나고 짧은 바늘잎도 가지에 새깃처럼 마주난다. 가을에 단풍잎은 잔가지와 함께 통째로 떨어진다. 암수한그루로 3월에 잎이 돋기 전에 가지 끝에 수솔방울이 이삭처럼 모여 달린다. 둥근 솔방울열매는 열매자루가 있고 가을에 갈색으로 익는다. 북한에서는 '물가에서 잘 자라는 삼나무'란 뜻으로 '수삼나무'라고 부른다.

2월 말의 수솔방울　　　　　7월의 솔방울열매

## 낙우송(측백나무과)

북아메리카 원산의 갈잎바늘잎나무. 관상수로 심으며 20~50m 높이로 자란다. 땅 위로 혹 모양의 돌기를 내보낸다. 잔가지는 녹색이며 서로 어긋난다. 짧은 바늘잎은 깃털 모양으로 어긋난다. 암수한그루로 3~4월에 잎이 돋기 전에 수솔방울이 햇가지 끝에 이삭처럼 늘어진다. 둥근 솔방울열매는 열매자루가 없다. '낙우송(落羽松)'은 바늘잎이 달린 가지가 깃털처럼 생겼고 가을에 통째로 낙엽이 지기 때문에 붙여진 한자 이름이다.

4월 말의 수솔방울　　　　　7월의 어린 솔방울열매

## 노간주나무(측백나무과)

건조한 산에서 5~8m 높이로 자라는 늘푸른바늘잎나무. 곧게 자라는 나무는 원뿔이나 촛대 모양이다. 가지의 마디마다 짧은 바늘잎이 3~4개씩 돌려나는데 단단하고 끝이 뾰족해 찔리면 아프다. 암수딴그루로 4~5월에 잎겨드랑이에 동그스름한 암솔방울과 수솔방울이 달린다. 둥근 열매는 흰색 가루로 덮이며 꽃이 핀 다음 해 가을에 검게 익는다. 소의 콧구멍에 끼우는 코뚜레로 많이 사용하기 때문에 '코뚜레나무'라고 부르기도 한다.

4월의 수솔방울          6월 말의 어린 솔방울열매

## 측백나무(측백나무과)

흔히 심어 기르는 늘푸른바늘잎나무. 5~20m 높이로 자란다. 가지에 작고 납작한 잎이 비늘처럼 겹쳐지는데 앞 뒤의 색깔과 모양이 거의 비슷하다. 암수한그루로 4월에 가지 끝에 둥근 암솔방울과 타원형 수솔방울이 달린다. 둥그스름한 솔방울열매는 뿔 모양의 돌기가 있으며 분백색이 돈다. 솔방울열매는 가을에 적갈색으로 익으면 조각조각 벌어지면서 달걀형~타원형 씨앗이 나온다. 옛날에는 잎을 피를 멈추는 지혈제로 사용하였다.

4월 초의 수솔방울          7월의 어린 솔방울열매

## 서양측백(측백나무과)

북아메리카 원산의 늘푸른바늘잎나무. 관상수로 심으며 10~20m 높이로 자란다. 흔히 촘촘히 심어 생울타리를 만든다. 가지에 작고 납작한 잎이 비늘처럼 겹쳐진다. 암수한그루로 4~5월에 가지 끝에 암솔방울과 수솔방울이 달린다. 솔방울열매는 긴 타원형이며 측백나무와 달리 표면이 울퉁불퉁하지 않다. 열매는 가을에 적갈색으로 익으면 벌어져서 좁은 날개가 있는 씨앗이 나온다. 측백나무 종류로 서양이 원산지라서 '서양측백'이라고 한다.

4월의 수솔방울          10월의 솔방울열매

## 편백(측백나무과)

일본 원산의 늘푸른바늘잎나무. 남부 지방의 산에 심어 기르며 30m 정도 높이로 자란다. 가지에 작고 납작한 잎이 비늘처럼 겹쳐지는데 끝이 날카롭지 않다. 4월에 가지 끝에 암수솔방울이 달린다. 둥근 솔방울열매는 가을에 적갈색으로 익는다. 관상수로도 심고 방풍림으로 심기도 한다. 나무는 '피톤치드'라는 항균 물질을 분비하는데 바늘잎나무에 많으며 그중에서도 편백이 가장 많이 분비하기 때문에 삼림욕을 즐기는 데 가장 좋다.

삼림욕(森林浴)은 병을 치료하거나 건강을 위해 피톤치드가 풍부한 숲에서 산책을 하거나 숲 기운을 쐬는 일을 가리킨다.

4월의 암솔방울      5월의 어린 솔방울열매

### 화백(측백나무과)

일본 원산의 늘푸른바늘잎나무. 서울 이남에서 심어 기르며 30m 정도 높이로 자란다. 가지에 작고 납작한 잎이 비늘처럼 겹쳐진다. 편백과 닮았으나 잎 끝이 뾰족하고 뒷면은 분을 칠한 것 같이 희다. 암수한그루로 4월에 가지 끝에 황갈색 수솔방울과 연녹색 암솔방울이 달린다. 둥근 솔방울열매는 편백보다 조금 작으며 가을에 적갈색으로 익으면 칸칸이 벌어지면서 날개가 달린 씨앗이 나온다. 산이나 공원에 심어 기른다.

3월 말의 수솔방울      4월의 솔방울열매

### 향나무(측백나무과)

흔히 심어 기르는 늘푸른바늘잎나무. 15~20m 높이로 자란다. 어린 가지에는 짧은 바늘잎이 달리고 5년 이상쯤 나이가 먹은 가지에는 비늘잎이 달린다. 대부분 암수딴그루로 4월에 가지 끝에 연노란색 수솔방울이 달린다. 둥근 열매는 꽃이 핀 다음 해 가을에 검은색으로 익는다. 나무에서 나는 향기가 좋아 '향나무'라고 한다. 목재는 가구나 생활 도구를 만든다. 또 진한 향기가 귀신을 물리친다고 믿어 제례를 지낼 때 향을 피웠다.

5월의 수솔방울      한라산의 눈향나무 군락

### 눈향나무(측백나무과)

높은 산에서 50cm 정도 높이로 자라는 늘푸른바늘잎나무. 세찬 바람을 이겨 내기 위해 원줄기가 비스듬히 땅바닥을 긴다. 잎은 어릴 때는 날카로운 바늘잎이지만 찌르지 않으며 늙으면 비늘잎만으로 되는데 청록색이 돈다. 암수한그루로 5월에 가지 끝에 암수솔방울이 달린다. 둥근 열매는 꽃이 핀 다음 해 가을에 검푸른색으로 익으며 단맛이 난다. 관상수로 정원에 많이 심는다. 줄기가 비스듬히 눕는 향나무 종류라서 '눈향나무'라고 한다.

## 주목 (주목과)

주로 높은 산에서 10~20m 높이로 자라는 늘푸른바늘잎나무. 관상수로 심는다. 짧은 바늘잎은 가지에 촘촘히 달린다. 암수딴그루로 4월에 잎겨드랑이에 둥근 연노란색 수술방울이 달린다. 둥근 열매는 가을에 붉게 익는데 한쪽이 열려 있어 속에 들어 있는 씨앗이 보인다. 열매살은 단맛이 난다. '주목'은 '붉은 나무'란 뜻인데 나무 속 색깔이 붉은색을 띠고 있어서 붙여진 이름이다. 단단한 목재는 바둑판이나 조각재 등으로 귀하게 사용한다.

4월의 수술방울                8월 말에 익은 열매

## 비자나무 (주목과)

남부 지방의 산에서 20~25m 높이로 자라는 늘푸른바늘잎나무. 짧은 바늘잎은 새깃처럼 마주 달리고 끝이 날카로워 찔리면 아프다. 암수딴그루로 4~5월에 잎겨드랑이에 작은 연노란색 수술방울이 달린다. 타원형 열매는 익어도 녹색이다. 씨앗을 '비자'라고 하며 예전에는 몸속의 기생충을 없애는 구충제로 이용하였으며 기름을 짜서 쓴다. 목재는 조각재 등으로 귀하게 쓴다. 잎이 달린 가지가 한자 비(非)자를 닮아서 '비자나무'라고 한다.

5월의 수술방울                7월의 솔방울열매

## 개비자나무 (주목과)

산에서 2~5m 높이로 자라는 늘푸른바늘잎나무. 짧은 바늘잎은 새깃처럼 가지에 2줄로 마주나며 끝이 뾰족하지만 부드러워서 찌르지는 않는다. 대부분이 암수딴그루로 4월에 잎겨드랑이에 연한 황갈색 수술방울이 달리고 가지 끝에 연녹색 암솔방울이 달린다. 둥근 타원형 열매는 가을에 적갈색으로 익으며 단맛이 난다. 비자나무와 비슷하지만 크기가 작고 쓸모가 없어서 '개비자나무'라고 한다. 북한에서는 '좀비자나무'라고 부른다.

4월의 수술방울                9월에 익은 솔방울열매

전북 완주의 무궁화

# 여름에 피는 나무꽃

봄철만큼은 아니지만 무더운 여름철에 꽃을 피워 내는 나무들
도 꽤 있다. 그리고 나무 중에는 늦가을부터 시작해서 한겨울
에도 꽃이 피는 종도 있는데 동백나무, 팔손이, 비파나무 등이
대표적이다. 여름에 피는 나무꽃은 들과 산에서 자라는 나무와
관상수를 포함해 102종을 소개하였다.

8월에 핀 꽃 　　　　　　　10월의 열매

## 병조희풀(미나리아재비과)

산에서 1m 정도 높이로 자라는 갈잎 떨기나무. 잎은 마주나고 3장의 작은 잎이 모여 달린 겹잎이다. 작은잎은 넓은 달걀형이며 끝부분이 3갈래로 갈라지기도 한다. 7~8월에 잎겨드랑이에 자주색 꽃이 모여 핀다. 항아리 모양의 꽃부리는 윗부분이 4갈래로 갈라져 뒤로 젖혀진다. 9~10월에 익는 납작한 타원형 열매는 끝에 흰색 깃털이 달려 있다. 조희풀 종류로 병(항아리) 모양의 꽃이 피어서 '병조희풀'이라고 한다.

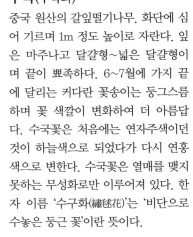

6월에 핀 꽃 　　　　　　　10월의 시든 꽃송이

## 수국(수국과)

중국 원산의 갈잎떨기나무. 화단에 심어 기르며 1m 정도 높이로 자란다. 잎은 마주나고 달걀형~넓은 달걀형이며 끝이 뾰족하다. 6~7월에 가지 끝에 달리는 커다란 꽃송이는 둥그스름하며 꽃 색깔이 변화하여 더 아름답다. 수국꽃은 처음에는 연자주색이던 것이 하늘색으로 되었다가 다시 연홍색으로 변한다. 수국꽃은 열매를 맺지 못하는 무성화로만 이루어져 있다. 한자 이름 '수구화(繡毬花)'는 '비단으로 수놓은 둥근 꽃'이란 뜻이다.

7월에 핀 꽃 　　　　　　　8월의 어린 열매

## 산수국(수국과)

산에서 1m 정도 높이로 자라는 갈잎떨기나무. 타원형 잎은 마주난다. 6~8월에 가지 끝에 접시 모양의 커다란 꽃송이가 달린다. 꽃송이 가장자리에는 3~4장의 꽃잎처럼 생긴 꽃받침조각만 가진 장식꽃이 빙 둘러난다. 장식꽃은 자주색, 연한 푸른색, 연분홍색 등 여러 가지이다. 중심부에 있는 자잘한 꽃은 암술과 수술을 가진 양성꽃이다. 달걀형 열매는 끝에 암술대가 남는다. 수국과 비슷하며 산에서 자라기 때문에 '산수국'이라고 한다.

여름은 뜨거운 햇빛 아래 식물이 왕성하게 성장하는 계절이다. 또한 꽃이 가장 많이 피는 계절이기도 하다.

6월에 핀 꽃                    10월에 익은 열매

겨울눈

## 작살나무(꿀풀과)

산에서 1~3m 높이로 자라는 갈잎떨기나무. 가지는 둥글며 겨울눈은 좁고 긴 타원형이며 자루가 있다. 잎은 마주나고 긴 타원형이며 끝이 길게 뾰족하다. 6~8월에 잎겨드랑이에서 나오는 꽃송이에 연자주색 꽃이 모여 피는데 향기가 난다. 구슬처럼 작은 열매는 가을에 보라색으로 익으며 오래도록 매달려 있다. 보라색 열매송이가 보기 좋아 관상수로 심기도 한다. 겨울눈이 달린 가지 모양이 작살을 닮아서 '작살나무'라고 한다.

9월에 핀 꽃                    9월의 열매

## 꼬리조팝나무(장미과)

지리산 이북의 산골짜기에서 1~2m 높이로 자라는 갈잎떨기나무. 잎은 어긋나고 좁은 타원형이며 가장자리에 뾰족한 잔톱니가 있다. 6~8월에 줄기 끝에 달리는 원뿔 모양의 꽃송이에 자잘한 연한 홍자색 꽃이 촘촘히 모여 핀다. 많은 수술은 꽃잎 밖으로 길게 나오며 꽃에 꿀이 많아 벌이 많이 찾아온다. 열매는 가을에 익는다. 정원수로 심고 생울타리를 만들기도 한다. 조팝나무 종류로 꽃송이가 꼬리처럼 길어서 '꼬리조팝나무'라고 한다.

7월에 핀 꽃                    7월에 익은 열매

## 해당화(장미과)

바닷가 모래땅에서 1~1.5m 높이로 자라는 갈잎떨기나무. 줄기에는 가시와 털이 많이 나 있다. 잎은 어긋나고 5~9장의 작은잎이 깃꼴로 붙는 겹잎이다. 잎겨드랑이에 커다란 턱잎이 있다. 5~7월에 가지 끝에 1~3개의 붉은색 꽃이 피는데 향기가 좋다. 둥근 열매는 붉은색으로 익으며 열매살 부분은 먹을 수 있다. 진한 향기가 나는 꽃은 향수의 원료로 쓴다. 또 꽃잎을 말려서 몸에 지니거나 술을 담그기도 하고 차를 끓여 마시기도 한다.

여름과 가을에 꽃이 피는 식물은 '단일식물'에 속하는데 하지가 지나서 점차 낮이 짧아지기 시작하면 꽃이 피는 식물을 말한다.

7월에 핀 꽃

9월에 익은 열매

## 무궁화(아욱과)

관상수로 심는 갈잎떨기나무. 2~4m 높이로 자란다. 우리나라 국화로 대부분 정원수나 생울타리로 많이 심는다. 잎은 어긋나고 달걀형이며 3갈래로 얕게 갈라지기도 한다. 7~9월에 잎겨드랑이에 분홍색 꽃이 1개씩 핀다. '무궁화(無窮花)'는 '끝이 없이 계속 피는 꽃'이란 뜻이다. 하루살이 꽃이지만 수많은 꽃송이가 피고 지기를 계속 반복하기 때문에 '무궁화'라고 부른다. 무궁화는 100여 종이 넘는 품종이 개발되어 널리 심고 있다.

8월에 핀 꽃

10월의 **무늬협죽도** 꽃

## 협죽도(협죽도과)

인도 원산의 늘푸른떨기나무. 남부 지방에서 관상수로 심으며 3~4m 높이로 자란다. 녹색 가지에 칼 모양의 잎이 3장씩 돌려난다. 7~9월에 가지 끝에 붉은색 꽃이 모여 핀다. 겹꽃이나 흰색 꽃이 피는 품종도 있다. 열매는 가는 원통형이다. 잎가지는 독성이 강하므로 주의해야 한다. 한자 이름 '협죽도(夾竹桃)'는 잎이 대나무잎 같고 꽃이 복숭아꽃을 닮아서 붙여진 이름이다. 잎에 연노란색 얼룩무늬가 있는 품종은 **'무늬협죽도'**라고 한다.

6월 말에 핀 꽃

7월의 능소화

## 능소화(능소화과)

중국 원산의 갈잎덩굴나무. 10m 정도 길이로 벋는다. 아주 오래 전에 우리나라에 들어왔으며 관상용으로 심어 기른다. 줄기의 마디에서 나오는 공기뿌리로 벽에 붙거나 다른 물체를 타고 오른다. 잎은 마주나고 7~11장의 작은잎이 깃꼴로 마주 붙는 겹잎이다. 7~9월에 가지 끝에서 늘어지는 꽃송이에 옆을 보고 피는 넓은 깔때기 모양의 주홍색 꽃은 5갈래로 얕게 갈라진다. 옛날에는 양반집에만 심을 수 있어 '양반꽃'이라고 불렀다고 한다.

아욱과의 식물은 꽃잎이 5장이고 긴 암술대 밑부분에 많은 수술이 붙는 특징이 있다.

7월에 핀 꽃　　　　　　　　　　10월에 익은 열매

## 구기자나무(가지과)

마을 주변에서 자라는 갈잎떨기나무. 심어 기르기도 한다. 가는 줄기는 2~4m 높이로 비스듬히 자라고 끝이 밑으로 처진다. 흔히 짧은가지가 가시로 변하기도 한다. 잎은 어긋나고 긴 타원형이며 뒷면은 연녹색이다. 잎겨드랑이에 자주색 꽃이 6월부터 피기 시작해서 9월까지 계속 피고 지기를 반복한다. 가을에 붉게 익는 타원형~달걀형 열매를 '구기자(枸杞子)'라 하여 몸을 튼튼하게 해 주는 약재로 사용하며 흔히 술을 담그거나 차를 끓여 마신다.

6월에 핀 꽃　　　　　　　　　　9월에 익은 열매

## 낙상홍(감탕나무과)

일본 원산의 갈잎떨기나무. 관상수로 심으며 2~3m 높이로 자란다. 타원형 잎은 어긋난다. 암수딴그루로 6월에 햇가지의 잎겨드랑이에 연자주색 꽃이 모여 핀다. 수꽃은 수술이 4~5개이고 암꽃에는 둥근 녹색 씨방이 있다. 콩알만 한 열매는 가을에 붉게 익는다. 잎이 떨어진 겨울까지도 붉은 열매가 다닥다닥 달린 모습이 보기 좋다. '낙상홍(落霜紅)'이란 한자 이름은 서리가 내릴 때까지 붉은 열매를 달고 있어서 붙여진 이름이다.

7월에 핀 꽃　　　　　　　　　　10월의 열매

## 배롱나무(부처꽃과)

중국 원산의 갈잎작은키나무. 관상수로 심으며 3~7m 높이로 자란다. 줄기는 매끈하고 얼룩무늬가 생긴다. 타원형~거꿀달걀형 잎은 마주난다. 7~9월에 가지 끝의 꽃송이에 붉은색 꽃이 피는데 꽃잎은 주름이 많다. 보라색이나 흰색 꽃이 피는 품종도 있다. 배롱나무는 백일홍처럼 꽃이 100일 동안 핀다 하여 '백일홍나무'라고 불렸는데 점차 '배롱나무'로 변했다. 매끄러운 줄기를 긁으면 간지럼을 타듯 나무가 움직여서 '간지럼나무'라는 별명도 있다.

7월에 핀 꽃　　　　　　　10월의 열매

## 자귀나무(콩과)

산과 들에서 4~10m 높이로 자라는 갈잎작은키나무. 관상수로 심기도 한다. 잎은 어긋나고 작은잎이 깃꼴로 마주 붙는 겹잎이다. 밤이 되면 마주보는 두 잎씩 포개져 마치 잠을 자는 것 같다 하여 '자귀나무'라고 한다. 6~7월에 가지 끝에 달리는 꽃송이에 분홍색 술 모양의 꽃이 모여 핀다. 납작한 꼬투리열매는 10~11월에 익으며 겨울까지 매달려 있다. 소가 잎을 잘 먹기 때문에 남부 지방에서는 '소쌀나무'라고 부르기도 한다.

8월 초에 핀 꽃　　　　　　8월의 어린 열매

## 칡(콩과)

산과 들에서 10m가 넘게 벋는 갈잎덩굴나무. 어린 줄기와 잎에 갈색 털이 빽빽하다. 잎은 어긋나고 3장의 작은잎이 모여 달린 겹잎이다. 7~8월에 잎겨드랑이에 달리는 꽃대에 나비 모양의 적자색 꽃이 촘촘히 붙는다. 길고 납작한 꼬투리열매는 갈색 털로 덮여 있다. 녹말이 많이 든 칡뿌리는 캐서 즙을 내어 마시며 국수나 엿 등을 만들어 먹는다. 질긴 줄기는 새끼줄 대신에 사용하고 껍질을 벗겨 '갈포'라는 옷감을 만들어 쓰기도 했다.

5월에 핀 꽃　　　　　　　9월 말의 열매

## 족제비싸리(콩과)

북아메리카 원산의 갈잎떨기나무. 2~5m 높이로 자란다. 잎은 어긋나고 작은잎이 깃꼴로 붙는 겹잎이다. 5~6월에 가지 끝의 기다란 꽃송이에 흑자색 꽃이 촘촘히 피는데 향기가 강하다. 작은 꼬투리열매는 9월에 익는다. 잎을 따거나 가지를 자르면 역겨운 냄새가 난다. 꽃차례가 족제비 꼬리를 닮았고 역겨운 냄새가 나며 열매가 싸리 꼬투리열매처럼 작아서 '족제비싸리'라고 한다. 1930년대에 철길 가장자리나 개울둑에 사방용으로 심었다.

자귀나무는 밤이 되면 두 잎씩 포개지는 수면운동을 하는데 자귀풀(p.86)이나 긴강남차(p.272) 같은 콩과 식물도 수면운동을 한다.

8월에 핀 꽃

9월의 열매

## 싸리(콩과)

산과 들에서 2~3m 높이로 자라는 갈잎떨기나무. 잎은 어긋나고 3장의 작은잎이 모여 달린 겹잎이다. 7~8월에 잎겨드랑이와 가지 끝의 꽃송이에 나비 모양의 붉은색 꽃이 촘촘히 모여 핀다. 타원형의 작은 꼬투리열매는 가을에 갈색으로 익는다. 가는 줄기는 단단하면서도 탄력이 강해서 삼태기, 키, 통발, 소쿠리, 싸리비를 만들고 싸리를 엮어서 울타리도 만들었다. 또 아이들의 훈육에 사용하는 회초리로도 가장 흔히 사용하던 나무이다.

9월에 핀 꽃

9월의 열매

## 조록싸리(콩과)

산에서 2~3m 높이로 자라는 갈잎떨기나무. 잎은 어긋나고 3장의 작은잎이 모여 달린 겹잎이다. 작은잎은 끝이 뾰족하며 뒷면에 긴털이 있다. 6~7월에 잎겨드랑이나 가지 끝에서 자란 꽃송이에 나비 모양의 홍자색 꽃이 모여 핀다. 꽃에 꿀이 많아 양봉으로 꿀을 많이 딸 수 있다. 납작한 타원형 꼬투리열매는 끝이 뾰족하고 비단털로 덮여 있다. 줄기는 싸리처럼 생활에 필요한 공예품을 만들거나 싸리비를 만들어 썼다.

9월에 핀 꽃

11월의 열매

## 층꽃나무(꿀풀과)

남부 지방의 바닷가에서 30~60㎝ 높이로 자라는 갈잎떨기나무. 잎은 마주나고 달걀형이며 가장자리에 큰 톱니가 있다. 잎 뒷면은 회백색 털이 빽빽하다. 7~9월에 가지 윗부분의 잎겨드랑이에 달리는 꽃송이에 보라색 꽃이 촘촘히 핀다. 열매는 꽃받침 안에 5개씩 들어 있다. 식물 전체에서 박하 비슷한 특유의 향이 난다. 줄기 윗부분에 꽃이 층층으로 촘촘히 돌려 가며 달려서 '층꽃나무'라고 한다. 꽃이 핀 줄기를 잘라 꽃꽂이 재료로 쓴다.

6월 말에 핀 꽃

잎가지

## 백리향(꿀풀과)

높은 산에서 자라는 갈잎떨기나무. 땅바닥을 기며 퍼져 나가는 줄기에서 갈라진 가지들은 3~15㎝ 높이로 비스듬히 선다. 크기가 작아 풀처럼 보인다. 타원형~긴 달걀형 잎은 마주나고 양면에 기름점이 있어서 향기가 난다. 6~8월에 가지 끝에 입술 모양의 작은 홍자색 꽃이 2~4개씩 둥글게 모여 핀다. '백리향(百里香)'은 '향기가 백리를 간다'는 뜻으로 진한 꽃향기 때문에 붙여진 이름이다. 향기가 좋아 관상용으로 화단에 심기도 한다.

7월에 핀 꽃

10월의 열매

## 순비기나무(꿀풀과)

바닷가 모래땅에서 30~70㎝ 높이로 무리 지어 자라는 갈잎떨기나무. 잎은 마주나고 넓은 달걀형~타원형이며 뒷면이 회백색을 띤다. 7~9월에 가지 끝에 달리는 원뿔 모양의 꽃송이에 입술 모양의 청자색 꽃이 모여 핀다. 둥그스름한 열매는 가을에 흑자색으로 익는다. 제주도 사투리인 '숨비기'는 해녀가 숨을 비워서 물에 들어가는 동작을 말한다. 숨비기가 변해서 '순비기'가 되었는데 순비기나무도 땅을 기는 줄기가 모래 속으로 들어간다.

8월에 핀 꽃

10월에 익은 열매

## 오갈피나무(두릅나무과)

산에서 2~4m 높이로 자라는 갈잎떨기나무. 줄기에는 드물게 굵은 가시가 달린다. 잎은 어긋나고 긴 잎자루 끝에 3~5장의 작은잎이 손바닥 모양으로 붙는 겹잎이다. 8~9월에 가지 끝에서 갈라진 가지마다 자잘한 자주색 꽃이 둥글게 모여 달린다. 공 모양으로 둥글게 모여 달린 열매는 가을에 검은색으로 익는다. '오갈피'라는 이름은 한자 이름 '오가피(五加皮)'가 변한 것으로 뿌리 껍질을 '오갈피'라고 하여 한약재로 이용한다.

6월에 핀 꽃                    8월의 열매

## 모감주나무(무환자나무과)

바닷가에서 10m 정도 높이로 자라는 갈잎작은키나무. 잎은 어긋나고 작은 잎이 깃꼴로 붙는 겹잎이다. 7월에 가지 끝에 달리는 커다란 원뿔 모양의 꽃송이에 자잘한 노란색 꽃이 촘촘히 모여 핀다. 꽈리처럼 생긴 세모꼴의 열매는 가을에 갈색으로 익으면 3갈래로 갈라진다. 열매 속에 들어 있는 3개의 둥근 씨앗은 가볍고 단단해서 염주를 만들기 때문에 '염주나무'라고도 한다. 꽃과 열매의 모양이 보기 좋아 관상수로 심기도 한다.

10월에 핀 꽃                    꽃 모양

## 금목서(물푸레나무과)

중국 원산의 늘푸른작은키나무. 3~6m 높이로 자란다. 잎은 마주나고 좁은 타원형이며 가장자리 윗부분에 잔톱니가 있다. 암수딴그루로 10월에 가지 윗부분의 잎겨드랑이에 주황색 꽃이 피는데 향기가 진하다. 꽃부리는 4갈래로 깊게 갈라져서 벌어진다. 남부 지방에서 관상수로 심는데 우리나라에서 자라는 것은 대부분이 수그루라서 열매를 보기가 힘들다. 목서 종류로 갓 핀 꽃 색깔은 황금색이 돌아서 '금목서'라고 한다.

6월에 핀 꽃                    9월에 익은 열매

## 대추나무(갈매나무과)

흔히 마을 주변에 심어 기르는 갈잎작은키나무. 5~8m 높이로 자란다. 달걀형 잎은 어긋나고 앞면은 광택이 난다. 6~7월에 잎겨드랑이에 자잘한 연노란색 꽃이 2~3개씩 모여 핀다. 둥근 타원형~달걀형 열매를 '대추'라고 부르며 가을에 적갈색으로 익는다. 대추는 한약재에도 많이 사용하며 떡이나 약식을 비롯한 여러 음식에도 들어간다. 중국의 한자 이름인 '대조목(大棗木)'을 보고 '대조나무'라고 하던 것이 변해 '대추나무'가 되었다.

염주는 염불할 때에 손으로 돌려 개수를 세거나 손목 또는 목에 거는 법구로 모감주나무나 무환자나무 또는 피나무 열매로 만든다.

6월 초에 핀 꽃　　　　　8월의 열매

## 망종화(물레나물과)

중국 원산의 갈잎떨기나무. 1m 정도 높이로 자라며 관상수로 심는다. 달걀형의 잎은 마주난다. 6~7월에 가지 끝에 노란색 꽃이 모여 핀다. 열매는 달걀형이며 가을에 익는다. '망종화(芒種花)'는 일본에서 사용하는 한자 이름인데 망종 무렵에 꽃이 피기 시작하기 때문에 붙여진 이름으로 추측한다. 중국에서는 '금사매(金絲梅)'라고 하는데 노란색 꽃이 매화를 닮았고 많은 노란색 수술이 금빛 나는 실과 같다고 해서 붙여진 이름이다.

6월에 핀 꽃　　　　　9월에 익은 열매

## 까마귀베개(갈매나무과)

남부 지방의 산에서 5~8m 높이로 자라는 갈잎작은키나무. 잎은 어긋나고 긴 타원형이며 끝이 길게 뾰족해지고 가장자리에 뾰족한 잔톱니가 있다. 6월에 잎겨드랑이에 자잘한 연노란색 꽃이 모여 피는데 크기가 작아 눈에 잘 띄지 않는다. 긴 타원형 열매는 가을에 익는데 노란색으로 되었다가 붉게 변한 후 검은색으로 익는다. 열매가 여러 가지 색으로 변하는 모습이 보기 좋다. 베개 모양의 열매가 까맣게 익어서 '까마귀베개'라고 한다.

7월에 핀 꽃　　　　　9월 초의 열매

## 벽오동(아욱과)

중국 원산의 갈잎큰키나무. 관상수로 심는다. 15m 정도 높이로 자라는 줄기는 녹색이 돈다. 잎은 어긋나고 둥근 달걀형이며 3~5갈래로 갈라진다. 암수한그루로 6~7월에 가지 끝의 커다란 꽃송이에 자잘한 노란색 꽃이 핀다. 익기 전에 갈라지는 열매껍질 가장자리에는 작은 콩알 모양의 씨앗이 붙어 있다. 커다란 잎의 모양이 오동잎과 비슷하고 줄기가 푸르기 때문에 푸를 벽(碧)자를 써서 '벽오동(碧梧桐)'이라고 한다.

망종(芒種)은 24절기의 하나로 6월 6일경이며 모내기를 하고 보리를 수확하는 시기이다.

## 피나무(아욱과)

산에서 20~25m 높이로 자라는 갈잎 큰키나무. 잎은 어긋나고 하트 모양이며 끝이 길게 뾰족하다. 6~7월에 잎겨드랑이에서 늘어진 꽃송이에 자잘한 연노란색 꽃이 모여 피는데 향기가 좋고 꿀이 많다. 꽃대에 주걱 모양의 날개가 붙어 있다. 둥근 열매는 갈색털이 빽빽하다. 질긴 나무껍질로 섬유를 짜서 자루, 포대, 망태, 그물 등을 만들었다. 이처럼 나무껍질을 요긴하게 써서 껍질 피(皮)자를 써서 '피나무'라고 부른다.

7월에 핀 꽃

7월의 어린 열매

## 붉나무(옻나무과)

산과 들에서 7m 정도 높이로 자라는 갈잎작은키나무. 잎은 어긋나고 7~13장의 작은잎이 깃꼴로 붙는 겹잎이며 잎자루에 날개가 있다. 8~9월에 가지 끝에 달리는 원뿔 모양의 꽃송이에 자잘한 황백색 꽃이 촘촘히 모여 핀다. 작은 포도송이 모양의 열매는 가을에 익는다. 붉나무 눈에 생기는 벌레집은 '오배자'라 하여 한약재로 쓴다. 가을 단풍이 불타는 듯 강렬한 붉은색이라서 '붉나무'라고 하며 사투리로 '불나무'라고 부르는 곳도 있다.

8월에 핀 꽃

9월의 열매

## 무환자나무(무환자나무과)

남부 지방에서 15~20m 높이로 자라는 갈잎큰키나무. 잎은 어긋나고 4~6쌍의 작은잎이 깃꼴로 붙는 겹잎이다. 6~7월에 가지 끝에 달리는 원뿔 모양의 꽃송이에 자잘한 연노란색 꽃이 핀다. 둥근 열매는 밑부분이 볼록하며 가을에 황갈색으로 익는다. 예전에는 열매껍질을 비누 대신 빨래를 하거나 머리를 감는 데 사용했다. 또 단단한 씨앗으로 염주를 만든다. '무환자(無患子)나무'는 '집 안에 심으면 우환이 없다'는 뜻의 이름이다.

7월에 핀 꽃

11월에 익은 열매

6월에 핀 꽃　　　　　7월의 열매

## 가죽나무(소태나무과)

산기슭이나 마을 주변에서 10~20m 높이로 자라는 갈잎큰키나무. '가중나무'라고도 한다. 잎은 어긋나고 작은 잎이 깃꼴로 붙는 겹잎이다. 암수딴그루로 5~6월에 가지 끝의 커다란 꽃송이에 자잘한 연한 황록색 꽃이 모여 핀다. 프로펠러처럼 생긴 긴 날개 열매가 많이 모여 달리는데 날개 가운데에 1개의 씨앗이 들어 있다. 가죽나무는 '가짜 죽나무'란 뜻으로 비슷하게 생긴 참죽나무와 달리 쓸모가 덜해서 붙여진 이름이다.

10월에 핀 꽃　　　　　4월의 열매

## 송악(두릅나무과)

남부 지방의 나무나 바위에 붙어서 자라는 늘푸른덩굴나무. 줄기에서 많은 공기뿌리가 나와 다른 물체에 달라붙는다. 잎은 어긋나고 둥근 마름모 모양이며 두꺼운 가죽질이고 앞면은 광택이 난다. 어린 가지에 달리는 잎은 3~5갈래로 얕게 갈라지기도 한다. 10~11월에 가지 끝에 자잘한 황록색 꽃이 둥글게 모여 핀다. 둥근 열매는 다음 해 5월쯤에 검은색으로 익는다. 남부 지방에서는 잎을 소가 잘 먹는다고 '소밥나무'로 부르기도 한다.

씨앗 모양

7월에 핀 꽃　　　　　10월에 익은 열매

## 댕댕이덩굴(방기과)

산과 들의 양지바른 풀밭에서 자라는 갈잎덩굴나무. 가는 줄기는 다른 물체를 감고 3m 정도 길이로 벋는다. 잎은 어긋나고 긴 달걀형~하트형이며 가장자리가 3갈래로 얕게 갈라지기도 한다. 암수딴그루로 6~8월에 가지 끝과 잎겨드랑이에 자잘한 연한 황백색 꽃이 모여 핀다. 둥근 열매는 가을에 흑자색이나 검은색으로 익으며 흰색 가루로 덮여 있다. 씨앗은 굼벵이가 동그랗게 말려 있는 모양이다. 예전에 질긴 줄기로 바구니를 엮어 만들어 썼다.

5월에 핀 수꽃　　　　　9월에 익은 열매

## 오미자(오미자과)

산에서 8m 정도 길이로 벋는 갈잎덩굴나무. 타원형~달걀형 잎은 어긋난다. 암수딴그루로 5~6월에 잎겨드랑이에 작은 종 모양의 연노란색 꽃이 모여 핀다. 작은 포도송이 모양의 열매는 가을에 붉은색으로 익는다. '오미자(五味子)'는 단맛, 신맛, 매운맛, 쓴맛, 짠맛의 '5가지 맛이 나는 열매'란 뜻이며 특히 신맛이 강하다. 열매는 기침을 멎게 하는 한약재로 사용한다. 민간에서는 열매로 고운 붉은색 빛깔의 오미자차를 만들어 마셨다.

9월 말에 핀 수꽃　　　　6월 초에 익은 열매

## 까마귀쪽나무(녹나무과)

울릉도와 남쪽 섬에서 7m 정도 높이로 자라는 늘푸른작은키나무. 어린 가지는 굵고 황갈색 솜털이 빽빽이 난다. 잎은 어긋나고 긴 타원형이며 가장자리는 약간 뒤로 말린다. 잎몸은 두꺼운 가죽질이며 앞면은 광택이 나고 뒷면에는 황갈색 솜털이 빽빽이 난다. 암수딴그루로 9~11월에 잎겨드랑이에 자잘한 연노란색 꽃이 모여 핀다. 타원형 열매는 꽃이 핀 다음 해 5~6월에 진자주색으로 익는다. 제주도에서는 '구롬비낭'이라고 한다.

6월에 핀 수꽃　　　　　8월의 열매

## 예덕나무(대극과)

주로 남부 지방에서 5~10m 높이로 자라는 갈잎작은키나무. 잎은 어긋나고 둥근 달걀형이며 3갈래로 얕게 갈라지기도 한다. 봄에 돋는 어린잎은 붉은색이다. 암수딴그루로 6~7월에 가지 끝에 달리는 꽃송이에 자잘한 연노란색 꽃이 모여 핀다. 열매는 9~10월에 갈색으로 익으면 3~4갈래로 갈라지면서 검은색 씨앗이 드러난다. 예덕나무는 한자로는 '야오동(野梧桐)'이라고 하는데 잎이 작지만 오동잎을 닮았고 들에서 자라서 붙여진 이름이다.

7월에 핀 수꽃                    7월의 어린 열매

## 광대싸리(여우주머니과)

산과 들의 양지바른 곳에서 3~4m 높이로 자라는 갈잎떨기나무. 줄기는 가지가 많이 갈라지며 가는 가지는 끝이 밑으로 처진다. 잎은 어긋나고 타원형이며 뒷면은 흰빛이 돈다. 암수딴그루로 6~7월에 잎겨드랑이에 자잘한 연노란색 꽃이 모여 피는데 수꽃은 꽃자루가 짧고 암꽃은 꽃자루가 수꽃보다 조금 길다. 둥글납작한 열매는 9~10월에 황갈색으로 익는다. 잎이 싸리잎과 비슷한데 광대처럼 싸리 흉내를 낸다고 '광대싸리'라고 한다.

7월에 핀 꽃                    10월의 열매

## 회화나무(콩과)

중국 원산의 갈잎큰키나무. 관상수로 심으며 15~25m 높이로 자란다. 잎은 어긋나고 7~17장의 작은잎이 깃꼴로 붙는 겹잎이다. 7~8월에 가지 끝에 달리는 원뿔 모양의 꽃송이에 나비 모양의 연노란색 꽃이 모여 핀다. 기다란 꼬투리열매는 염주 모양으로 울룩불룩하며 가을에 익는다. 중국의 한자 이름은 '괴화(槐花)'인데 '괴(槐)'의 중국식 발음이 '회'라서 '회화나무'가 되었다고 한다. 회화나무꽃은 종이를 노랗게 물들이는 물감으로 쓰기도 한다.

6월에 핀 꽃                    9월의 벌어진 열매

## 밤나무(참나무과)

산에서 15m 정도 높이로 자라는 갈잎큰키나무. 긴 타원형의 잎은 어긋나고 가장자리에 가시 같은 톱니가 있다. 암수한그루로 6월에 잎겨드랑이에 달리는 기다란 꽃송이에 연한 황백색 꽃이 촘촘히 모여 핀다. 밤꽃은 향기가 매우 진하며 꿀이 많아 벌이 많이 모여 든다. 날카로운 가시로 싸여 있는 밤송이는 가을에 익으면 4갈래로 갈라져 벌어진다. 밤은 구워 먹거나 쪄 먹으며 음식에도 들어가고 생밤은 제사상에도 오른다.

6월 초에 핀 수꽃

10월에 익은 열매

## 꾸지뽕나무(뽕나무과)

남부 지방의 바닷가에서 3~8m 높이로 자라는 갈잎작은키나무~떨기나무. 잎겨드랑이에 날카로운 가시가 있다. 잎은 어긋나고 달걀형이며 3갈래로 갈라지기도 한다. 잎가지를 자르면 흰색 즙이 나온다. 암수딴그루로 5~6월에 잎겨드랑이에 둥근 황록색 꽃송이가 달린다. 둥근 열매는 가을에 붉게 익으며 단맛이 나고 먹을 수 있다. 뽕나무가 아닌 것이 굳이 뽕나무라고 우겨서 '꾸지뽕나무'라고 하며 잎을 뽕나무잎처럼 누에의 먹이로 쓴다.

7월에 핀 수꽃

9월의 어린 열매

## 산초나무(운향과)

산에서 3m 정도 높이로 자라는 갈잎떨기나무. 줄기와 가지에 날카로운 가시가 어긋난다. 잎은 어긋나고 긴 잎자루에 7~19장의 작은잎이 깃꼴로 붙는 겹잎이다. 암수딴그루로 7~8월에 가지 끝의 꽃송이에 자잘한 연노란색 꽃이 고르게 모여 달린다. 작고 둥근 열매는 가을에 적갈색으로 익으면 껍질이 2갈래로 벌어지면서 검은 씨앗이 드러난다. 씨앗으로 짠 기름은 향신료로 이용한다. 한자 이름 '산초(山椒)'에서 '산초나무'가 유래되었다.

7월에 핀 꽃

9월의 열매

## 개오동(능소화과)

중국 원산의 갈잎큰키나무. 관상수로 심으며 8~12m 높이로 자란다. 오동잎처럼 큼직한 잎은 2장씩 마주나거나 3장씩 돌려난다. 넓은 달걀형의 잎몸은 3~5갈래로 얕게 갈라진다. 6~7월에 가지 끝에 달리는 원뿔 모양의 꽃송이에 연노란색 꽃이 모여 핀다. 10월에 익는 열매는 노끈처럼 가늘고 길게 늘어져 '노끈나무'라고도 부른다. 커다란 잎이 달린 나무 모양이 오동나무와 비슷하지만 쓸모가 오동만은 못해서 '개오동'이라고 한다.

7월에 핀 꽃　　　　　　　　　7월의 으아리

## 으아리(미나리아재비과)

숲 가장자리에서 1~5m 길이로 벋는 갈잎덩굴나무. 땅 위의 줄기는 겨울에 말라 죽는다. 잎은 마주나고 3~7장의 작은잎이 붙는 겹잎이다. 작은잎은 타원형~달걀형이며 뒷면은 연녹색이다. 6~8월에 가지 끝이나 잎겨드랑이에서 자란 꽃송이에 흰색 꽃이 모여 피는데 꽃자루에 털이 거의 없다. 흰색 꽃덮이조각은 4~6장이며 수평으로 벌어진다. 납작한 달걀형의 열매에 남아 있는 기다란 암술대는 깃털 모양으로 변해서 바람에 날려 퍼진다.

8월에 핀 꽃　　　　　　　　9월 초의 어린 열매

## 사위질빵(미나리아재비과)

산과 들에서 흔히 자라는 갈잎덩굴나무. 연약한 줄기는 2~8m 길이로 벋는다. 잎은 마주나고 긴 잎자루 끝에 3장의 작은잎이 모여 달린 겹잎이다. 긴 잎자루는 덩굴손처럼 다른 물체에 닿으면 감긴다. 7~9월에 가지 끝과 잎겨드랑이의 꽃송이에 자잘한 흰색 꽃이 촘촘히 모여 핀다. 열매에는 털이 있는 암술대가 길게 꼬리처럼 달려 있다. 장모가 약한 줄기를 사위가 지는 짐을 묶는 질빵으로 쓰게 해서 '사위질빵'이라고 한다.

9월에 핀 꽃　　　　　　　　4월에 익은 열매

## 보리밥나무(보리수나무과)

남부 지방의 바닷가 산에서 2~4m 길이로 벋는 늘푸른덩굴나무. 가지는 갈색과 은갈색의 비늘털로 덮여 있다. 잎은 어긋나고 넓은 달걀형이며 앞면은 광택이 나고 뒷면은 은백색을 띤다. 9~11월에 잎겨드랑이에 1~3개의 작은 종 모양의 꽃이 모여 핀다. 처음에 핀 꽃은 흰색이지만 점차 누런색으로 변한다. 긴 타원형 열매는 다음 해 4~5월에 붉게 익는데 은백색 비늘털로 덮여 있으며 먹을 수 있다. 씨앗은 보리쌀을 닮았다.

7월 초에 피기 시작한 꽃　　8월의 **큰나무수국**

### 나무수국(수국과)

중국과 일본 원산의 갈잎떨기나무. 관상수로 화단에 심어 기르며 2~5m 높이로 자란다. 많이 갈라지는 가지는 비스듬히 휘어진다. 타원형 잎은 2장씩 마주나지만 때로는 3장씩 돌려나기도 한다. 7~8월에 가지 끝에 원뿔 모양의 커다란 흰색 꽃송이가 달린다. 꽃송이에는 흰색 꽃받침조각만 가진 장식꽃과 암술과 수술이 모두 다 있는 양성꽃이 섞여 있다. 꽃송이가 모두 장식꽃만으로 이루어진 품종은 '**큰나무수국**'이라고 한다.

6월에 핀 꽃　　9월의 열매

### 개회나무(물푸레나무과)

산에서 4~7m 높이로 자라는 갈잎작은키나무. 잎은 마주나고 넓은 달걀형이며 끝은 갑자기 뾰족해진다. 잎 양면에 털이 없다. 6~7월에 가지 끝에 달리는 원뿔 모양의 커다란 꽃송이에 자잘한 흰색 꽃이 촘촘히 모여 피는데 향기가 있다. 꽃부리는 깔때기 모양이며 4갈래로 갈라져 벌어진다. 긴 타원형 열매는 표면에 껍질눈이 흩어져 나고 가을에 익으면 세로로 쪼개진다. 납작한 타원형 씨앗은 둘레에 날개가 있어 바람에 날려 퍼진다.

11월에 핀 꽃　　6월에 익은 열매

### 구골나무(물푸레나무과)

일본과 대만 원산의 늘푸른떨기나무~작은키나무. 남부 지방에서 관상수로 심으며 4~8m 높이로 자란다. 잎은 마주나고 타원형이며 두껍고 가죽처럼 질기며 앞면은 광택이 난다. 가장자리가 밋밋한 잎과 2~5개의 모서리가 가시로 된 잎이 함께 난다. 암수딴그루로 11~12월에 잎겨드랑이에 자잘한 흰색 꽃이 모여 핀다. 꽃부리는 4갈래로 깊게 갈라져 뒤로 젖혀진다. 타원형 열매는 다음 해 6~7월에 흑자색으로 익는다.

여름에 피는 흰색 나무꽃

양성꽃은 한 꽃 속에 암술과 수술이 모두 들어 있는 꽃으로 대부분의 꽃이 양성꽃이다.

6월에 핀 꽃                    10월에 익은 열매

## 광나무(물푸레나무과)

남해안 이남의 산기슭에서 3~5m 높이로 자라는 늘푸른떨기나무. 잎은 마주나고 타원형~넓은 달걀형이며 두껍고 가죽처럼 질기며 앞면은 광택이 난다. 6월에 가지 끝에 달리는 원뿔 모양의 꽃송이에 자잘한 흰색 꽃이 촘촘히 모여 핀다. 진한 향기가 나는 꽃에는 벌이 많이 모여 든다. 타원형 열매는 가을에 흑자색으로 익는다. 남부 지방에서 관상수로 심는데 쥐똥나무처럼 생울타리를 만든다. 잎은 광택이 나서 '광나무'라고 한다.

7월에 핀 꽃                    1월의 열매

## 제주광나무(물푸레나무과)

제주도에서 10~15m 높이로 자라는 늘푸른큰키나무. 남부 지방에서 관상수로 심고 있다. 잎은 마주나고 달걀형~타원형이며 끝이 뾰족하고 두툼한 가죽질이며 앞면은 광택이 난다. 잎몸을 햇빛에 비추면 잎맥이 뚜렷하게 보인다. 6~7월에 가지 끝에 달리는 원뿔 모양의 꽃송이에 자잘한 흰색 꽃이 촘촘히 모여 핀다. 타원형 열매는 10~12월에 흑자색으로 익는다. 광나무 종류로 제주도에서 자라서 '제주광나무'라고 하며 '당광나무'라고도 한다.

6월 초에 핀 수꽃                2월에 익은 열매

## 꽝꽝나무(감탕나무과)

남부 지방에서 2~6m 높이로 자라는 늘푸른떨기나무~작은키나무. 잎은 어긋나고 타원형이며 끝이 뾰족하고 1~3cm 길이로 작다. 잎몸은 두껍고 앞면은 광택이 난다. 암수딴그루로 5~6월에 잎겨드랑이에 자잘한 흰색 꽃이 모여 핀다. 둥근 열매는 10~11월에 검은색으로 익는다. 꽝꽝나무는 회양목과 비슷하고 나무를 다듬기가 쉽기 때문에 남부 지방에서 정원수로 많이 심는다. 두꺼운 잎을 불에 태우면 '꽝꽝' 소리가 나서 '꽝꽝나무'라고 한다.

6월 초에 핀 꽃 · 10월에 익은 열매

## 나도밤나무(나도밤나무과)

충남, 전라도, 제주도의 산에서 12m 정도 높이로 자라는 갈잎큰키나무. 잎은 어긋나고 긴 타원형이며 가장자리에 바늘 모양의 잔톱니가 있고 뒷면은 백록색이다. 언뜻 보면 밤나무잎을 닮았지만 크기가 좀 더 크다. 6~7월에 가지 끝에 달리는 원뿔 모양의 꽃송이에 자잘한 백황색 꽃이 촘촘히 피는데 달콤한 향기가 난다. 작고 둥근 열매는 가을에 붉은색으로 익는다. 길쭉한 잎이 밤나무잎과 비슷해서 '나도밤나무'라고 한다.

6월 말에 핀 꽃 · 7월의 어린 열매

## 미역줄나무/메역순나무(노박덩굴과)

산에서 2m 정도 길이로 벋는 갈잎덩굴나무. 어린 나무껍질은 적갈색이고 작은 돌기가 빽빽하며 노목은 회색이 된다. 잎은 어긋나고 타원형~달걀형이며 끝은 갑자기 뾰족해진다. 잎 뒷면은 연녹색이다. 6~7월에 가지 끝에 달린 원뿔 모양의 꽃송이에 자잘한 백록색 꽃이 촘촘히 모여 핀다. 열매는 3개의 날개가 있으며 흔히 붉은빛이 돌고 가을에 갈색으로 익는다. 줄기가 미역줄기처럼 벋으며 자라는 나무라서 '미역줄나무'라고 한다.

6월에 핀 꽃 · 9월의 어린 열매

## 쉬땅나무(장미과)

경북 이북의 산에서 2m 정도 높이로 자라는 갈잎떨기나무. 많은 줄기가 한군데에서 모여나 자란다. 잎은 어긋나고 15~23장의 작은잎이 깃꼴로 붙는 겹잎이다. 6~8월에 가지 끝에 달리는 원뿔 모양의 꽃송이에 자잘한 흰색 꽃이 촘촘히 모여 핀다. 관상용으로 공원에 심기도 하고 촘촘히 심어서 생울타리를 만들기도 한다. 원통형 열매는 짧은털이 촘촘하다. '쉬땅'은 수수깡의 평안도 사투리로 꽃송이가 수수 이삭 같아서 '쉬땅나무'라고 한다.

12월 초에 핀 꽃                6월에 익은 열매

## 비파나무(장미과)

중국 원산의 늘푸른큰키나무. 남부 지방에서 기르며 6~10m 높이로 자란다. 칼 모양의 잎은 어긋나고 앞면은 광택이 나며 뒷면은 연갈색 솜털이 빽빽하다. 겨울에 가지 끝에 달리는 연한 황백색 꽃송이는 연갈색 털로 덮인다. 둥근 열매는 다음 해 6월에 노랗게 익으며 과일로 먹는다. '비파(琵琶)'라는 한자 이름은 잎의 모양이 비파라는 현악기와 비슷해서 붙여진 이름인데 열매도 비파와 비슷하게 생겼다. 비파잎은 차를 끓여 마시기도 한다.

7월에 핀 꽃                9월 초의 열매

## 장구밥나무(아욱과)

서남해안의 산기슭에서 2m 정도 높이로 자라는 갈잎떨기나무. 잎은 어긋나고 거꿀달걀 모양의 타원형이며 잎몸이 얕게 갈라지기도 한다. 6~7월에 잎겨드랑이에 2~8개의 흰색 꽃이 모여 핀다. 열매는 2~4개가 모여서 장구통 모양이 되며 10월에 노란색으로 변했다가 붉은색으로 익는다. 열매의 모양이 전통 악기인 장구통 모양이고 열매로 식혜를 담가 먹기 때문에 '장구밥나무'라고 하며 열매가 밤 맛이 나서 '장구밤나무'라고도 부른다.

6월 말에 핀 꽃                12월에 익은 열매

## 참죽나무(멀구슬나무과)

중국 원산의 갈잎큰키나무. 흔히 마을 주변에 심으며 20~25m 높이로 곧게 자란다. 잎은 어긋나고 5~10쌍의 작은잎이 깃꼴로 붙는 겹잎이다. 6월에 가지 끝에 달리는 커다란 원뿔 모양의 꽃송이에 자잘한 흰색 꽃이 모여 핀다. 타원형 열매는 10~11월에 황갈색으로 익으면 껍질이 5갈래로 갈라져 뒤로 젖혀진다. 씨앗은 한쪽에 날개가 있어 바람에 날려 퍼진다. 봄에 돋는 어린잎을 나물로 먹는다. '참죽나무'는 '진짜 죽나무'란 뜻의 이름이다.

6월 초에 핀 수꽃

6월의 어린 열매

### 다래 (다래나무과)

산에서 10m 정도 길이로 벋는 갈잎덩굴나무. 잎은 어긋나고 넓은 달걀형이다. 암수딴그루로 5~6월에 잎겨드랑이에 흰색 꽃이 모여 밑을 향해 핀다. 암꽃은 4~6장의 꽃잎 가운데에 툭 튀어나온 암술 머리가 사방으로 갈라지고 수꽃은 검은색의 꽃밥을 가진 많은 수술이 있다. 둥근 타원형 열매는 가을에 녹갈색으로 익는데 맛이 좋다. 봄에 줄기에서 수액을 채취해 마신다. 열매가 달아서 '달+애'라고 한 것이 '다래'가 되었다고도 한다.

6월에 핀 꽃

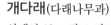
10월에 익은 열매

### 개다래 (다래나무과)

산에서 10m 정도 길이로 벋는 갈잎덩굴나무. 덩굴지는 줄기는 다른 물체를 감고 오른다. 잎은 어긋나고 달걀형이며 앞면의 일부가 흰색으로 변하는 특성이 있다. 희게 변한 잎은 곤충을 불러 모으는 역할을 한다. 6~7월에 잎겨드랑이에 흰색 꽃이 1~3개씩 모여 밑을 보고 핀다. 긴 타원형 열매는 꽃받침조각이 남아 있고 가을에 주황색으로 익으며 아래로 늘어진다. 다래와 생김새가 비슷하지만 열매를 먹을 수 없어서 '개다래'라고 한다.

5월에 핀 꽃

7월의 열매

### 양다래 (다래나무과)

중국 원산의 갈잎덩굴나무. 10m 이상 길이로 벋으며 남부 지방에서 재배한다. 과수원에서 덩굴이 잘 뻗을 수 있도록 버팀목을 세워서 줄기가 타고 오르게 만든다. 잎은 어긋나고 보통 둥근 하트 모양이며 잎자루가 길다. 암수딴그루로 5~6월에 잎겨드랑이에 흰색 꽃이 모여 매달린다. 흔히 '키위'라고 하는 커다란 열매 표면에는 갈색 털이 빽빽하여 껍질을 벗겨 먹는데 비타민이 많다. 다래 종류로 서양에서 들어와서 '양다래'라고 한다.

7월에 핀 꽃                    10월에 익은 열매

## 쉬나무(운향과)

산기슭이나 마을 주변에서 7~20m 높이로 자라는 갈잎큰키나무. 잎은 마주나고 작은잎이 깃꼴로 붙는 겹잎이다. 7~8월에 가지 끝에 달리는 커다란 꽃송이에 자잘한 흰색 꽃이 모여 핀다. 꽃에서 꿀을 많이 딸 수 있다. 10월에 익는 열매는 껍질이 보통 4~5갈래로 갈라지면서 타원형의 검은색 씨앗이 드러난다. 옛날에는 씨앗으로 기름을 짜서 등불을 켜는 기름이나 머릿기름으로 사용했다. 북한에서는 '수유나무'라고 부른다.

7월에 핀 꽃                    9월의 열매

## 후피향나무(펜타필락스과)

제주도의 바닷가나 산에서 10~15m 높이로 자라는 늘푸른큰키나무. 좁은 거꿀달걀형 잎은 가지에 어긋나고 가지 끝에서는 촘촘히 모여난다. 잎은 가죽질이고 앞면은 광택이 난다. 암수딴그루로 6~7월에 잎겨드랑이에 백황색 꽃이 고개를 숙이고 핀다. 둥근 열매는 10~11월에 붉은색으로 익으면 껍질이 불규칙하게 갈라지면서 속에 있는 붉은색 씨앗이 나온다. '후피향(厚皮香)'이란 한자 이름은 '나무껍질이 두껍고 향기가 난다'는 뜻이다.

겨울눈

6월에 핀 꽃                    11월에 익은 열매

## 비쭈기나무(펜타필락스과)

남쪽 섬에서 10m 정도 높이로 자라는 늘푸른작은키나무. 잎은 어긋나고 긴 타원형이며 양면에 털이 없고 뒷면은 연녹색이다. 잎몸은 두꺼운 가죽질이고 앞면은 진녹색이며 광택이 난다. 6~7월에 잎겨드랑이에서 1~3개의 백황색 꽃이 밑을 보고 달리는데 점차 연노란색으로 변한다. 조그만 달걀형의 열매는 끝이 뾰족하며 11~12월에 검은색으로 익는다. 겨울눈의 모양이 뾰족하고 비쭉 내밀어서 '비쭈기나무'라는 이름이 붙었다.

비쭈기나무는 잎이 두껍고 겉면은 수분의 증발을 방지하는 큐티쿨라층이 잘 발달해서 광택이 나는데 이런 나무를 '조엽수'라고 한다.

7월에 핀 꽃                4월의 열매

## 백량금(앵초과)

남쪽 섬의 숲속에서 30~100㎝ 높이로 자라는 늘푸른떨기나무. 잎은 어긋나고 칼 모양이며 가죽처럼 질기고 앞면은 광택이 난다. 7~8월에 가지 끝의 꽃대에 자잘한 흰색 꽃이 우산 모양으로 모여 달려 밑으로 늘어진다. 가을에 붉게 익는 둥근 열매는 다음 해 봄까지 그대로 매달려 있다. 열매의 모양이 보기 좋아 관상용으로 심는다. '백량금(百兩金)'은 '많은 돈'을 뜻하며 붉게 익는 열매가 가치가 있어서 붙여진 이름이다.

6월에 핀 꽃                11월에 익은 열매

## 산호수(앵초과)

제주도의 숲속에서 10~20㎝ 높이로 자라는 늘푸른떨기나무. 줄기는 땅을 기면서 뿌리를 내린다. 줄기에는 부드러운 털이 빽빽이 난다. 타원형 잎은 어긋나고 줄기 끝에서는 3~5장이 돌려 가며 달린다. 6~8월에 잎겨드랑이에서 나온 꽃대에 별 모양의 흰색 꽃이 모여 핀다. 둥근 열매는 11~12월에 붉은색으로 익고 열매송이는 밑으로 처지며 겨우내 매달려 있다. '산호수(珊瑚樹)'는 줄기가 '산호 가지처럼 벋는 나무'란 뜻의 이름이다.

7월에 핀 꽃                1월의 열매

## 자금우(앵초과)

남쪽 섬과 울릉도에서 10~20㎝ 높이로 자라는 늘푸른떨기나무. 실내에서 관상수로 많이 심는다. 땅속줄기가 옆으로 벋으면서 퍼지기 때문에 흔히 무리 지어 자란다. 잎은 마주나고 긴 타원형~달걀형이며 가지 끝에서는 촘촘히 어긋나 돌려난 것 같이 보인다. 잎 앞면은 광택이 난다. 6~8월에 잎겨드랑이의 꽃송이에 2~5개의 흰색이나 연분홍색 꽃이 밑을 보고 핀다. 가을에 붉은색으로 익는 둥근 열매는 다음 해 봄까지 그대로 매달려 있다.

여름에 피는 흰색 나무꽃

11월에 핀 꽃                    9월의 열매

### 애기동백(차나무과)

일본 원산의 늘푸른작은키나무. 남부 지방에서 관상수로 심으며 5~6m 높이로 자란다. 잎은 어긋나고 긴 타원형이며 끝이 뾰족하고 가장자리에 둔한 톱니가 있다. 잎몸은 가죽질이고 앞면은 광택이 난다. 10~12월에 가지 끝에 흰색 꽃이 피는데 꽃잎이 활짝 벌어진다. 붉은색이나 분홍색 꽃이 피는 품종과 겹꽃이 피는 품종도 있다. 재배하는 동백나무 종류는 애기동백 외에도 많은 품종이 개발되어 관상수로 심고 있다.

10월에 핀 꽃                    10월의 열매

### 차나무(차나무과)

중국 원산의 늘푸른떨기나무. 남부 지방에서 재배하며 2m 정도 높이로 자란다. 잎은 어긋나고 긴 타원형이며 앞면은 광택이 난다. 10~12월에 잎겨드랑이와 가지 끝에 흰색 꽃이 핀다. 둥그스름한 열매는 3개의 얕은 골이 진다. 잎은 음료로 마시는 차의 원료로 쓰기 때문에 '차나무'라고 한다. 차는 만들어지는 방법에 따라 크게 녹차와 홍차로 나뉜다. 어린잎을 쪄서 말린 것은 '녹차'라고 하고 녹차 잎을 발효시켜 만든 것은 '홍차'라고 한다.

7월에 핀 꽃                    10월에 익은 열매

### 노각나무(차나무과)

남부 지방의 산에서 7~15m 높이로 자라는 갈잎큰키나무. 회갈색 나무껍질이 벗겨지면서 매끈한 얼룩이 만들어지기 때문에 '비단나무'라고도 한다. 타원형 잎은 어긋난다. 6~8월에 햇가지의 잎겨드랑이에 큼직한 흰색 꽃이 핀다. 꽃잎은 5~6장이며 가장자리에는 물결 모양의 톱니가 있다. 10월에 익는 열매는 5각뿔 모양이다. 매끈한 나무껍질과 꽃이 아름다워 관상수로 심는다. 단단한 목재는 고급 가구나 장식품을 만드는 재료로 쓴다.

발효는 미생물이 음식물을 분해하여 알코올이나 유기산 등을 생기게 하는 작용으로 술, 간장, 된장, 치즈 등을 만드는 데 쓴다.

9월 초에 핀 꽃 · 1월의 열매

### 계요등(꼭두서니과)

주로 남부 지방에서 5~7m 길이로 벋
는 갈잎덩굴나무. 가는 줄기는 다른 물
체를 감고 오른다. 잎은 마주나고 긴
달걀형이다. 7~9월에 가지 끝이나 잎
겨드랑이에서 나온 꽃송이에 흰색 꽃
이 모여 핀다. 원통형의 꽃부리는 끝부
분이 5갈래로 갈라져 벌어지고 안쪽에
적자색 반점이 있다. 콩알만 한 열매는
가을에 황갈색으로 익는다. '계요등(鷄
尿藤)'이란 한자 이름은 '닭 오줌 냄새
가 나는 덩굴'이란 뜻으로 줄기나 잎을
자르면 지린내가 난다.

7월에 핀 꽃 · 9월에 익은 열매

### 누리장나무(꿀풀과)

산에서 2m 정도 높이로 자라는 갈잎
떨기나무. 잎은 마주나고 달걀형~세
모진 달걀형이며 끝이 뾰족하다. 7~
8월에 가지 끝에 달리는 꽃송이에 흰
색 꽃이 부채 모양으로 펼쳐지며 달린
다. 꽃부리는 5갈래로 깊게 갈라져 활
짝 벌어지며 암술과 수술이 길게 벋는
다. 열매는 10월에 익는데 붉은색 꽃
받침이 뒤로 젖혀지면서 남색의 둥근
열매가 드러난다. 나무 전체에서 고약
한 누린내가 나서 '누리장나무'라고 하
며 '개나무'라고 부르는 곳도 있다.

6월에 핀 꽃 · 9월에 익은 열매

### 아왜나무(연복초과)

제주도에서 10m 정도 높이로 자라는
늘푸른큰키나무. 잎은 마주나고 긴 타
원형~거꿀달걀형이며 가죽질이고 앞
면은 광택이 나고 뒷면은 연녹색이다.
6~7월에 가지 끝에 달리는 원뿔 모양
의 꽃송이에 자잘한 흰색 꽃이 모여 핀
다. 꽃부리는 5갈래로 갈라지고 갈래
조각은 뒤로 젖혀진다. 작은 타원형 열
매는 가을에 붉은색으로 익는다. 남부
지방에서 관상수로 널리 심는데 예로
부터 생울타리를 만들고 바닷가에서
바람을 막는 방풍림으로도 이용했다.

9월에 핀 꽃        9월의 열매

## 꽃댕강나무(인동과)

중국 원산의 떨기나무. 겨울에도 잎의 일부가 살아남는 반상록성이다. 줄기는 가지가 많이 갈라지며 1~2m 높이로 자란다. 잎은 마주나고 달걀형~타원형이며 앞면은 광택이 나고 뒷면은 연녹색이다. 6~10월에 가지 끝이나 잎겨드랑이에서 자란 꽃송이에 흰색 꽃이 모여 핀다. 꽃부리는 깔때기 모양이며 끝이 5갈래로 갈라진다. 열매는 거의 맺지 않고 끝에 꽃받침이 남아 있다. 댕강나무 종류로 아름다운 꽃이 오래 피어서 '꽃댕강나무'라고 한다.

6월 말에 핀 꽃        11월의 열매

## 남천(매자나무과)

중국 원산의 늘푸른떨기나무. 남부 지방에서 관상수로 심으며 3m 정도 높이로 자란다. 잎은 어긋나고 작은잎이 깃꼴로 붙는 겹잎이다. 작은잎은 좁은 타원형이며 두껍고 앞면은 광택이 나며 겨울에는 붉은빛이 돈다. 6~7월에 줄기 끝에 달리는 원뿔 모양의 꽃송이에 자잘한 흰색 꽃이 모여 핀다. 6장의 흰색 꽃잎은 비스듬히 젖혀진다. 둥근 열매는 10~11월에 붉은색으로 익는다. '남천(南天)'은 중국의 한자 이름인 '남천죽(南天竹)'에서 유래되었다.

7월에 핀 꽃        1월의 열매

## 치자나무(꼭두서니과)

중국과 일본 원산의 늘푸른떨기나무. 남부 지방에서 관상수로 심으며 1~2m 높이로 자란다. 잎은 마주나고 긴 타원형~거꿀달걀형이며 가죽질이고 앞면은 광택이 난다. 6~7월에 가지 끝에 1개씩 피는 흰색 꽃은 점차 누런색으로 변한다. 뾰족한 타원형 열매를 '치자'라고 하는데 가을에 황적색으로 익는다. 열매에서 노란색 물감을 얻어 음식물을 물들이는 데 사용한다. 열매의 한자 이름인 '치자(梔子)'에서 '치자나무'가 유래되었다.

6월에 핀 꽃
10월에 익은 열매

## 태산목(목련과)

북아메리카 원산의 늘푸른큰키나무. 남부 지방에서 관상수로 심으며 20m 정도 높이로 자란다. 잎은 어긋나고 긴 타원형이며 앞면은 광택이 나고 뒷면은 갈색 털이 빽빽하다. 5~7월에 가지 끝에 커다란 흰색 꽃이 핀다. 타원형 열매는 가을에 붉은색으로 익으면 칸칸이 벌어지면서 콩 모양의 붉은 씨앗이 나온다. '태산목(泰山木)'은 '중국의 태산처럼 큰 나무'란 뜻으로 꽃과 잎이 큼직해서 붙여진 이름이다. 북한에서는 '양목란'이라고 부른다.

7월에 핀 꽃
8월 초의 어린 열매

## 다릅나무(콩과)

산에서 10~15m 높이로 자라는 갈잎큰키나무. 회갈색 나무껍질은 세로로 얇게 벗겨지면서 살짝 말리는 특징이 있다. 잎은 어긋나고 작은잎이 깃꼴로 붙는 겹잎이다. 7~8월에 가지 끝의 꽃송이에 연한 백황색 꽃이 촘촘히 모여 핀다. 꼬투리열매는 길고 납작하다. 줄기 단면의 중심부와 가장자리의 색깔이 눈에 띄게 달라서 '다름나무'라고 부르던 것이 변해 '다릅나무'가 되었다고 풀이하기도 한다. 목재는 조각재나 가구재 등으로 이용한다.

8월에 핀 꽃
6월의 열매

## 위성류(위성류과)

중국 원산의 갈잎작은키나무. 관상수로 심는다. 줄기는 5~8m 높이로 자라며 가지가 많이 갈라져서 밑으로 처진다. 잎은 어긋나고 작은 바늘 모양이며 가지를 둘러싼다. 꽃은 1년에 2번 피는데 5월에 피는 것은 묵은 가지에 달리고 8~9월에 피는 것은 햇가지에 달린다. 백홍색 꽃은 크기가 작다. 8~9월에 피는 꽃이 열매를 더 잘 맺는다. 한자 이름 '위성류(渭城柳)'는 버드나무처럼 가지가 처지고 중국의 위성에서 잘 자라서 붙여진 이름이다.

6월 초에 핀 꽃

10월에 익은 열매

## 인동덩굴 (인동과)

산에서 4~5m 길이로 벋는 갈잎덩굴나무. 긴 타원형~달걀형 잎은 마주난다. 5~6월에 잎겨드랑이에 깔때기 모양의 흰색 꽃이 2개씩 옆을 향해 핀다. 흰색 꽃은 시간이 지나면서 점차 노란색으로 변하기 때문에 한 그루에 금색과 은색의 꽃이 함께 피는 것 같아 '금은화'라고도 한다. 2개씩 달리는 둥근 열매는 가을에 검은색으로 익는다. 잎의 일부가 겨울 추위에도 살아남기 때문에 참을 인(忍), 겨울 동(冬)자를 써서 '인동(忍冬)'이라고 한다.

8월에 핀 꽃

9월에 익은 열매

## 두릅나무 (두릅나무과)

산에서 3~5m 높이로 자라는 갈잎떨기나무~작은키나무. 가지나 잎자루에 날카로운 가시가 있다. 잎은 어긋나고 작은잎이 깃꼴로 붙는 겹잎이 달린 가지가 다시 깃꼴로 붙는다. 작은잎은 달걀형이며 끝이 뾰족하다. 8~9월에 가지 끝에 커다란 꽃송이가 달린다. 작은 꽃송이에는 자잘한 녹백색 꽃이 우산 모양으로 촘촘히 모여 달린다. 조그만 둥근 열매는 10월에 검은색으로 익는다. 봄에 돋는 새순을 '두릅'이라 하며 향긋한 봄나물로 유명하다.

1월에 핀 꽃

4월의 열매

## 팔손이 (두릅나무과)

남쪽 섬의 바닷가 숲속에서 2~3m 높이로 자라는 늘푸른떨기나무. 가지 끝에 서로 어긋나게 돌려 가며 붙는 잎은 손바닥 모양의 잎몸이 보통 8갈래로 갈라져 '팔손이'라고 하지만 대부분 7갈래나 9갈래로 갈라진다. 11~12월에 가지 끝의 커다란 꽃송이에 자잘한 흰색 꽃이 공처럼 둥글게 모여 피는데 향기가 진하다. 둥근 열매는 다음 해 봄에 검은색으로 익는다. 반질거리는 큼직한 잎의 모양이 보기 좋아 관상용으로 많이 심어 기른다.

6월 말에 핀 꽃                    12월에 익은 열매

## 사철나무(노박덩굴과)

중부 이남의 바닷가에서 2~6m 높이로 자라는 늘푸른떨기나무. 잎은 마주나고 타원형~달걀형이며 가죽질이고 앞면은 광택이 난다. 6~7월에 잎겨드랑이에서 자란 꽃송이에 연한 황록색 꽃이 핀다. 둥근 열매는 붉게 익으면 十자로 갈라지면서 붉은색 껍질에 싸인 씨앗이 드러난다. 사철 푸른 잎을 달고 있어서 '사철나무'라고 한다. 관상수로 많이 심는데 흔히 집 주변이나 공원의 생울타리로 많이 심는다. 무늬잎을 가진 여러 원예 품종이 있다.

7월에 핀 꽃                       9월의 어린 열매

## 담쟁이덩굴(포도과)

돌담이나 바위 또는 나무 표면에 붙어서 10m 이상 길이로 벋는 갈잎덩굴나무. 가지에는 덩굴손이 변한 붙음뿌리가 있어서 다른 물체에 단단하게 달라붙는다. 잎은 어긋나고 넓은 달걀형이며 3갈래로 갈라지기도 한다. 6~7월에 잎겨드랑이에 자잘한 황록색 꽃이 모여 핀다. 작은 포도송이 모양의 열매는 가을에 검은색으로 익는다. 집 담장을 타고 오른 덩굴을 보고 '담장의 덩굴'이라고 부르던 것이 변해 '담쟁이덩굴'이 되었다고 한다.

7월에 핀 꽃                       9월에 익은 열매

## 미국담쟁이덩굴(포도과)

북아메리카 원산의 갈잎덩굴나무. 관상수로 심으며 20~30m 길이로 벋는다. 가지에는 덩굴손이 변한 붙음뿌리가 있어서 다른 물체에 잘 붙는다. 잎은 어긋나고 긴 잎자루 끝에 5장의 작은잎이 모여 붙는 겹잎이다. 6~7월에 짧은가지 끝과 잎겨드랑이에서 자란 꽃송이에 자잘한 황록색 꽃이 모여 핀다. 작은 포도송이 모양의 열매는 가을에 검은색으로 익는다. 시멘트나 콘크리트로 된 담장을 가리는 용도로 많이 심는다.

여름에 피는 녹색 나무꽃

6월에 핀 꽃           8월의 포도

## 포도(포도과)

서아시아 원산의 갈잎덩굴나무. 과일나무로 재배한다. 잎과 마주나는 덩굴손으로 다른 물체를 감고 오른다. 잎은 어긋나고 둥근 하트 모양이며 잎몸이 3~5갈래로 얕게 갈라진다. 잎 뒷면은 흰빛이 돈다. 5~6월에 잎과 마주 달리는 꽃송이에 자잘한 황록색 꽃이 모여 핀다. 열매는 8~10월에 흑자색으로 익는데 청포도는 열매가 익어도 연녹색 그대로인 품종이다. 고대 이란어인 'Budaw'를 한자어로 음역하여 적은 것이 '포도(葡萄)'이다.

5월에 핀 꽃           9월에 익은 열매

## 왕머루(포도과)

산에서 10m 정도 길이로 벋는 갈잎덩굴나무. 덩굴손으로 다른 물체를 감고 오른다. 잎은 어긋나고 모가 진 하트형이며 잎몸이 3~5갈래로 얕게 갈라진다. 잎 뒷면에 갈색 털이 있다. 5~7월에 잎과 마주나는 꽃송이에 자잘한 황록색 꽃이 촘촘히 모여 핀다. 둥근 열매는 작은 포도송이처럼 모여서 매달리는데 9월에 검은색으로 익고 새콤달콤한 맛이 나며 날로 먹기도 하고 따다가 술을 담그기도 한다. '머루'는 '멀위'가 변한 이름이다.

6월에 핀 꽃           9월에 익은 열매

## 새머루(포도과)

산과 들에서 10m 이상 길이로 벋는 갈잎덩굴나무. 덩굴손으로 다른 물체를 감고 오른다. 잎은 어긋나고 하트 모양이며 끝이 길게 뾰족하다. 잎몸은 거의 갈라지지 않지만 드물게 3갈래로 갈라지기도 한다. 암수딴그루로 5~6월에 잎과 마주나는 꽃송이에 자잘한 황록색 꽃이 촘촘히 모여 핀다. 9월에 검은색으로 익는 작은 포도송이 모양의 열매는 새콤달콤한 맛이 난다. 머루와 같이 날로 먹기도 하고 술을 담그기도 한다.

포도과의 식물은 덩굴손이 있어 다른 물체를 감고 오르며 꽃송이는 잎과 마주 달린다.

7월에 핀 꽃                    9월에 익은 열매

## 개머루(포도과)

숲 가장자리에서 5m 정도 길이로 벋는 갈잎덩굴나무. 잎과 마주나는 덩굴손으로 다른 물체를 감고 오른다. 잎은 어긋나고 잎몸은 손바닥처럼 3~5갈래로 얕게 갈라진다. 6~8월에 잎과 마주나는 꽃송이에 자잘한 녹백색 꽃이 모여 핀다. 둥근 열매는 가을에 자주색, 보라색, 푸른색 등 여러 가지 색깔로 변해서 눈에 잘 띈다. 알록달록하게 익는 열매는 머루와는 달리 먹을 수가 없어서 '개머루'라고 하며 북한에서는 '들머루'라고 부른다.

9월에 핀 꽃과 어린 열매          11월에 익은 열매

## 황칠나무(두릅나무과)

남쪽 섬에서 3~8m 높이로 자라는 늘푸른작은키나무. 잎은 어긋나고 타원형~넓은 달걀형이며 어린 나무의 잎은 잎몸이 3~5갈래로 깊게 갈라지기도 한다. 여름에 가지 끝에 자잘한 황록색 꽃이 우산 모양으로 모여 핀다. 타원형 열매는 10월에 흑자색으로 익는다. 나무껍질에 상처를 내면 황금빛 칠액이 나오기 때문에 '황칠(黃漆)나무'라고 하며 '노란옻나무'라고 부르기도 한다. 수액인 황칠은 가구에 칠하였고 삼국 시대부터 옻칠과 함께 고급 도료로 썼다.

7월에 핀 꽃                    11월의 열매

## 오구나무/조구나무(대극과)

중국 원산의 갈잎큰키나무. 남부 지방에서 관상수로 심으며 10~15m 높이로 자란다. 잎은 어긋나고 마름모 모양의 달걀형이다. 암수한그루로 6~7월에 가지 끝에 자잘한 녹황색 꽃이 모여 핀다. 기다란 꽃송이는 대부분이 수꽃이고 밑부분에 2~3개의 암꽃이 달린다. 둥근 타원형 열매는 가을에 갈색으로 익는다. 예전에 열매 속의 씨앗 껍질로 초를 만들기도 하였다. '오구(烏桕)'는 까마귀가 이 나무 열매를 좋아해서 붙여진 한자 이름이라고 한다.

6월에 핀 꽃                    8월의 열매

## 사람주나무(대극과)

산에서 4~6m 높이로 자라는 갈잎작은키나무. 타원형~달걀형 잎은 어긋나고 뒷면은 연녹색이다. 암수한그루로 6월에 가지 끝에 꽃이 핀다. 기다란 꽃송이 윗부분에는 많은 수꽃이 달리고 밑부분에 꽃자루가 있는 몇 개의 암꽃이 달린다. 둥근 열매는 3개의 골이 지며 10월에 익는다. 회백색을 띠는 매끄러운 나무껍질 때문에 한자 이름은 '백목(白木)'이라고 한다. 옛날에는 씨앗으로 짠 기름을 식용하거나 등잔 기름, 머릿기름 등으로 사용하였다.

9월에 핀 꽃                    10월의 어린 열매

## 참느릅나무(느릅나무과)

숲 가장자리에서 10~15m 높이로 자라는 갈잎큰키나무. 회갈색 나무껍질은 두꺼운 비늘처럼 떨어져 나온다. 잎은 어긋나고 긴 타원형이며 가장자리에 둔한 톱니가 있다. 잎 앞면은 광택이 난다. 9월에 햇가지의 잎겨드랑이에 자잘한 꽃이 3~6개씩 모여 핀다. 납작한 넓은 타원형 열매는 한가운데에 씨앗이 들어 있고 가장자리는 날개로 되어 있으며 10~11월에 익으면 바람에 날려 퍼진다. '참느릅나무'는 '진짜 느릅나무'란 뜻의 이름이다.

8월 초에 핀 꽃                10월에 익은 열매

## 음나무/엄나무(두릅나무과)

산에서 10~25m 높이로 자라는 갈잎큰키나무. 가지에 날카롭고 억센 가시가 많이 있다. 둥근 잎은 가장자리가 5~9갈래로 손바닥처럼 깊게 갈라진다. 7~8월에 가지 끝의 커다란 꽃송이에 자잘한 녹황색 꽃이 공처럼 둥글게 모여 핀다. 둥근 열매는 10월에 적갈색으로 변했다가 검게 익는다. 옛날 사람들은 귀신을 막기 위해 억센 가시가 많은 가지를 문 위에 걸쳐 놓기도 하였다. 잡귀를 쫓는 노리개인 '음'을 만드는 나무라서 '음나무'라고 한다.

6월에 핀 꽃

5월의 **당종려**

## 종려나무/왜종려(야자나무과)

일본 원산의 늘푸른큰키나무. 남쪽 섬에서 관상수로 심는다. 5~10m 높이로 자라는 줄기는 흑갈색 섬유질로 덮여 있다. 줄기 윗부분에 돌려나는 둥근 부챗살 모양의 잎은 갈래조각이 밑으로 처진다. 암수딴그루로 5~6월에 잎겨드랑이에 달리는 꽃송이에 자잘한 황백색 꽃이 핀다. 콩알만 한 둥근 열매는 검은색으로 익는다. 중국 남부에서 자라는 종려나무는 부챗살 모양인 잎의 갈래조각이 처지지 않는데 '당종려'라고 구분해서 부르기도 한다.

어린 열매이삭

9월의 워싱턴야자

## 워싱턴야자(야자나무과)

미국 남부 원산의 늘푸른큰키나무. 남쪽 섬에서 관상수로 심어 기른다. 원기둥 모양의 줄기는 10~20m 높이로 곧게 자란다. 줄기 윗부분에 촘촘히 돌려 가며 달리는 둥근 부챗살 모양의 잎은 갈래조각이 밑으로 처진다. 잎자루 양쪽 가장자리에는 갈고리 모양의 뻣뻣한 가시가 있다. 암수딴그루로 잎겨드랑이에서 나오는 기다란 꽃송이는 밑으로 늘어지며 꽃가지마다 자잘한 연한 녹백색 꽃이 달린다. 작고 둥근 열매는 흑적색으로 익는다.

9월의 수꽃이 핀 줄기

10월 말의 열매

## 카나리야자(야자나무과)

아프리카 북서부 대서양에 있는 카나리아제도 원산의 늘푸른큰키나무. 남쪽 섬에서 관상수로 심는다. 원기둥 모양의 줄기는 15~20m 높이로 자란다. 줄기에 시든 잎을 자른 흔적이 남아 있다. 줄기 윗부분에서 사방으로 퍼지는 잎은 긴 잎자루에 칼 모양의 작은잎이 깃꼴로 붙는 겹잎이다. 시든 잎은 밑으로 처진다. 암수딴그루로 잎겨드랑이에서 나오는 솔 모양의 꽃송이에 자잘한 연노란색 꽃이 모여 핀다. 둥근 열매는 황적색으로 익는다.

야자나무과의 나무는 줄기만 있고 가지가 없다. 또한 커다란 잎은 줄기 끝에서 사방으로 퍼진다.

여름에 피는 녹색 나무꽃

4월의 잎가지                    5월에 돋은 죽순

줄기 마디

### 죽순대(벼과)

중국 원산의 늘푸른대나무. 남부 지방에서 재배하거나 관상수로 심는다. 새로 나온 녹색 줄기는 10~20m 높이로 곧게 자라며 점차 황록색으로 변한다. 줄기 마디는 고리가 1개이다. 잔가지 끝에 칼 모양의 잎이 3~8개씩 달린다. 대나무는 일생에 단 한 번 꽃이 핀 후에 모두 말라 죽으며 보통 60년 만에 꽃이 핀다. 5월에 돋는 죽순은 털이 빽빽하며 요리에 널리 쓴다. 줄기를 쪼개서 바구니나 돗자리 등의 죽세 공품을 만든다.

8월의 잎가지                    10월의 오죽

줄기 마디

### 솜대(벼과)

중국 원산의 늘푸른대나무. 충청도 이남에서 재배하거나 관상수로 심으며 10m 이상 높이로 곧게 자란다. 줄기 마디의 고리는 2개이고 같은 높이로 볼록하다. 칼 모양의 잎은 잔가지 끝에 2~3개씩 달린다. 크게 자라는 대나무 중에서 추위에 가장 강해 서울에서도 심어 기른다. 솜대 종류로 줄기의 빛깔이 까마귀처럼 검은 것을 '오죽' 또는 '검죽'이라고 하는데 줄기의 색깔이 특이해 관상용으로 많이 심는다. 오죽으로 만든 담뱃대가 유명하다.

12월의 잎줄기                   줄기 마디

### 이대(벼과)

중부 이남에서 2~5m 높이로 무리 지어 자라는 늘푸른대나무. 남부 지방에서 흔히 자라지만 추위에 강해서 중부 지방에서도 잘 자란다. 서울에서도 정원수로 흔히 심고 있다. 가는 줄기를 둘러싸고 있는 껍질은 벗겨지지 않고 오래도록 줄기를 감싸고 있으며 표면에 거친털이 있다. 줄기 위쪽의 마디마다 나오는 1개의 가지는 윗부분에서 다시 가지가 갈라진다. 가지 끝에 칼 모양의 잎이 달린다. 가는 줄기는 붓대, 담뱃대, 화살 등의 재료로 쓴다.

죽순이 빨리 자라는 것은 마디마다 생장점이 있기 때문인데 빨리 자랄 때는 하루에 30㎝씩 자라기도 한다.

7월에 핀 꽃

5월의 잎줄기

## 조릿대 (벼과)

산의 숲속에서 1~2m 높이로 무리 지어 자라는 늘푸른대나무. 가는 줄기를 둘러싸고 있는 껍질은 마디 사이보다 길다. 가지에 2~3개씩 달리는 칼 모양의 잎은 끝이 꼬리처럼 길쭉하다. 꽃은 5~7년 만에 피는데 가지 끝에 보라색 꽃이삭이 달린다. 밀알 같은 열매를 맺고 난 포기는 아주 약해진다. 흔히 가는 줄기로 쌀을 이는 도구인 '조리'를 만들었기 때문에 '조릿대'라고 한다. '산에서 자라는 대나무'라는 뜻으로 '산죽'이라고도 한다.

6월의 수그루

11월의 열매

## 소철 (소철과)

중국 원산의 늘푸른바늘잎나무. 제주도에서 정원수로 심는다. 잎자루로 덮인 줄기 끝에서 빗살 모양의 겹잎이 돌려 가며 모여난 모습이 야자나무와 비슷하다. 바늘 모양의 진녹색 작은잎은 단단하며 앞면은 광택이 난다. 암수딴그루로 6~8월에 줄기 끝에 꽃이 피는데 수솔방울은 기다란 타원형이며 암솔방울은 둥글게 모여 달린다. 소철은 나무가 시들시들할 때 줄기에 못을 박거나 철분을 주면 다시 소생해서 '소철'이라고 한다.

10월 말의 수솔방울

6월의 어린 솔방울열매

## 개잎갈나무 (소나무과)

히말라야 원산의 늘푸른바늘잎나무. 공원수나 가로수로 심으며 25~30m 높이로 자란다. 짧은 바늘잎은 가지 끝에 모여난다. 암수한그루로 10~11월에 짧은가지 끝에 기다란 암수솔방울이 곧게 선다. 달걀형의 솔방울열매는 다음 해 10월에 익는다. 나무 모양이 잎갈나무와 비슷해서 '개잎갈나무'라고 하며 나무 모양이 삼나무와도 비슷해서 '히말라야삼나무'라고도 하고 영어 이름대로 '히말라야시더'라고도 한다. 세계 '3대 미송'의 하나이다.

3대 미송은 세계에서 가장 아름다운 바늘잎나무 3종을 말하는데 개잎갈나무 외에, 금송과 남양삼나무를 꼽는다.

경기도 가평 아침고요수목원의 튤립 꽃밭

# 화초와 관엽식물

우리는 주변에서 꽃을 감상하기 위해 기르는 식물인 '화초'와 색깔과 모양이 아름다운 잎을 감상하기 위해 기르는 '관엽식물'을 많이 만날 수 있다. 화초와 관엽식물은 생활 공간을 아름답게 만들어 줄 뿐만 아니라 마음의 안정을 가져다주는 역할을 한다. 화초와 관엽식물은 홍학꽃 외에 203종을 소개하였다.

## 홍학꽃/안수리움 (천남성과)

화단이나 화분에 심어 가꾸는 늘푸른 여러해살이풀로 30~50㎝ 높이로 자란다. 기다란 하트 모양의 잎이 모여난다. 꽃은 부채꼴의 붉은색 꽃덮개가 꽃잎처럼 보이며 그 위에 둥근 막대 모양의 기다란 흰색 꽃이삭이 달려 있다.

## 꽃기린 (대극과)

마다가스카르 원산으로 화분에 심어 실내에서 가꾸는 늘푸른떨기나무. 줄기는 가지가 많이 갈라지며 거꿀달걀형 잎의 밑부분에는 날카로운 가시가 1쌍씩 있다. 봄부터 가을까지 잎겨드랑이에 붉은색 꽃이 계속 핀다.

## 자주달개비 (달개비과)

화단에 심어 가꾸는 여러해살이풀로 40~80㎝ 높이로 자란다. 5~7월에 줄기 끝이나 잎겨드랑이에 자주색 꽃이 모여 핀다. 수술대에 자주색 털이 있는데 세포 분열을 관찰하기가 좋아 식물 세포 분열 실험 재료로 사용하기도 한다.

## 칸나 (홍초과)

화단에 심어 가꾸는 여러해살이풀. '홍초'라고도 한다. 6~10월에 1~1.5m 높이의 줄기 끝에 붉은색, 분홍색, 노란색 등의 꽃이 피며 꽃잎의 크기와 모양도 여러 가지이다. 4월경에 알뿌리를 갈라서 심는다.

## 부겐빌레아 (분꽃과)

남아메리카 원산의 늘푸른반덩굴성나무. 4~5m 높이로 자라며 실내에서 심어 기른다. 덩굴성으로 벋는 가지에 곧은 가시가 있다. 4월에서 11월까지 붉은색 꽃이 계속 핀다. 흰색이나 보라색 꽃이 피는 품종도 있다.

## 칼란코에 (돌나물과)

마다가스카르 원산의 늘푸른여러해살이풀. 잎은 통통한 육질이며 실내에서 관엽식물로 기른다. 겨울부터 봄까지 줄기와 가지 끝에 주황색 꽃이 촘촘히 모여 피는데 붉은색이나 노란색 꽃이 피는 품종도 있다.

알뿌리는 땅속에 있는 식물체의 일부가 달걀 모양으로 비대해져 양분을 저장한 것으로 덩이뿌리, 비늘줄기, 알줄기 등을 통틀어 이른다.

## 사철베고니아 (베고니아과)

화단에 심어 가꾸는 늘푸른여러해살이 풀로 10~30㎝ 높이로 자란다. 강한 햇빛을 쬐면 전체가 붉은색으로 변한다. 봄부터 가을까지 줄기와 가지 끝에 붉은색 꽃이 모여 피는데 흰색이나 분홍색 꽃, 겹꽃이 피는 품종도 있다.

## 가우라 (바늘꽃과)

화단에 심어 가꾸는 여러해살이풀로 60~120㎝ 높이로 자란다. 5~10월에 줄기 윗부분의 긴 꽃송이에 피는 나비 모양의 분홍색이나 흰색 꽃은 지름 2~3㎝이다. 분홍색 꽃은 '홍접초'라고 하고 흰색 꽃은 '백접초'라고도 한다.

## 낮달맞이꽃/분홍달맞이꽃 (바늘꽃과)

화단에 심어 가꾸는 여러해살이풀. 잎은 어긋나고 좁은 타원형이며 가장자리에 물결 모양의 톱니가 있다. 밑의 잎은 깃꼴로 갈라지기도 한다. 5~8월에 줄기와 가지 끝에 피는 연분홍색 꽃은 꽃잎이 4장이다.

## 풍접초 (풍접초과)

화단에 심어 가꾸는 한해살이풀로 1m 정도 높이로 자란다. 잎은 어긋나고 5~7장의 작은잎이 손바닥 모양으로 붙는 겹잎이다. 8~9월에 분홍색 꽃이 줄기와 가지 끝에 모여 피는데 기다란 수술이 옆으로 벋는 모양이 특이하다.

## 용선화/익소라 (꼭두서니과)

관상용으로 화분에 심거나 온실에서 가꾸는 늘푸른떨기나무. 잎은 마주나고 긴 타원형이며 앞면은 광택이 난다. 4~10월에 줄기 끝에 붉은색이나 흰색 꽃이 둥글게 모여 핀다. 여러 색깔의 품종이 있다.

## 렌텐로즈/사순절장미 (미나리아재비과)

화단에 심어 가꾸는 늘푸른여러해살이풀로 30~40㎝ 높이로 자란다. 뿌리잎은 7~11장의 작은잎이 손바닥 모양으로 붙는 겹잎이다. 3~4월에 꽃줄기 끝에 적자색이나 흰색 꽃이 모여 핀다. 사순절 무렵에 장미 모양의 꽃이 핀다.

사순절은 기독교에서 예수가 부활한 부활절 전에 부활절을 경건히 준비하는 40일 간의 기간을 말한다.

### 하늘매발톱(미나리아재비과)

북부 지방의 높은 산에서 10~30㎝ 높이로 자라는 여러해살이풀. 흔히 화단에 심어 기른다. 6~8월에 줄기 끝에 2~3송이의 청보라색 꽃이 피는데 안쪽 꽃잎은 노란빛이 돈다. 꽃잎 위쪽의 꽃뿔은 안으로 구부러져 있다.

### 종지나물(제비꽃과)

화단에 심어 가꾸는 여러해살이풀. 하트 모양의 뿌리잎은 밑부분 양쪽이 위로 약간 말려서 종지처럼 되기 때문에 '종지나물'이라고 한다. 4~5월에 꽃대 끝에 보라색 제비꽃이 피며 연한 색 꽃이 피는 품종도 있다.

### 양아욱/제라늄(쥐손이풀과)

화분에 심어 가꾸는 여러해살이풀. 줄기 밑부분에 모여나는 둥근 잎에는 무늬가 있다. 여름철에 긴 꽃대가 자라 그 끝에 붉은색 꽃이 우산 모양으로 둥글게 모여 핀다. 분홍색이나 흰색 꽃이 피는 품종도 있다.

### 한련(한련과)

화단에 심어 가꾸는 한해살이덩굴풀. 잎은 어긋나고 둥근 방패 모양이며 잎자루가 중간에 붙는다. 6~10월에 잎겨드랑이에 깔때기 모양의 붉은색, 주황색, 연노란색 꽃이 피며 겹꽃이 피는 품종도 있다.

### 진펄무궁화(아욱과)

화단에 심어 가꾸는 여러해살이풀. 잎은 어긋나고 3~7장의 칼 모양의 작은 잎이 모여 붙는 겹잎이다. 여름에 가지 끝에 피는 주홍색 꽃은 지름 20㎝ 정도이며 꽃잎 사이가 벌어진다. 열매는 꽃받침에 싸여 있다.

### 당아욱(아욱과)

유럽 원산으로 화단에 심어 가꾸는 두해살이풀. 잎은 어긋나고 둥그스름한 잎몸은 가장자리가 5~7갈래로 얕게 갈라진다. 꽃은 5~8월에 피는데 줄기 윗부분의 잎겨드랑이에 적자색 꽃이 피어 올라간다.

## 미국부용(아욱과)

화단에 심어 가꾸는 여러해살이풀로 1~2.5m 높이로 자란다. 잎은 어긋나고 잎몸은 3갈래로 얕게 갈라진다. 7~9월 에 줄기 윗부분의 잎겨드랑이에 커다 란 연분홍색 꽃이 1개씩 핀다. 붉은색 이나 흰색 꽃이 피는 품종도 있다.

## 접시꽃(아욱과)

화단에 심어 가꾸는 여러해살이풀. 6~ 8월에 커다란 접시 모양의 둥근 꽃이 곧게 선 줄기를 따라 피어 올라간다. 꽃 색깔은 붉은색, 분홍색, 노란색, 흰 색 등 여러 가지이다. 둥글납작한 열매 도 접시 모양이다.

## 우단동자꽃(석죽과)

화단에 심어 가꾸는 여러해살이풀로 50~70㎝ 높이로 자란다. 전체에 흰색 솜털이 많다. 잎은 마주나고 긴 타원형 이며 가장자리가 밋밋하다. 5~6월에 가지 끝마다 붉은색 꽃이 핀다. 흰색이 나 분홍색 꽃이 피는 품종도 있다.

## 흑동자꽃(석죽과)

화단에 심어 가꾸는 여러해살이풀. 잎 은 마주나고 긴 달걀형이며 적갈색이 돈다. 여름에 줄기와 가지 끝에 큼직한 주황색 꽃이 핀다. 동자꽃 종류로 잎이 적갈색이라서 '흑동자꽃'이라고 하며 여러 재배 품종이 있다.

## 끈끈이대나물(석죽과)

화단에 심어 가꾸는 한두해살이풀로 50㎝ 정도 높이로 자란다. 달걀형의 잎은 마주난다. 6~8월에 가지 끝마다 붉은색 꽃이 모여 핀다. 줄기 윗부분에 있는 마디 밑에서 나오는 끈끈한 진에 작은 벌레가 붙으면 떨어지지 못한다.

## 분꽃(분꽃과)

화단에 심어 가꾸는 한해살이풀로 60~ 100㎝ 높이로 자란다. 여름에 깔때기 모양의 붉은색 꽃이 해가 질 무렵에 피 었다가 다음날 아침이면 시든다. 둥근 씨앗 속의 흰색 가루를 분 대신에 얼굴 에 발라서 '분꽃'이라는 이름이 붙었다.

## 나도부추 (갯질경이과)

화단에 심어 가꾸는 여러해살이풀로 10~30cm 높이로 자란다. 뿌리에서 가느다란 잎이 모여난다. 봄에 잎 사이에서 자란 꽃줄기 끝에 달리는 둥근 꽃송이에 분홍색 꽃이 촘촘히 모여 핀다. 암석정원에 어울리며 말린꽃으로도 이용한다.

## 채송화 (쇠비름과)

화단에 심어 가꾸는 한해살이풀로 20cm 정도 높이로 자란다. 전체가 퉁퉁한 육질이며 줄기는 붉은빛이 돈다. 7~10월에 가지 끝에 붉은색, 분홍색, 노란색, 흰색 등의 꽃이 핀다. 꽃은 한낮에만 피고 해가 기울면 꽃잎을 닫는다.

## 아프리카봉선화 (봉선화과)

화단이나 화분에 심어 가꾸는 여러해살이풀. 달걀형~타원형의 잎은 어긋난다. 여름에 잎겨드랑이에 꽃이 피는데 꽃부리 뒤에는 가는 꿀주머니가 있다. 꽃 색깔은 붉은색, 분홍색, 흰색 등 품종에 따라 여러 가지이다.

## 꽃잔디/지면패랭이꽃 (꽃고비과)

화단에 심어 가꾸는 여러해살이풀로 5~10cm 높이로 자란다. 전체에 짧은 털이 있다. 칼 모양의 잎은 마주난다. 4~9월에 가지 끝에 패랭이 모양의 분홍색 꽃이 몇 개씩 모여 핀다. 꽃으로 땅바닥을 잔디처럼 완전히 뒤덮는다.

## 플록스/풀협죽도 (꽃고비과)

화단에 심어 가꾸는 여러해살이풀. 칼 모양의 잎은 마주나거나 3장씩 돌려난다. 여름에 원뿔 모양의 꽃송이에 홍자색 꽃이 계속 피고 지기 때문에 꽃이 피는 기간이 길다. 흰색이나 자주색 꽃이 피는 품종도 있다.

## 시클라멘 (앵초과)

화분에 심어 가꾸는 여러해살이풀로 15cm 정도 높이로 자란다. 덩이줄기에서 모여나는 하트 모양의 잎은 회녹색 무늬가 있다. 11~3월에 꽃줄기 끝에 고개를 숙이고 피는 꽃은 붉은색, 분홍색, 흰색 등 여러 색깔의 품종이 있다.

말린꽃은 풀, 꽃, 열매 등을 말려서 관상용으로 만든 것으로 보존 기간이 길다. '건조화'라고도 한다.

**프리뮬러**(앵초과)

화분이나 화단에 심어 가꾸는 여러해살이풀. 뿌리에서 뭉쳐나는 타원형 잎은 표면에 주름이 진다. 봄에 키가 작은 꽃줄기 끝에 붉은색, 분홍색, 노란색, 흰색 등 여러 가지 색깔의 꽃이 모여 핀다. 많은 재배 품종이 있다.

**물망초**(지치과)

화단에 심어 가꾸는 여러해살이풀로 20~30㎝ 높이로 자란다. 줄기에 퍼진털이 있다. 뿌리잎은 주걱 모양이며 줄기잎은 어긋난다. 4~5월에 가지 끝의 꽃송이는 2갈래로 갈라지며 청보라색 꽃이 모여 피는데 중심부는 노란색이다.

**일일초**(협죽도과)

화분이나 화단에 심어 가꾸는 여러해살이풀. 잎은 마주나고 거꿀달걀형이며 광택이 난다. 7~9월에 잎겨드랑이에 홍자색 꽃이 피며 분홍색, 흰색 꽃이 피는 품종도 있다. 꽃이 매일 피기 때문에 '일일초'라고 한다.

**이집트별꽃**(꼭두서니과)

화단에 심어 가꾸는 여러해살이풀로 30~60㎝ 높이로 자란다. 잎은 마주나고 좁은 달걀형이며 잎맥이 뚜렷하다. 5~10월에 가지 끝의 편평한 꽃송이에 분홍색 별 모양의 꽃이 핀다. 품종에 따라 붉은색, 연보라색, 흰색 꽃이 핀다.

**애기능소화**(능소화과)

실내에서 심어 가꾸는 늘푸른떨기나무. 잎은 마주나고 작은잎이 깃꼴로 붙는 겹잎이다. 6~11월에 가지 끝의 꽃송이에 기다란 깔때기 모양의 오렌지색 꽃이 피는데 끝부분은 입술 모양으로 갈라져 벌어진다.

**아프리카제비꽃**(제스네리아과)

화분에 심어 가꾸는 늘푸른여러해살이풀. 달걀형~둥근 달걀형의 뿌리잎은 두껍고 양면에 짧은털이 빽빽이 나며 잎자루가 길다. 여름~가을에 꽃줄기 끝에 제비꽃을 닮은 연보라색 꽃이 모여 핀다. 여러 색깔의 품종이 있다.

**여름천사화**(질경이과)

멕시코 원산의 늘푸른여러해살이풀. 화단에 한해살이풀로 심어 기른다. 칼 모양의 잎은 마주나며 약한 향기가 난다. 5~10월에 줄기 끝의 꽃송이에 청자색 꽃이 피어 올라간다. 분홍색, 흰색 등 여러 가지 품종이 있다.

**버들마편초**(마편초과)

화단에 심어 가꾸는 여러해살이풀로 1.5m 정도 높이로 자란다. 전체에 거센털이 있다. 좁은 칼 모양의 잎은 마주나고 밑부분이 줄기를 감싼다. 7~10월에 줄기와 가지 끝의 꽃송이에 자잘한 깔때기 모양의 자주색 꽃이 모여 핀다.

**유홍초**(메꽃과)

화단에 심어 가꾸는 한해살이덩굴풀. 잎은 어긋나고 타원형이며 깃꼴로 깊게 갈라지고 갈래조각은 실처럼 가늘다. 7~10월에 잎겨드랑이에 긴 깔때기 모양의 붉은색 꽃이 피는데 끝은 별처럼 갈라져 벌어진다.

**꽃담배**(가지과)

화단에 심어 가꾸는 여러해살이풀. 줄기에 샘털이 있어서 끈적거린다. 6~8월에 줄기나 가지 끝에 모여 피는 가는 대롱 모양의 꽃은 끝이 5갈래로 갈라져 벌어지고 겉에는 샘털이 있다. 여러 색깔의 품종이 있다.

**붉은숫잔대**(초롱꽃과)

화단에 심어 가꾸는 여러해살이풀로 50~100㎝ 높이로 자란다. 칼 모양의 잎은 어긋나고 가장자리가 밋밋하다. 7~9월에 줄기 윗부분에 붉은색 꽃이 피어 올라간다. 옆을 향해 피는 꽃은 숫잔대처럼 꽃부리가 5갈래로 갈라진다.

**튤립**(백합과)

화단에 심어 가꾸는 여러해살이풀로 30~60㎝ 높이로 자란다. 가을에 알뿌리를 심으면 봄에 줄기 끝에 붉은색, 노란색, 흰색 등의 꽃이 핀다. 터키가 원산지인 튤립은 꽃이 '터번'이라는 터키 모자를 닮아서 붙여진 이름이다.

**나도사프란**(수선화과)

남부 지방의 화단에 심어 가꾸는 여러
해살이풀. 뿌리에서 가늘고 납작한 잎
이 5~7개가 모여난다. 6~10월에 뿌리
잎 사이에서 자란 15~30㎝ 높이의 꽃
대 끝에 피는 1개의 분홍색 꽃은 지름
6㎝ 정도로 큼직하다.

**큰꽃알리움**(수선화과)

화단에 심어 가꾸는 여러해살이풀. 알
뿌리에서 가늘고 납작한 잎이 모여난
다. 꽃이 피면 잎은 시들기 시작한다.
4~6월에 60~150㎝ 높이의 꽃대 끝에
달리는 둥근 꽃송이에 200여 개의 분
홍색 꽃이 핀다.

**군자란**(수선화과)

화분이나 온실에서 기르는 늘푸른여러
해살이풀. 뿌리에서 모여난 넓은 칼 모
양의 잎은 좌우 양쪽으로 갈라져서 뒤
로 둥글게 젖혀진다. 봄에 잎 사이에서
자란 꽃줄기 끝에 깔때기 모양의 주홍
색 꽃이 모여 핀다.

**상사화**(수선화과)

화단에 심어 가꾸는 여러해살이풀. 좁
고 기다란 칼 모양의 뿌리잎은 6~7월
이 되면 말라 죽는다. 8~9월에 잎이
말라 죽은 다음에 자란 50~70㎝ 높이
의 꽃대 끝에 4~8개의 연한 홍자색 꽃
이 옆을 향해 핀다.

**아마릴리스**(수선화과)

화단이나 화분에 심어 가꾸는 여러해
살이풀로 40~50㎝ 높이로 자란다. 이
른 봄에 양파 모양의 비늘줄기에서 자
란 꽃줄기 끝에 2~6개의 나팔 모양의
꽃이 옆을 보고 핀다. 꽃 색깔은 붉은
색, 분홍색, 흰색 등 여러 가지이다.

**맥문동**(아스파라거스과)

산과 들의 그늘진 곳에서 자라는 늘푸
른여러해살이풀. 관상용으로 화단에
심어 가꾸기도 한다. 뿌리에서 가늘고
긴 잎이 모여나 포기를 이룬다. 6~8월
에 꽃줄기에 자잘한 자주색 꽃이 이삭
모양으로 달린다.

233

**비비추**(아스파라거스과)

산골짜기 냇가에서 자라는 여러해살이
풀. 관상용으로도 심는다. 뿌리에서 모
여나는 타원 모양의 달걀형 잎은 물결
모양의 주름이 진다. 7~8월에 꽃대 윗
부분에 깔때기 모양의 연자주색 꽃이
한쪽 방향을 보고 핀다.

**히아신스**(아스파라거스과)

화단이나 화분에 심어 가꾸는 여러해살
이풀로 15~30㎝ 높이로 자란다. 가을
에 알뿌리를 심으면 이른 봄에 청자색,
붉은색, 흰색 등의 꽃이 핀다. 꽃의 빛
깔과 향기가 좋기 때문에 물병에 올려
놓고 키우는 물재배로도 인기가 높다.

**독일붓꽃/저먼아이리스**(붓꽃과)

화단에 심어 가꾸는 여러해살이풀로
30~60㎝ 높이로 자란다. 줄기 밑부
분에 칼 모양의 잎이 2줄로 어긋난다.
5~6월에 줄기 윗부분의 꽃가지마다 큼
직한 붓꽃이 위를 보고 핀다. 재배 품
종에 따라 여러 가지 색깔의 꽃이 핀다.

**범부채**(붓꽃과)

산이나 바닷가의 풀밭에서 자라는 여
러해살이풀. 화단에 심어 가꾸기도 한
다. 칼 모양의 잎은 줄기 밑부분에 2줄
로 촘촘히 어긋난다. 7~8월에 줄기와
가지 끝에 피는 황적색 꽃에는 진한 색
반점이 있다.

**애기범부채**(붓꽃과)

화단에 심어 가꾸는 여러해살이풀. 줄
기 밑부분에 칼 모양의 잎 5~8장이 2줄
로 촘촘히 어긋난다. 6~8월에 줄기 윗
부분에서 2~3갈래로 갈라지는 가지에
트럼펫 모양의 주황색 꽃이 이삭 모양
으로 피어 올라간다.

**호접란/팔레놉시스**(난초과)

화분에 심어 가꾸는 늘푸른여러해살이
풀. 넓고 납작한 잎은 마주난다. 둥글
게 휘어지는 꽃줄기 끝에 한쪽 방향을
보고 피어 있는 꽃이 나비 무리 같다고
하여 '호접란'이라고 한다. 보통 겨울에
서 봄 사이에 꽃이 피며 품종이 많다.

물재배를 할 때 물을 자주 갈아주거나 공기 펌프로 산소를 공급해 주면 식물이 훨씬 잘 자란다.

**부레옥잠**(물옥잠과)

연못이나 어항에 관상용으로 심어 기르는 여러해살이물풀. 물속에 잠겨 있는 수염뿌리에서 둥그스름한 잎이 모여난다. 통통한 잎자루 속은 스펀지처럼 되어 있다. 8~9월에 줄기에 연보라색 꽃이 모여 핀다.

**숙근양귀비**(양귀비과)

화단에 심어 가꾸는 여러해살이풀. 뿌리잎은 깃꼴로 갈라지며 거친털이 있다. 5~7월에 1m 정도 높이까지 자란 꽃줄기 끝에 피는 붉은색 꽃은 보통 중심부에 검은색 무늬가 있다. 여러 색깔의 품종이 있다.

**유럽할미꽃**(미나리아재비과)

화단에 심어 가꾸는 여러해살이풀. 뿌리잎은 깃꼴로 깊게 갈라지고 줄기잎은 가늘다. 3~5월에 줄기 끝에 보라색 할미꽃이 위를 향해 피는데 꽃잎 바깥쪽은 털이 많다. 수술은 많으며 꽃밥은 노란색이다.

**글라디올러스**(붓꽃과)

화단에 심어 가꾸는 여러해살이풀로 80~100㎝ 높이로 자란다. 봄에 알줄기를 심으면 100일 정도 후에 꽃을 볼 수 있다. 여름에 줄기 윗부분에 한쪽을 보고 나란히 피는 꽃은 분홍색, 붉은색, 노란색 등으로 색깔이 다양하다.

**홑왕원추리**(크산토로이아과)

화단에 심어 가꾸는 여러해살이풀. 칼모양의 뿌리잎은 2줄로 배열되며 활처럼 뒤로 구부러진다. 7~8월에 잎 사이에서 나온 1m 정도 높이의 꽃줄기에서 갈라진 가지마다 나팔 모양의 주황색 꽃이 핀다.

**작약**(작약과)

화단에 심어 가꾸는 여러해살이풀로 70~100㎝ 높이로 자란다. 5~6월에 줄기 끝에 피는 꽃이 크고 탐스러워 '함박꽃'이라고도 한다. 꽃 색깔은 붉은색, 분홍색, 흰색 등으로 많은 원예 품종이 있다. 뿌리를 한약재로 쓰기도 한다.

### 알뿌리베고니아 (베고니아과)

화분에 심어 가꾸는 늘푸른여러해살이풀. 알뿌리에서 나오는 줄기는 통통한 육질이고 잎은 일그러진 하트 모양이다. 여름~가을에 꽃줄기에 붉은색, 주홍색, 분홍색, 보라색, 노란색, 흰색 등의 꽃이 핀다.

### 리빙스톤데이지 (번행초과)

화단에 심어 가꾸는 한해살이풀. 줄기는 바닥을 기며 10㎝ 정도 높이로 자란다. 기다란 주걱 모양의 잎은 통통한 육질이다. 5~6월에 피는 채송화를 닮은 꽃은 붉은색, 분홍색, 주황색, 노란색, 흰색 등 품종이 여러 가지이다.

### 송엽국 (번행초과)

화단에 심어 가꾸는 늘푸른여러해살이풀. 줄기는 바닥을 긴다. 잎은 마주나고 원통형이며 3개의 모가 지고 통통한 육질이다. 4~7월에 가지 끝에 적자색~흰색 꽃이 피는데 해가 지면 꽃잎이 오므라든다.

### 가재발선인장 (선인장과)

화분에 심어 가꾸는 여러해살이풀. 납작한 가지가 연결된 줄기는 가지가 갈라지며 비스듬히 처진다. 납작한 가지의 가장자리와 끝에 2~3개의 가시 같은 톱니가 있다. 가을에 가지 끝에 붉은색 꽃이 핀다.

### 카네이션 (석죽과)

화단에 심어 가꾸는 여러해살이풀. 꽃은 7~8월에 피지만 온실에서는 언제나 필 수 있도록 조절해서 기른다. 줄기 끝에 붉은색, 분홍색, 흰색 등의 꽃이 핀다. 꽃말은 '사랑, 감사'이다. 절화로 많이 이용한다.

### 거베라 (국화과)

화단에 심어 가꾸는 여러해살이풀. 뿌리에서 모여나는 잎은 가장자리에 물결 모양의 톱니가 있다. 5~11월에 뿌리잎 사이에서 자란 꽃줄기 끝에 붉은색~흰색 꽃송이가 달린다. 절화로 많이 이용한다.

절화는 꽃이 달린 줄기를 잘라낸 것으로 꽃병에 꽂거나 꽃다발, 화환 등을 만드는데 사용한다.

**드린국화/자주루드베키아**(국화과)

화단에 심어 가꾸는 여러해살이풀. 잎은 어긋나고 좁은 달걀형이다. 6~8월에 줄기와 가지 끝에 달리는 1개의 꽃송이는 둘레의 홍자색 꽃잎이 점차 비스듬히 처진다. 품종에 따라 꽃 색깔이 여러 가지이다.

**수레국화**(국화과)

화단에 심어 가꾸는 한두해살이풀. 들에서 저절로 자라기도 한다. 가는 칼 모양의 잎은 어긋난다. 6~7월에 가지 끝에 1개의 푸른색 꽃송이가 달리는데 수레바퀴 모양이다. 분홍색이나 흰색 꽃이 피는 품종도 있다.

**과꽃**(국화과)

화단에 심어 가꾸는 한해살이풀. 긴 타원형~달걀형의 잎은 어긋나고 톱니가 있다. 여름~가을에 줄기와 가지 끝마다 진보라색 꽃송이가 옆을 보고 핀다. 여러 재배 품종이 있으며 붉은색, 분홍색, 흰색 등의 꽃이 핀다.

**달리아**(국화과)

화단에 심어 가꾸는 여러해살이풀로 1~2m 높이로 자란다. 봄에 고구마처럼 생긴 알뿌리를 화단에 심는다. 7~10월에 원줄기와 가지 끝에 탐스러운 꽃이 1개씩 옆을 보고 피는데 꽃 모양과 크기, 색깔이 여러 가지이다.

**데이지**(국화과)

화단에 심어 가꾸는 여러해살이풀로 10~20cm 높이로 자란다. 주걱 모양의 잎은 뿌리에서 뭉쳐나 사방으로 벌어진다. 꽃은 봄부터 가을까지 피며 꽃줄기 끝에 붉은색, 분홍색, 흰색 등의 꽃이 1개씩 하늘을 보고 핀다.

**매리골드**(국화과)

화단에 심어 가꾸는 한해살이풀. 잎은 작은잎이 깃꼴로 붙는 겹잎이다. 여름에 줄기나 가지 끝에 노란색~주황색 꽃송이가 위를 향해 피는데 매우 탐스럽다. 품종에 따라 꽃의 크기와 색깔이 조금씩 다르다.

붉은색 꽃이 피는 화초

**백일홍**(국화과)

화단에 심어 가꾸는 한해살이풀로 60~90㎝ 높이로 자란다. 긴 달걀형의 잎은 마주난다. 6~10월에 줄기 끝에 붉은색, 노란색, 자주색 등의 꽃이 하늘을 보고 핀다. 어릴 때 순을 잘라 주면 곁가지가 많이 나와 많은 꽃을 피운다.

**코스모스**(국화과)

화단이나 길가에 심어 가꾸는 한해살이풀로 1~2m 높이로 자란다. 가을이 면 가는 줄기 끝에 분홍색, 붉은색, 흰색 꽃을 피운다. 멕시코가 원산지인 코스모스는 콜럼버스가 유럽으로 가져오면서 전 세계로 퍼졌다고 한다.

**무스카리**(아스파라거스과)

화단에 심어 가꾸는 여러해살이풀로 15~20㎝ 높이로 자란다. 가을에 둥근 알뿌리를 심으면 이른 봄에 7~10장의 가느다란 뿌리잎이 모여난다. 잎과 함께 자란 꽃대 끝에 작은 항아리 모양의 남보라색 꽃이 이삭처럼 달린다.

**포인세티아**(대극과)

화분이나 화단에 심어 가꾸는 늘푸른 떨기나무. 줄기나 가지 끝에 촘촘히 돌려 붙는 붉은색 잎이 꽃잎같이 보이며 주홍색이나 노란색 품종도 있다. 절화로도 이용하고 크리스마스트리를 꾸밀 때도 많이 이용한다.

**스위트피**(콩과)

화단에 심어 가꾸는 한해살이덩굴풀. 잎은 어긋나고 작은잎이 깃꼴로 붙는 겹잎이며 끝이 덩굴손으로 변한다. 5~6월에 길게 자란 꽃대 끝에 나비 모양의 보라색 꽃이 모여 핀다. 품종에 따라 꽃 색깔이 여러 가지이다.

**미모사**(콩과)

브라질 원산으로 화분에 심어 가꾸는 여러해살이풀. 깃꼴로 붙는 겹잎을 건드리면 작은잎을 오므린다. 부끄러움을 타는 듯하다 하여 '함수초'라고도 부른다. 7~8월에 가지 끝에 둥근 홍자색 꽃송이가 달린다.

미모사의 잎을 건드리면 잎자루 한쪽의 물이 빠져 나가면서 압력이 변하여 두 잎이 안쪽으로 접힌다.

### 맨드라미 (비름과)

화단에 심어 가꾸는 한해살이풀로 40~80㎝ 높이로 자란다. 7~8월에 줄기 끝에 윗부분이 넓은 편평한 붉은색 꽃이삭이 달린다. 꽃이삭은 윗부분의 주름진 모양이 수탉의 머리 위에 달린 볏과 비슷하여 '계관화'라고도 한다.

### 촛불맨드라미 (비름과)

화단에 심어 가꾸는 한해살이풀. 잎은 어긋나고 좁은 달걀형이며 대부분 잎자루가 없다. 7~8월에 줄기 끝에 촛불 모양의 꽃이삭이 달리는데 꽃 색깔은 붉은색, 분홍색, 노란색 등 여러 가지 품종이 있다.

### 천일홍 (비름과)

화단에 심어 가꾸는 한해살이풀. 7~10월에 가지 끝마다 둥근 홍자색 꽃이삭이 달린다. 많은 작은 꽃이 모여 이루어진 꽃송이는 꽃 색깔이 오랫동안 변하지 않으므로 '천일홍'이라고 부르며 절화로도 이용한다.

### 봉숭아 (봉선화과)

화단에 심어 가꾸는 한해살이풀. 칼 모양의 잎은 어긋난다. 여름에 잎겨드랑이에 피는 붉은색 꽃이 봉황의 모습을 닮아서 '봉선화'라고도 한다. 타원형 열매는 익으면 저절로 터지면서 씨앗이 튀어 나간다.

### 꽃도라지 (용담과)

화단에 심어 가꾸는 여러해살이풀. 잎은 마주나고 달걀형~긴 타원형이며 회녹색이 돈다. 여름에 꽃대 끝에 종 모양의 꽃이 피는데 품종에 따라 꽃 색깔이 여러 가지이고 겹꽃도 있다. 절화로도 많이 이용한다.

### 주머니꽃 (칼세올라리아과)

화단에 심어 가꾸는 여러해살이풀. 달걀형의 뿌리잎은 주름이 진다. 2갈래로 갈라진 꽃잎 중에 아래쪽 꽃잎이 둥근 주머니 모양으로 크게 부풀며 색깔은 붉은색, 주황색, 노란색 등 품종에 따라 다르고 점무늬도 있다.

절화로 이용하기 위해 꽃을 자를 때 줄기를 물속에서 자르면 꽃이 빨리 시드는 것을 막을 수 있다.

## 레드베르가못 (꿀풀과)

화단에 심어 가꾸는 여러해살이풀. 잎은 마주나고 긴 달걀형이며 잎맥은 붉은빛이 돈다. 6~10월에 줄기 끝에 달리는 둥근 꽃송이에 입술 모양의 붉은색 꽃이 모여 핀다. 여러 색깔의 꽃이 피는 재배 품종이 있다.

## 깨꽃/샐비어 (꿀풀과)

화단에 심어 가꾸는 여러해살이풀. 5~10월에 줄기 끝에 입술 모양의 붉은색 꽃이 층층으로 돌려 가며 핀다. 원산지인 유럽에서는 향기가 나는 잎을 요리에 이용하기도 한다. 품종에 따라 여러 색깔의 꽃이 핀다.

## 꽃범의꼬리 (꿀풀과)

화단에 심어 가꾸는 여러해살이풀. 네모진 줄기는 60~120㎝ 높이로 자란다. 칼 모양의 잎은 마주난다. 7~9월에 줄기나 가지 윗부분에 깔때기 모양의 분홍색, 보라색, 흰색 꽃이 촘촘히 돌려 가며 핀다.

## 토레니아 (밭뚝외풀과)

화단에 심어 가꾸는 여러해살이풀. 잎은 마주나고 긴 달걀형이며 가장자리에 톱니가 있다. 6~12월에 줄기 끝에 모여 피는 입술 모양의 청자색 꽃은 안쪽이 연한 색이다. 품종에 따라 꽃 색깔이 여러 가지이다.

## 금어초 (질경이과)

화단에 심어 가꾸는 여러해살이풀. 칼 모양의 잎은 마주나거나 어긋난다. 4~7월에 줄기 끝에 모여 달리는 꽃은 금붕어가 헤엄치는 모습과 비슷해서 '금어초'라고 한다. 품종에 따라 꽃 색깔이 여러 가지이다.

## 애기금어초 (질경이과)

화단에 심어 가꾸는 한해살이풀. 줄기에 가는 칼 모양의 잎이 어긋난다. 3~6월에 줄기 끝에 입술 모양의 꽃이 촘촘히 모여 피는데 여러 색깔의 재배 품종이 있다. 꽃이 금어초와 비슷하지만 작아서 '애기금어초'라고 한다.

**디기탈리스**(질경이과)

화단에 심어 가꾸는 두해살이풀~여러
해살이풀. 긴 타원형 잎은 어긋난다.
여름에 줄기 윗부분에 종 모양의 홍자
색 꽃이 피어 올라간다. 품종에 따라
꽃 색깔이 여러 가지이다. 잎을 심장약
으로 쓰지만 독성이 강하다.

**자라송이풀**(질경이과)

화단에 심어 가꾸는 여러해살이풀. 잎
은 마주나고 긴 타원형이며 날카로운
톱니가 있다. 7~10월에 줄기 끝의 꽃
송이에 자라의 머리를 닮은 홍자색 꽃
이 피어서 '자라풀'이라고 한다. 흰색
꽃이 피는 품종도 있다.

**나팔꽃**(메꽃과)

화단에 심어 가꾸는 한해살이덩굴풀로
2~3m 길이로 벋는다. 7~9월에 잎겨
드랑이에 나팔 모양의 붉은색 꽃이 핀
다. 꽃봉오리는 붓 모양이며 꽃잎이 나
사처럼 감겨져 있다. 품종에 따라 여러
가지 색깔의 꽃이 핀다.

**둥근잎유홍초**(메꽃과)

화단에 심어 가꾸는 한해살이덩굴풀.
들에서 저절로 자라기도 한다. 잎은 어
긋나고 하트 모양이며 가장자리가 밋
밋하다. 8~9월에 잎겨드랑이에서 자
란 긴 꽃대 끝에 깔때기 모양의 붉은색
꽃이 2개씩 핀다.

**페튜니아**(가지과)

화단에 심어 가꾸는 여러해살이풀. 전
체에 끈적거리는 샘털이 빽빽하다.
3~10월에 잎겨드랑이에 나팔 모양의
붉은색, 보라색, 흰색 꽃이 핀다. 개화
기간이 길고 잘 자라므로 길가나 화단
등에 널리 심는다.

**불로화/아게라텀**(국화과)

화단에 심어 가꾸는 한두해살이풀. 잎
은 마주나고 넓은 달걀형이며 가장자
리에 둔한 톱니가 있다. 7~10월에 줄
기와 가지 끝에 엉겅퀴와 같은 연자주
색 꽃송이가 달린다. 흰색 꽃이 피는
품종도 있다.

### 노랑꽃칼라 (천남성과)
온실에서 심어 가꾸는 여러해살이풀로 60㎝ 정도 높이로 자란다. 뿌리에서 모여나는 화살촉 모양의 잎 표면에는 흰색 점이 흩어져 난다. 5~6월에 잎 사이에서 자란 긴 꽃대 끝에 노란색 꽃이삭이 달린다. 절화로도 많이 이용한다.

### 물양귀비 (택사과)
연못이나 늪에서 기르는 늘푸른여러해살이풀. 줄기는 굵고 기는가지가 갈라진다. 잎은 어긋나고 둥근 타원형이며 물 위에 떠 있다. 7~9월에 연노란색 꽃이 물 밖으로 나와 피는데 중심부는 적갈색을 띤다.

### 금영화 (양귀비과)
화단에 심어 가꾸는 한해살이풀. 뿌리잎은 깃꼴로 계속 가늘게 갈라지고 줄기잎은 위로 갈수록 작아진다. 5~7월에 줄기와 가지 끝에 1개의 주황색 꽃이 핀다. 붉은색, 분홍색, 연노란색 꽃이 피는 품종도 있다.

### 황금달맞이꽃 (바늘꽃과)
화단에 심어 가꾸는 여러해살이풀. 잎은 어긋나고 좁은 달걀형이며 가장자리에 톱니가 있다. 5~8월에 줄기와 가지 끝에 지름 5㎝ 정도의 큼직한 노란색 꽃이 모여 달린다. 꽃은 오후에는 꽃잎을 닫는다.

### 물다이아몬드 (바늘꽃과)
연못에 심어 가꾸는 여러해살이물풀. 줄기 끝에서 마름모꼴의 잎이 모여나 방석처럼 물 위에 뜬다. 여름에 잎겨드랑이에서 자란 꽃대 끝에 노란색 꽃이 물 밖으로 나와 핀다. 겨울에는 보온을 해 주어야 한다.

### 노랑사랑초 (괭이밥과)
화단에 심어 가꾸는 여러해살이풀. 전체에 털이 없다. 뿌리잎은 3장의 작은잎이 모여 달린 겹잎이다. 하트 모양의 작은잎 표면에 자갈색 점이 있다. 봄에 꽃줄기 끝에 노란색 꽃이 우산 모양으로 모여 핀다.

### 팬지(제비꽃과)
유럽 원산으로 화단에 심어 가꾸는 한
두해살이풀. 봄에 긴 꽃대 끝에 1개의
꽃이 옆을 향해 피는데 꽃 색깔은 노
란색, 자주색, 흰색 등 여러 가지이다.
키가 작아서 땅을 덮으므로 봄 화단을
가장 많이 장식한다.

### 수세미오이(박과)
화단에 심어 가꾸는 한해살이덩굴풀.
줄기는 덩굴손으로 다른 물체를 감고
오른다. 8~9월에 잎겨드랑이에 깔때
기 모양의 노란색 꽃이 핀다. 기다란
열매 속의 그물 같은 섬유질을 그릇 씻
는 수세미로 쓴다.

### 여주(박과)
화단에 심어 가꾸는 한해살이덩굴풀.
잎은 손바닥처럼 갈라진다. 6~9월에
잎겨드랑이에 노란색 꽃이 핀다. 혹 같
은 돌기가 있는 긴 타원형 열매는 주황
색으로 익는데 익으면 갈라져서 붉은
색 열매살에 싸인 씨앗이 나온다.

### 닥풀(아욱과)
화단에 심어 가꾸는 한해살이풀. 잎은
어긋나고 손바닥처럼 5~9갈래로 깊게
갈라진다. 8~9월에 줄기 윗부분에 커
다란 연노란색 꽃이 피는데 중심부는
흑자색이다. 예전에는 종이를 만드는
데 사용했다.

### 옐로체인(앵초과)
화단에 심어 가꾸는 여러해살이풀. 줄
기는 가지가 많이 갈라지고 바닥을 기
며 번는다. 둥그스름한 잎은 마주나고
주름이 진다. 초여름에 잎겨드랑이에
노란색 꽃이 핀다. 지피식물로 심으며
걸이화분을 만들기도 한다.

### 오공국화(국화과)
화단에 심어 가꾸는 여러해살이풀. 줄
기와 잎에 부드러운 흰색 털이 촘촘하
다. 달걀형의 잎은 어긋난다. 5~6월에
줄기 끝에 달리는 노란색 꽃송이는 지
름 3㎝ 정도이며 5~6장이 달리는 꽃
잎은 끝이 얕게 갈라진다.

지피식물은 땅바닥을 낮게 덮는 용도로 기르는 식물을 말한다. 잔디, 꽃잔디, 송엽국 등을 많이 심는다.

### 왕패모(백합과)

화단에 심어 가꾸는 여러해살이풀로 1m 정도 높이로 자란다. 잎은 어긋나고 칼 모양이며 광택이 난다. 늦은 봄에 줄기 끝에 촘촘히 돌려난 잎 밑에 종 모양의 노란색 꽃이 촘촘히 돌려 가며 고개를 숙이고 핀다. 절화로도 이용한다.

### 페루백합(알스트로에메리아과)

화단에 심어 가꾸는 여러해살이풀. 잎은 어긋나고 긴 달걀형이며 가장자리가 밋밋하다. 6~7월에 줄기 끝에 2~6개가 모여 피는 노란색이나 주황색 꽃은 적갈색 반점이 있다. 여러 색깔의 품종이 개발되었다.

### 황금부추(수선화과)

화단에 심어 가꾸는 여러해살이풀. 땅속의 비늘줄기에서 모여나는 좁은 칼 모양의 잎은 광택이 난다. 3~5월에 잎 사이에서 자란 꽃대 끝에 지름 5㎝ 정도의 노란색 꽃이 핀다. 초가을에 잎이 말라 죽는다.

### 프리지아(붓꽃과)

온실에서 심어 가꾸는 여러해살이풀. 가을에 비늘줄기를 심으면 칼 모양의 잎이 모여난다. 이른 봄에 자란 꽃대 끝이 한쪽으로 구부러지며 노란색 꽃이 피어 올라간다. 여러 색깔의 품종이 있다. 절화로 이용한다.

### 노랑꽃창포(붓꽃과)

연못가에 심어 가꾸는 여러해살이풀. 개울가에서 저절로 자라기도 한다. 가는 칼 모양의 잎은 줄기 밑부분에서 2줄로 어긋난다. 5~6월에 줄기 윗부분에 노란색 붓꽃이 촘촘히 모여 핀다. 꽃잎에 황갈색 줄무늬가 있다.

### 온시디움(난초과)

화분에 심어 가꾸는 늘푸른여러해살이풀. 긴 타원형 잎은 광택이 난다. 비스듬한 줄기에서 갈라진 가지마다 노란색 꽃이 피는데 작은 꽃잎에는 적갈색 반점이 있다. 꽃이 오래가므로 절화로도 이용한다.

**멕시코수련**(수련과)

연못에 심어 가꾸는 여러해살이풀. 물 위에 뜨는 잎은 원형~달걀형이며 갈색 반점이 있기도 하고 광택이 난다. 봄부터 가을까지 물 위로 자란 꽃대 끝에 지름 6~11㎝의 노란색 꽃이 피는데 밤에는 오므라든다.

**선인장/손바닥선인장**(선인장과)

관상용으로 심어 가꾸는 여러해살이풀. 잎처럼 변한 타원형의 편평한 줄기는 가지가 많이 갈라지며 잎은 날카로운 가시로 바뀌었다. 여름에 거꿀달걀형~타원형 가지의 위쪽 가장자리에서 노란색 꽃이 핀다.

**밀짚꽃**(국화과)

화단에 심어 가꾸는 한해살이풀~여러해살이풀. 6~9월에 가지 끝에 1개의 노란색 꽃송이가 달린다. 둘레의 꽃잎을 만지면 밀짚처럼 바삭거려서 '밀짚꽃'이라고 한다. 여러 색깔의 품종이 있다. 절화나 말린꽃으로도 쓴다.

**아프리카데이지**(국화과)

화단에 심어 가꾸는 한해살이풀. 칼 모양의 잎은 드물게 깃꼴로 갈라지기도 한다. 초여름~여름에 줄기 끝에 노란색~주황색 꽃송이가 달린다. 흐린 날이나 밤에는 꽃잎을 오므린다. 절화로도 이용한다.

**주홍조밥나물**(국화과)

화단에 심어 가꾸는 여러해살이풀. 뿌리잎과 줄기 밑부분에 모여나는 잎은 칼 모양이며 거센털이 흩어져 나고 뒷면은 연녹색이다. 6~8월에 줄기 끝에 여러 개가 모여 피는 주황색 꽃송이는 지름 15~20㎜이다.

**황금마거리트/남양구절초**(국화과)

화단에 심어 가꾸는 여러해살이풀로 60~80㎝ 높이로 자란다. 잎은 어긋나고 긴 달걀형이며 깃꼴로 잘게 갈라진다. 6~9월에 줄기와 가지 끝에 달리는 노란색 꽃송이는 지름 3~5㎝이다. 꽃에서 노란색 물감을 얻는다.

선인장과의 식물의 줄기는 살이 두꺼워 물을 많이 저장하며 잎이 변한 가시가 많은 것이 특징이다.

## 황금톱풀(국화과)

화단에 심어 가꾸는 여러해살이풀. 잎은 깃꼴로 갈라지고 작은잎은 가장자리가 톱니처럼 잘게 갈라진다. 6~8월에 줄기 끝의 편평한 꽃차례에 자잘한 노란색 꽃송이가 모여 달린다. 절화로도 이용한다.

## 백묘국(국화과)

지중해 원산으로 화단에 심어 가꾸는 늘푸른여러해살이풀. '설국'이라고도 한다. 식물 전체가 회백색 털로 덮여 있다. 잎은 깃꼴로 갈라진다. 여름에 30~50㎝ 높이로 자란 줄기 끝에 노란색 꽃송이가 달린다.

## 국화(국화과)

화단이나 화분에 심어 가꾸는 여러해살이풀. 잎은 깃꼴로 갈라진다. 가을에 피는 꽃은 노란색, 흰색, 붉은색, 보라색 등 품종에 따라 여러 가지이고 크기나 모양도 품종에 따라 다르다. 꽃은 향기가 진하다.

## 금잔화(국화과)

화단에 심어 가꾸는 여러해살이풀로 20~50㎝ 높이로 자란다. 주걱 모양의 잎이 어긋난다. 봄부터 줄기 끝에 노란색이나 주황색 등 여러 가지 색깔의 꽃송이가 달린다. 황금색 꽃송이의 모양이 술잔을 닮아서 '금잔화'라고 한다.

## 노랑코스모스(국화과)

화단이나 길가에 심어 가꾸는 한해살이풀로 70~110㎝ 높이로 자란다. 잎은 마주나고 깃꼴로 가늘게 갈라진다. 7~10월에 줄기나 가지 끝마다 코스모스를 닮은 노란색 꽃송이가 1개씩 달린다. 주황색 꽃이 피는 품종도 있다.

## 원추천인국(국화과)

화단에 심어 가꾸는 한해살이풀~여러해살이풀로 30~50㎝ 높이로 자란다. 줄기에 거친털이 있다. 잎은 어긋나고 칼 모양이며 두껍다. 7~8월에 줄기나 가지 끝에 노란색 꽃이 1개씩 피는데 꽃잎 안쪽에 자갈색 무늬가 있다.

**삼잎국화**(국화과)

북아메리카 원산으로 화단에 심어 가꾸는 여러해살이풀. 2m 높이까지 자란다. 3~7갈래로 깊게 갈라지는 잎이 삼의 잎과 비슷하게 생겨서 '삼잎국화'라고 한다. 7~9월에 가지 끝에 노란색 꽃송이가 달린다.

**겹꽃삼잎국화**(국화과)

화단에 심어 가꾸는 여러해살이풀. 줄기는 여러 대가 모여난다. 새깃 모양의 잎은 어긋나고 삼의 잎처럼 3~7갈래로 깊게 갈라진다. 7~9월에 가지 끝마다 겹꽃으로 된 노란색 꽃송이가 1개씩 달린다.

**기생초**(국화과)

화단이나 길가에 심어 가꾸는 한해살이풀. 잎은 깃꼴로 가늘게 갈라진다. 6~9월에 줄기와 가지 끝마다 코스모스와 비슷한 노란색 꽃이 피는데 가장자리의 노란색 꽃잎 안쪽에 자갈색 무늬가 있다.

**큰금계국**(국화과)

화단이나 길가에 심어 가꾸는 여러해살이풀로 30~100㎝ 높이로 자란다. 잎은 마주나고 주걱 모양이며 밑부분에서는 3~5갈래로 깊게 갈라지기도 한다. 6~8월에 코스모스와 비슷한 밝은 노란색 꽃이 가지 끝에 1개씩 달린다.

**해바라기**(국화과)

화단에 심어 가꾸는 한해살이풀. 8~9월에 2m 정도 높이의 줄기 끝에 피는 커다란 노란색 꽃송이가 해를 바라보고 피어서 '해바라기'라고 부른다. 회색 바탕에 검은색 줄이 있는 씨앗은 껍질을 까서 날로 먹거나 기름을 짠다.

**겹해바라기**(국화과)

화단에 심어 가꾸는 한해살이풀. 1~3m 높이로 곧게 자라는 줄기는 거센 털이 있다. 잎은 어긋나고 세모진 하트 모양이며 가장자리에 톱니가 있다. 8~9월에 줄기 끝에 커다란 노란색 겹꽃이 핀다.

**멕시코백일홍**(국화과)

화단에 심어 가꾸는 한해살이풀. 줄기는 바닥을 기며 3~15㎝ 높이로 자란다. 잎은 마주나고 좁은 달걀형이며 가장자리가 밋밋하다. 6~11월에 가지 끝에 피는 노란색 꽃송이의 중심부는 자갈색이다.

**알로에 베라**(크산토로이아과)

온실에서 가꾸는 늘푸른여러해살이풀. 칼 모양의 두꺼운 잎 가장자리에는 가시가 있다. 여름에 꽃줄기 끝에 대롱 모양의 노란색 꽃이 핀다. 잎에서 나오는 미끈미끈한 즙을 식품이나 화장품 원료로 사용한다.

**극락조화**(극락조화과)

온실에서 가꾸는 늘푸른여러해살이풀. 뿌리에서 모여나는 잎은 긴 잎자루 끝에 긴 타원형~긴 달걀형 잎이 달리며 회녹색이 돈다. 봄에 1m 정도 높이로 자란 꽃줄기 끝에 극락조를 닮은 주황색 꽃이 핀다.

**노랑새우풀**(쥐꼬리망초과)

온실에서 가꾸는 늘푸른떨기나무로 1m 정도 높이로 자란다. 잎은 마주나고 좁은 타원형이다. 5~11월에 줄기와 가지 끝에 달리는 원통형의 꽃이삭은 노란색 포로 싸이며 입술 모양의 흰색 꽃이 피어 올라간다.

**제브라아펠란드라**(쥐꼬리망초과)

온실이나 화분에 심어 가꾸는 늘푸른 떨기나무. 잎은 마주나고 타원형이며 잎맥을 따라 은백색 줄무늬가 들어 있는 것이 얼룩말 무늬를 닮았다. 줄기 끝에 달리는 원통형의 노란색 꽃이삭에 노란색 꽃이 핀다.

**좁은잎해란초**(질경이과)

화단에 심어 가꾸는 여러해살이풀. 가는 칼 모양의 잎이 어긋나지만 줄기 윗부분에서는 3장씩 돌려나기도 한다. 6~9월에 줄기 끝에 입술 모양의 노란색 꽃이 촘촘히 피어 올라간다. 꽃부리 뒷부분은 길게 뾰족하다.

**물칼라**(천남성과)

남부 지방의 화단에 심어 가꾸는 늘푸른여러해살이풀. 습지에서 잘 자란다. 뿌리잎은 길쭉한 하트 모양이다. 봄에 뿌리잎 사이에서 나온 꽃줄기 끝에 흰색 꽃덮개에 싸인 원통형의 연노란색 꽃이삭이 달린다.

**몬스테라**(천남성과)

화분에 심어 실내에서 가꾸는 늘푸른 여러해살이덩굴풀. 둥근 타원형 잎은 가장자리가 새깃 모양으로 깊게 갈라진다. 잎겨드랑이에 피는 꽃은 흰색의 타원형 꽃덮개 속에 둥근 막대 모양의 꽃이삭이 들어 있다.

**스파티필룸 파티니**(천남성과)

화분에 심어 실내에서 가꾸는 늘푸른 여러해살이풀로 40~60㎝ 높이로 자란다. 뿌리잎은 긴 타원형이며 광택이 난다. 긴 꽃대 끝에 달리는 둥근 막대 모양의 꽃이삭은 꽃잎처럼 보이는 타원형의 흰색 꽃덮개가 받치고 있다.

**실달개비**(달개비과)

실내에서 가꾸는 늘푸른여러해살이풀. 줄기에 2줄로 어긋나는 긴 타원형~긴 달걀형 잎은 광택이 난다. 5~7월에 줄기 끝과 잎겨드랑이에 자잘한 흰색 꽃이 모여 핀다. 흰색 꽃잎은 3장이다. 걸이화분을 만들기도 한다.

**꽃생강**(생강과)

남부 지방의 화단에 심어 가꾸는 여러해살이풀로 1~2m 높이로 자란다. 길쭉한 잎은 줄기에 2줄로 어긋나며 밑부분이 줄기를 감싼다. 9~10월에 줄기 끝의 꽃송이에 나비 모양의 흰색 꽃이 모여 핀다. 절화로도 이용한다.

**비단향꽃무/스토크**(겨자과)

화단에 심어 가꾸는 한두해살이풀. 잎은 어긋나고 주걱 모양이며 가장자리가 밋밋하거나 물결 모양이다. 3~5월에 줄기와 가지 끝의 꽃송이에 지름 2㎝ 정도의 흰색, 분홍색, 보라색, 붉은색 꽃이 모여 핀다.

걸이화분은 줄기가 늘어지는 식물을 심은 화분으로 시설물 따위에 매달아 주변 경관을 꾸민다.

## 사랑초(괭이밥과)

남부 지방의 화단에 심어 가꾸는 여러해살이풀. 뿌리잎은 3장의 작은잎이 붙는 겹잎이고 작은잎은 거꿀삼각형이며 적자색이다. 5~6월에 꽃대 끝에 흰색 또는 연분홍색 꽃이 우산 모양으로 모여 핀다.

## 달맞이장구채(석죽과)

화단에 심어 가꾸는 두해살이풀~여러해살이풀. 적자색 줄기에 털과 샘털이 있다. 잎은 마주나고 긴 타원형이다. 6~9월에 가지 끝에 피는 흰색 꽃은 꽃잎 끝이 2갈래로 갈라진다. 둥글게 부푼 꽃받침에 털이 많다.

## 비누풀(석죽과)

화단에 심어 가꾸는 여러해살이풀. 잎은 마주나고 좁은 타원형이며 주맥은 3개이다. 7~9월에 줄기 끝의 꽃송이에 흰색이나 연분홍색 꽃이 모여 핀다. 예전에 잎줄기를 비누 대신 사용해서 '비누풀'이라고 한다.

## 안개꽃(석죽과)

온실에 심어 가꾸는 한해살이풀. 줄기는 가지가 많이 갈라지고 가는 칼 모양의 잎이 마주난다. 여름부터 가지 끝에 자잘한 흰색 꽃이 핀다. 절화는 카네이션이나 그 밖의 다른 꽃과 함께 섞어서 꽃꽂이 재료로 쓴다.

## 꽈리(가지과)

화단에 심어 가꾸는 여러해살이풀. 6~7월에 잎겨드랑이에 흰색 꽃이 핀다. 꽃받침이 자란 껍질 속에 둥근 열매가 들어 있다. 이 열매의 씨앗을 빼낸 껍질은 아이들이 입에 넣고 소리를 내는 놀잇감이 된다.

## 백합(백합과)

화단에 심어 가꾸는 여러해살이풀. 칼모양의 잎은 어긋난다. 5~6월에 줄기 끝에 2~3개의 나팔 모양의 흰색 꽃이 피는데 향기가 진하다. 절화로도 많이 이용하며 땅속의 비늘줄기는 채소로 먹기도 한다.

백합과의 식물은 대부분이 풀로 보통 꽃받침도 꽃잎과 비슷해서 꽃받침이 없는 것처럼 보인다.

**설강화**(수선화과)

화단에 심어 가꾸는 여러해살이풀. 알뿌리에서 가는 칼 모양의 잎이 모여난다. 봄에 잎 사이에서 자란 꽃줄기 끝에 흰색 꽃이 고개를 숙이고 핀다. 3장의 작은 꽃잎 끝은 오목하게 들어가고 녹색 무늬가 있다.

**은방울수선화**(수선화과)

화단에 심어 가꾸는 여러해살이풀. 알뿌리에서 가는 칼 모양의 잎이 모여난다. 3~4월에 꽃줄기 윗부분에서 고개를 숙이고 피는 종 모양의 흰색 꽃은 꽃잎 끝이 밖으로 구부러지고 녹색 반점이 있으며 향기가 난다.

**흰꽃나도사프란**(수선화과)

화단에 심어 가꾸는 여러해살이풀. 비늘줄기에서 가늘고 납작한 잎이 모여난다. 7~9월에 비늘줄기에서 자란 꽃대 끝에 지름 6㎝ 정도의 흰색 꽃이 위를 보고 핀다. 사프란과 비슷하지만 흰색 꽃이 핀다.

**수선화**(수선화과)

화단이나 화분에 심어 가꾸는 여러해살이풀로 20~40㎝ 높이로 자란다. 남쪽 섬에서 많이 기른다. 12~3월에 5~6개의 흰색 꽃이 옆을 향해 달린다. 6장의 꽃잎 가운데 부분에 있는 종지 모양의 노란색 부꽃부리가 특이하다.

**실유카**(아스파라거스과)

화단에 심어 가꾸는 늘푸른여러해살이풀로 1~2m 높이로 자란다. 뿌리에서 모여나는 뾰족한 칼 모양의 잎은 가장자리에 실 같은 섬유가 붙어 있다. 초여름에 꽃줄기 윗부분에 종 모양의 흰색 꽃이 밑을 보고 촘촘히 달린다.

**유카**(아스파라거스과)

북아메리카 원산으로 화단에 심어 가꾸는 늘푸른떨기나무. 2~3m 높이로 자라고 남부 지방에서 심어 기른다. 칼 모양의 잎은 줄기에 촘촘히 돌려난다. 꽃은 봄과 가을 2번 핀다. 줄기 윗부분에 큼직한 흰색 꽃송이가 달린다.

---

부꽃부리는 꽃부리와 수술 사이, 또는 꽃잎 사이에서 생긴 꽃잎처럼 생긴 작은 조각을 말한다.

**옥잠화**(아스파라거스과)

화단에 심어 가꾸는 여러해살이풀. 뿌리에서 모여나는 둥근 달걀형의 잎은 주름이 진다. 8~9월에 꽃줄기 윗부분에 피는 긴 깔때기 모양의 흰색 꽃은 좋은 향기가 난다. 꽃봉오리가 비녀를 닮았다.

**석곡**(난초과)

온실이나 화분에 심어 가꾸는 늘푸른 여러해살이풀. 남쪽 섬에서 저절로 자란다. 퉁퉁한 육질의 줄기는 마디가 있다. 칼 모양의 잎은 어긋나고 광택이 난다. 5~6월에 줄기 위쪽 마디에 흰색 꽃이 피며 향기가 있다.

**미국수련**(수련과)

연못에 심어 가꾸는 여러해살이풀. 뿌리줄기에서 자란 긴 잎자루 끝에 달리는 둥근 잎은 밑부분이 화살처럼 갈라지고 물 위에 뜬다. 6~9월에 물 위로 나온 꽃자루 끝에 큼직한 흰색 꽃이 피며 꽃잎은 20~30장이다.

**서양톱풀**(국화과)

화단에 심어 가꾸는 여러해살이풀로 60~100㎝ 높이로 자란다. 잎은 깃꼴로 갈라지고 작은잎은 가장자리가 톱니처럼 잘게 갈라진다. 6~9월에 줄기 끝의 편평한 꽃차례에 자잘한 흰색 꽃송이가 모여 달린다. 절화로도 이용한다.

**에델바이스**(국화과)

알프스 원산으로 화단에 심어 가꾸는 여러해살이풀. 전체에 흰색 솜털이 많다. 칼 모양의 잎은 어긋나고 털이 있다. 6~8월에 줄기 끝에 모여 달리는 흰색 꽃송이 밑부분을 잎 모양의 흰색 포조각이 받치고 있다.

**종이꽃**(국화과)

화단에 심어 가꾸는 여러해살이풀. 칼 모양의 잎은 어긋난다. 3~5월에 줄기 끝에 피는 흰색 꽃송이는 지름 3㎝ 정도이며 중심부는 노란색이다. 흰색 꽃잎은 만지면 마른 종이 같은 느낌이며 꽃의 수명이 길다.

**케이프데이지**(국화과)

화단에 심어 가꾸는 여러해살이풀로 10~60㎝ 높이로 자란다. 주걱 모양의 잎은 어긋난다. 4~7월에 가지 끝에 1개씩 피는 흰색 꽃송이는 중심부가 푸른색이다. 품종에 따라 붉은색, 적자색, 주황색, 분홍색 등의 꽃이 핀다.

**마거리트/나무쑥갓**(국화과)

화단에 심어 가꾸는 여러해살이풀. 오래되면 줄기 밑부분이 나무처럼 단단해진다. 잎은 어긋나고 깃꼴로 갈라지며 갈래조각 끝이 뾰족하다. 5~10월에 가지 끝에 피는 흰색 꽃송이는 중심부가 노란색이다.

**수호초**(회양목과)

반그늘진 화단에 심어 가꾸는 늘푸른여러해살이풀. 줄기에 어긋나는 달걀 모양의 타원형 잎은 가죽질이다. 5~6월에 줄기 끝의 꽃송이에 자잘한 흰색 꽃이 모여 달린다. 달걀형의 열매는 가을에 흰색으로 익는다.

**설악초**(대극과)

화단에 심어 가꾸는 한해살이풀. 줄기 윗부분에 달리는 잎 모양의 포조각은 둘레에 흰색 무늬가 있다. 그래서 산에 눈이 내린 것처럼 보여서 '설악초'라고 한다. 7~10월에 가지 끝에 자잘한 흰색 꽃이 모여 핀다.

**천사나팔꽃**(가지과)

온실이나 화분에 심어 가꾸는 늘푸른떨기나무. 달걀형~긴 달걀형의 잎은 어긋난다. 6~9월에 가지나 잎겨드랑이에 나팔 모양의 흰색 꽃이 매달리는데 향기가 있다. 연노란색이나 분홍색 꽃이 피는 품종도 있다.

**털독말풀/다투라**(가지과)

화단에 심어 가꾸는 한해살이풀. 잎은 어긋나고 타원형~넓은 달걀형이며 끝이 뾰족하다. 6~9월에 잎겨드랑이에 피는 깔때기 모양의 흰색 꽃은 지름이 15~20㎝로 큼직하다. 둥근 네모 모양의 열매는 가시로 덮여 있다.

## 얼룩자주달개비 (달개비과)

실내에서 가꾸는 여러해살이덩굴풀. 긴 타원형 잎은 어긋나고 앞면은 은백색과 녹자색의 얼룩말 무늬가 있으며 뒷면은 진자주색이다. 4~9월에 홍자색 꽃이 피는데 꽃잎은 3장이다. 걸이화분을 만들기도 한다.

## 고사리아스파라거스 (아스파라거스과)

실내에서 가꾸는 늘푸른여러해살이풀. 줄기는 밑으로 처지며 가시가 있다. 가느다란 잎처럼 보이는 것은 가지가 변한 것이다. 초여름에 꽃송이에 자잘한 흰색 또는 연홍색 꽃이 핀다. 걸이화분을 만들기도 한다.

## 비타툼접란 (아스파라거스과)

실내에서 가꾸는 늘푸른여러해살이풀로 15㎝ 정도 높이로 자란다. 뿌리에서 모여난 가는 칼 모양의 잎은 중심부에 흰색 세로줄 무늬가 있다. 잎 사이에서 자란 꽃대 끝에 자잘한 흰색 꽃이 모여 핀다. 걸이화분을 만들기도 한다.

## 덕구리란/놀리나 (아스파라거스과)

화분에 심어 실내에서 가꾸는 관엽식물. 원산지에서는 10m 정도 높이로 자라지만 실내에서는 떨기나무처럼 자라며 줄기 밑부분이 비대해진다. 줄기 끝에 가느다란 잎이 모여나 밑으로 처지고 연노란색 꽃이 핀다.

## 홍죽/코르딜리네 (아스파라거스과)

화분에 심어 실내에서 관엽식물로 가꾸는 늘푸른떨기나무. 줄기 윗부분에 촘촘히 달리는 기다란 잎은 여러 가지 색깔과 무늬가 있어 매우 아름답다. 많은 재배 품종이 있다. 잎겨드랑이의 꽃이삭에 흰색~자주색 꽃이 핀다.

## 행운목 (아스파라거스과)

화분에 심어 실내에서 관엽식물로 가꾸는 늘푸른작은키나무. 기다란 칼 모양의 잎은 줄기 윗부분에 촘촘히 모여나 비스듬히 처진다. 잎겨드랑이에서 비스듬히 처지는 꽃송이에 자잘한 연노란색 꽃이 핀다.

관엽식물은 꽃보다는 주로 잎의 아름다움을 감상하기 위한 화초로 대부분이 이국적인 분위기의 열대 식물이다.

## 아글라오네마 콤무타툼(천남성과)

실내에서 관엽식물로 가꾸는 늘푸른여러해살이풀. 뿌리에서 모여나는 긴 타원형 잎은 앞면에 회녹색 얼룩무늬가 있다. 잎겨드랑에 피는 꽃은 연녹색 꽃덮개 속에 둥근 막대 모양의 흰색 꽃이삭이 들어 있다.

잎 모양

## 싱고니움(천남성과)

실내에서 관엽식물로 가꾸는 늘푸른여러해살이덩굴풀. 줄기에서 공기뿌리가 나온다. 어린잎은 화살촉 모양이고 성숙한 잎은 작은잎이 5~9장인 겹잎이다. 원통형 꽃이삭은 연한 황록색 꽃덮개에 싸여 있다.

## 하와이토란(천남성과)

실내에서 관엽식물로 가꾸는 늘푸른여러해살이풀. 큼직한 화살촉 모양의 잎은 가장자리가 물결 모양으로 주름이 진다. 여름에 잎겨드랑이에서 나오는 연노란색 꽃이삭은 연노란색 꽃덮개에 싸여 있다.

## 흑토란(천남성과)

화단이나 화분에 관엽식물로 심어 가꾸는 여러해살이풀. 알줄기에서 모여나는 잎은 화살촉 모양이며 흑녹색이고 잎자루가 길다. 8~9월에 꽃대 끝에 달리는 막대 모양의 꽃이삭은 노란색 꽃덮개에 싸여 있다.

## 디펜바키아(천남성과)

실내에서 관엽식물로 가꾸는 늘푸른여러해살이풀. 타원형 잎은 진녹색 바탕에 잎맥을 따라 연한 색 무늬가 있다. 잎의 무늬가 아름다운 많은 품종이 있다. 즙이 피부에 묻으면 가려우므로 주의해야 한다.

## 스킨답서스(천남성과)

실내에서 관엽식물로 가꾸는 늘푸른여러해살이덩굴풀. 줄기에 2줄로 어긋나는 기다란 하트 모양의 잎은 두껍고 광택이 난다. 잎 표면에 얼룩무늬가 있는 품종도 있다. 걸이화분을 만들기도 한다.

## 나무필로덴드론 (천남성과)

실내에서 관엽식물로 가꾸는 늘푸른여러해살이풀. 줄기 끝에 촘촘히 모여나는 세모진 달걀형의 잎은 깃꼴로 깊게 갈라진다. 잎겨드랑이의 꽃은 적갈색 꽃덮개 속에 둥근 막대 모양의 꽃이삭이 들어 있다.

## 관음죽 (야자나무과)

실내에서 관엽식물로 가꾸는 늘푸른떨기나무. 줄기 윗부분에 모여 달리는 손바닥 모양의 잎은 5~7갈래로 깊게 갈라지며 앞면은 광택이 있다. 초여름에 잎겨드랑이의 꽃가지에 자잘한 연노란색 꽃이 핀다.

## 에크메아 파스치아타 (파인애플과)

실내에서 관엽식물로 가꾸는 늘푸른여러해살이풀. 뿌리에서 모여나는 칼 모양의 잎은 불규칙한 흰색 무늬가 있다. 5~9월에 꽃줄기 끝의 분홍색 꽃송이에 자잘한 보라색 꽃이 핀다. 꽃송이의 수명이 길다.

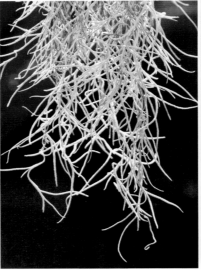

## 네오레겔리아 '플란드리아' (파인애플과)

실내에서 관엽식물로 가꾸는 늘푸른여러해살이풀. 로제트 모양으로 퍼지는 뿌리잎은 녹색 바탕에 가장자리에 연노란색 줄무늬가 있다. 잎이 모인 중심부에 꽃이 피는데 주변의 잎이 붉은색으로 물든다.

## 수염틸란드시아 (파인애플과)

실내에서 관엽식물로 가꾸는 늘푸른여러해살이풀. 나뭇가지에 붙어 자라는 착생식물이다. 가는 줄기는 드문드문 갈라져 늘어지고 가느다란 잎은 은백색 비늘털로 덮이는데 이 털은 공기 중의 수분을 흡수한다.

## 브라질칼라테아 (마란타과)

실내에서 관엽식물로 가꾸는 늘푸른여러해살이풀로 1m 정도 높이로 자란다. 뿌리에서 모여나는 타원형 잎은 주맥 주변이 연녹색이고 잎자루가 길다. 꽃줄기 끝에 촘촘히 달리는 연분홍색 포 안에 자잘한 흰색 꽃이 핀다.

착생식물은 흙이 아닌 식물의 표면이나 바위 표면에 붙어서 자라는 식물로 물과 양분을 뿌리와 잎으로 흡수한다.

**종려방동사니**(사초과)

실내의 물가에서 관엽식물로 가꾸는 늘푸른여러해살이풀. 세모진 줄기 끝에 잎처럼 생긴 가느다란 포가 빙 둘러난다. 7~9월에 줄기 끝에서 모여나는 꽃대 끝에 자잘한 황록색 꽃이삭이 모여 달린다.

**파피루스**(사초과)

실내의 물가에서 관엽식물로 가꾸는 늘푸른여러해살이풀. 늦여름에 세모진 줄기 끝에 황갈색 꽃이삭이 우산살처럼 돌려난다. 옛날 이집트에서는 줄기의 속살을 엮어 말려서 '파피루스'라는 종이를 만들었다.

**무늬물대**(벼과)

화단에 심어 가꾸는 여러해살이풀. 모여나는 줄기는 2~4m 높이로 곧게 자란다. 줄기에 어긋나는 칼 모양의 잎에는 연노란색 세로줄 무늬가 있다. 8~11월에 줄기 끝에 원뿔 모양의 자주색 꽃송이가 달린다.

**핑크뮬리/분홍쥐꼬리새**(벼과)

화단에 심어 가꾸는 여러해살이풀. 모여나는 줄기는 30~90㎝ 높이로 곧게 자란다. 9~11월에 줄기 끝에 원뿔 모양의 적홍색 꽃이삭이 달린다. 근래에 군락으로 심는 곳이 늘어나면서 큰 인기를 얻고 있다.

**글라우쿰수크령 '퍼플 마제스티'**(벼과)

화단에 심어 가꾸는 여러해살이풀로 1~1.5m 높이로 자란다. 처음 돋는 잎은 녹색이지만 점차 흑자색으로 변한다. 여름~가을에 줄기 끝에 달리는 원통형의 꽃이삭도 흑자색이 돌며 곧게 선다. 절화로도 많이 이용한다.

**크로톤/변엽목**(대극과)

실내에서 관엽식물로 가꾸는 늘푸른떨기나무. 줄기에 촘촘히 어긋나는 긴 타원형 잎은 녹색, 붉은색, 갈색, 주황색 등 여러 가지 색깔의 무늬가 섞여 아름답고 광택이 난다. 자잘한 흰색 꽃이 모여 핀다.

### 인도고무나무(뽕나무과)

실내에서 관엽식물로 가꾸는 늘푸른큰
키나무. 잎은 어긋나고 큼직한 타원형
이며 두껍고 광택이 있다. 턱잎으로 싸
인 뾰족한 잎눈은 붉은빛이 돈다. 열
매는 둥글다. 가지에 상처를 내면 흰색
즙이 나온다.

### 벤자민고무나무(뽕나무과)

실내에서 관엽식물로 가꾸는 늘푸른큰
키나무. 밑으로 처지는 가지에 달리는
타원형 잎은 인도고무나무와 달리 아
주 작지만 가지를 자르면 흰색 즙이 나
오는 고무나무 종류이다. 둥근 열매는
노랗게 익는다.

### 수박필레아(쐐기풀과)

실내에서 관엽식물로 가꾸는 늘푸른여
러해살이풀. 잎은 마주나고 타원형이
며 잎맥 사이에 은녹색 얼룩무늬가 있
다. 10~11월에 잎겨드랑이에 자잘한
흰색 꽃이 뭉쳐 핀다. 그늘이나 양지
모두에서 잘 자란다.

### 파키라/물밤나무(아욱과)

실내에서 관엽식물로 가꾸는 늘푸른
큰키나무. 가지 끝에 모여나는 잎은
긴 잎자루 끝에 5장의 작은잎이 둥글
게 모여 붙는 겹잎이다. 밤에 가지 끝
에 노란색 꽃이 핀다. 타원형 열매 속
의 씨앗은 밤 맛이 난다.

### 파리지옥(끈끈이귀개과)

화분에 심어 가꾸는 늘푸른여러해살이
풀. 잎자루 끝의 둥근 잎은 반으로 접
히고 가장자리에 가시 모양의 털이 난
다. 식충식물로 벌레가 잎 안에 들어오
면 잎을 오므려 소화해 흡수한다. 주로
파리가 많이 잡힌다.

### 커피나무(꼭두서니과)

실내에서 관엽식물로 가꾸는 늘푸른작
은키나무. 긴 타원형 잎은 마주난다.
잎겨드랑이에 흰색 꽃이 피고 긴 타원
형 열매는 붉게 익는다. 씨앗을 볶아서
가루로 만든 것이 '커피'로 독특한 맛
과 향이 있다.

파리지옥은 잎 안쪽에 '감각모'라고 부르는 털이 있어 벌레가 잎 안에 들어와 이 털을 건드리면 재빨리 잎을 오므려 벌레를 잡는다.

**망목초/피토니아**(쥐꼬리망초과)

실내에서 관엽식물로 가꾸는 늘푸른여러해살이풀. 줄기는 바닥을 기며 자란다. 잎은 마주나고 타원형이며 잎맥을 따라 은백색이나 붉은색 그물 무늬가 있다. 가지 끝의 꽃송이에 입술 모양의 연노란색 꽃이 핀다.

**은쑥**(국화과)

화단에 심어 가꾸는 여러해살이풀. 줄기와 잎은 부드러운 은백색 털로 덮여있다. 잎은 깃꼴로 잘게 갈라지며 갈래 조각은 실처럼 가늘다. 7~10월에 가지 끝의 꽃이삭에 연노란색 반구형 꽃송이가 모여 달린다.

**아이비**(두릅나무과)

실내에서 관엽식물로 가꾸는 늘푸른덩굴나무. 줄기는 붙음뿌리가 나와 다른 물체에 붙는다. 잎은 어긋나고 3~5갈래로 갈라지지만 늙은 가지의 잎은 갈라지지 않는다. 잎에 흰색이나 노란색 무늬가 있는 품종도 있다.

**홍콩쉐플레라**(두릅나무과)

실내에서 관엽식물로 가꾸는 늘푸른떨기나무. 잎은 어긋나고 7~9장의 작은잎이 부채 모양으로 돌려나는 겹잎이다. 영어 이름은 '우산나무(Umbrella Tree)'이다. 가지 끝의 꽃송이에 연노란색 꽃이 핀다.

**멕시코소철**(소철과)

실내에서 관엽식물로 가꾸는 늘푸른떨기나무. 짧은 줄기 끝에서 사방으로 퍼지는 잎은 작은잎이 깃꼴로 붙는 겹잎이다. 작은잎은 긴 타원형이며 두껍고 잎자루가 거의 없다. 줄기와 잎은 갈색 털로 덮여 있다.

**율마**(측백나무과)

실내에서 관엽식물로 가꾸는 바늘잎나무. 줄기는 곧게 서고 원뿔 모양으로 자란다. 짧은 황록색 바늘잎이 촘촘히 달린 가지는 깃털과 비슷하며 독특한 향기가 난다. 양지바르고 통풍이 잘되는 곳에서 잘 자란다.

강원도 임계의 메밀밭

# 논밭에서 기르는 작물

사람들은 살아가는데 필요한 식물을 논이나 밭에서 재배한다. 쌀이나 밀처럼 먹거리로 쓰이는 '식량작물' 외에 목화나 담배처럼 생활에 필요한 물건의 원료로 쓰이는 '특용작물'을 재배하는 것을 흔히 만날 수 있다. 논밭에서 기르는 작물은 콩 외에 71종을 소개하였다.

## 콩 (콩과)

밭에서 재배하는 한해살이풀. 오곡의 하나이다. 여름에 잎겨드랑이에 자잘한 나비 모양의 보라색 꽃이 모여 피고 꼬투리열매를 맺는다. 콩은 두부, 메주, 콩기름의 원료로 쓰이고 콩나물을 키워 먹는다.

## 강낭콩 (콩과)

밭에서 재배하는 한해살이풀. 여름에 잎겨드랑이에 나비 모양의 흰색 꽃이 모여 피고 꼬투리열매를 맺는다. 열매는 밥에 넣어서 먹거나 떡이나 과자를 만드는 재료로 쓴다. 어린 꼬투리열매는 채소로 이용한다.

## 붉은강낭콩 (콩과)

밭에서 재배하는 한해살이덩굴풀. 잎은 어긋나고 3장의 작은잎이 모여 달린 겹잎이다. 여름에 피는 나비 모양의 붉은색 꽃이 아름다워 관상용으로 심기도 한다. 기다란 꼬투리열매 속의 씨앗을 밥에 넣어 먹는다.

## 녹두 (콩과)

밭에서 재배하는 한해살이풀. 여름에 잎겨드랑이에 나비 모양의 노란색 꽃이 모여 핀다. 꼬투리열매는 털로 덮여 있다. 녹두를 갈아서 빈대떡을 부치고 청포묵을 만들어 먹는다. 싹을 낸 것을 '숙주나물'이라고 한다.

## 완두콩 (콩과)

밭에서 재배하는 한해살이덩굴풀. 가을에 씨앗을 뿌리면 봄에 꽃이 피고 납작한 꼬투리열매를 맺는다. 잎은 작은 잎이 깃꼴로 붙는 겹잎이며 끝이 덩굴손으로 된다. 풋콩을 밥에 넣어 먹으며 떡의 고물로도 이용한다.

## 팥 (콩과)

밭에서 재배하는 한해살이풀. 여름에 잎겨드랑이에 나비 모양의 노란색 꽃이 모여 피고 가늘고 긴 꼬투리열매를 맺는다. 열매인 팥은 밥에 넣어 먹거나 팥죽을 쑤어 먹기도 하고 떡, 빵 등의 고물로 이용한다.

**동부**(콩과)

밭에서 재배하는 한해살이풀. 여름에 잎겨드랑이에 나비 모양의 보라색 꽃이 모여 피고 꼬투리열매를 맺는다. 씨앗을 밥에 넣어 먹거나 떡의 소로 이용한다. 또 여물지 않은 꼬투리열매를 채소로 이용한다.

**메밀**(마디풀과)

밭에서 재배하는 한해살이풀. 7~10월에 가지 끝에 자잘한 흰색 꽃이 모여 피고 세모꼴의 열매는 진갈색으로 익는다. 메밀 가루는 묵이나 국수를 만드는 원료가 되며 옛날부터 메밀묵과 냉면을 만들어 먹는다.

**벼**(벼과)

논에서 재배하는 한해살이풀. 줄기는 곧게 자라고 포기를 이룬다. 7~8월에 줄기 끝에 이삭이 패어 꽃이 핀다. 열매는 가을에 누런색으로 익으면 고개를 숙인다. 밀과 함께 세계 2대 곡물의 하나이다.

**밀**(벼과)

밭에서 재배하는 두해살이풀. 가을에 씨앗을 뿌리면 봄에 긴 까락이 달린 이삭이 패어 꽃이 핀다. 긴 잎은 윗부분이 늘어진다. 열매인 밀은 6월에 수확한다. 벼와 함께 세계 2대 곡물에 속한다.

**호밀**(벼과)

밭에서 재배하는 두해살이풀. 밀보다 키가 크고 전체적으로 거칠다. 가을에 씨앗을 뿌리면 5월에 줄기 끝에 긴 까락이 달린 이삭이 패어 꽃이 핀다. 6월에 수확하는 호밀은 이삭이 밀보다 길고 약간 납작하다.

**보리**(벼과)

논밭에서 재배하는 두해살이풀. 오곡의 하나이다. 가을에 씨앗을 뿌리면 봄에 거친 까락이 있는 이삭이 패어 꽃이 핀다. 긴 잎은 늘어지지 않는다. 열매인 보리는 6월에 수확한다. 밥에 넣고 맥주의 원료로도 쓴다.

소는 송편이나 만두 등을 만들 때 속에 넣는 재료를 말하며 콩, 동부, 밤 등을 넣는다.

### 조(벼과)

밭에서 재배하는 한해살이풀. 오곡의
하나이다. 여름에 줄기 끝에 긴 원통형
의 꽃이삭이 달리며 그대로 자란 열매
가 노랗게 익으면 줄기가 휘어진다. 쌀
과 함께 섞어 밥을 지으며 병아리나 새
의 먹이로도 이용한다.

### 수수(벼과)

밭에서 재배하는 한해살이풀. 오곡의
하나이다. 8월에 2m 정도 높이로 자
란 줄기 끝에 원뿔 모양의 이삭이 패
어 꽃이 피는데 이삭은 적갈색으로 익
는다. '수수깡'이라고 부르는 마른 줄
기는 공작 재료로 쓴다.

### 옥수수(벼과)

밭에서 재배하는 한해살이풀. 곧게 자
라는 줄기의 마디마다 칼 모양의 잎이
난다. 여름에 수꽃이삭은 줄기 끝에 달
리고 암꽃이삭은 잎겨드랑이에 달리는
데 열매 끝에 수염 같은 긴 암술이 늘어
진다. 열매는 쪄서 먹고 사료로 쓴다.

### 귀리(벼과)

밭에서 재배하는 두해살이풀로 1m 정
도 높이로 자란다. 5~6월에 줄기 끝에
층층으로 달리는 작은 이삭은 밑으로
늘어진다. 열매는 6월에 여문다. 가루
로 '오트밀'이라는 수프를 만들고 술이
나 과자의 원료 및 사료로도 쓴다.

### 기장(벼과)

밭에서 재배하는 한해살이풀. 여름에
줄기 끝에 꽃이삭이 달리고 열매가 익
으면 줄기가 둥글게 휘어진다. 크기가
약간 큰 좁쌀처럼 생긴 열매는 밥에 넣
어 먹거나 떡을 만들고 사료로도 쓴다.
이삭은 엮어서 빗자루를 만든다.

### 율무(벼과)

밭에서 재배하는 한해살이풀. 7~9월
에 잎겨드랑이에서 꽃대가 나와 황록
색 꽃이 피고 타원형 열매는 가을에 여
문다. 열매는 신경통 등에 약재로 쓰며
가루를 내어 율무차, 율무죽 등의 식품
으로 이용한다.

**파인애플**(파인애플과)

제주도의 온실에서 재배하는 늘푸른여러해살이풀. 짧은 줄기 위의 잎 무더기 사이에서 나온 꽃대 끝에 둥근 원통형의 꽃이삭이 달린다. 솔방울열매 모양의 원통형 파인애플 열매는 속살이 노란색으로 익는다.

**바나나**(파초과)

제주도의 온실에서 재배하는 늘푸른여러해살이풀. 커다란 긴 타원형 잎은 줄기 윗부분에서 모여나 사방으로 퍼진다. 여름철에 꽃이 피고 기다란 바나나 열매는 층층으로 돌려 가며 커다란 송이를 이룬다.

**수박**(박과)

밭에서 재배하는 한해살이덩굴풀. 잎은 어긋나고 잎몸은 깃꼴로 깊게 갈라진다. 6~7월에 잎겨드랑이에 노란색 꽃이 핀다. 암녹색 줄무늬가 있는 둥근 열매는 꽃이 핀 지 한 달쯤 되면 익는다. 수분이 많은 열매는 여름 과일의 대표이다.

**참외**(박과)

밭에서 재배하는 한해살이덩굴풀. 덩굴손으로 다른 물체를 감고 오른다. 6~7월에 잎겨드랑이에 깔때기 모양의 노란색 꽃이 핀다. 타원형 열매는 연두색이다가 자라면서 노란색으로 익으며 열매채소로 이용한다.

**멜론**(박과)

밭에서 재배하는 한해살이덩굴풀. 전체에 거센털이 있다. 잎은 어긋나고 잎몸은 손바닥처럼 3~7갈래로 갈라지며 여름에 노란색 꽃이 핀다. 수박처럼 둥근 열매는 날로 먹거나 주스나 잼 등을 만든다. 여러 재배 품종이 있다.

**오이**(박과)

밭에서 재배하는 한해살이덩굴풀. 6~8월에 잎겨드랑이에 노란색 꽃이 핀다. 기다란 원통형 열매는 녹색에서 진한 황갈색으로 익는다. 어린 열매를 생채나 오이지 등의 반찬으로 이용하는 데 향기가 좋다.

파초과의 식물은 대부분 나무처럼 키가 크고 줄기가 굵게 자라는 풀이다. 꽃받침과 꽃잎은 모두 꽃잎처럼 보인다.

**호박**(박과)

밭에서 재배하는 한해살이덩굴풀. 밤에
만 피는 종 모양의 노란색 꽃은 여름부
터 가을까지 계속 핀다. 어린 애호박은
반찬으로 이용하며 누렇게 익은 호박은
호박고지, 호박범벅 등으로 이용한다.
품종에 따라 열매의 모양이 다르다.

**딸기**(장미과)

밭에서 재배하는 여러해살이풀. 잎은
뿌리에서 무더기로 모여난다. 4~5월
에 꽃줄기 끝에 흰색 꽃이 모여 핀다.
꽃이 진 뒤 한 달쯤 되면 붉게 익는 열
매는 과일로 먹고 설탕을 넣고 졸여서
딸기잼을 만들기도 한다.

**고추**(가지과)

밭에서 재배하는 한해살이풀. 배추, 무
와 함께 3대 채소의 하나이다. 여름에
잎겨드랑이에 흰색 꽃이 핀다. 8~9월
에 붉은색으로 익는 기다란 열매는 매
운맛이 있다. 풋고추는 조려서 먹고 익
은 열매 가루는 양념으로 사용한다.

**피망**(가지과)

고추의 변종으로 밭에서 재배하는 한
해살이풀. 고추와 비슷하지만 열매는
끝부분이 납작하고 오목하게 들어가며
약간 매운맛이 난다. 단맛이 나고 아삭
하게 씹히는 품종은 흔히 '**파프리카**'라
고 한다.

**토마토**(가지과)

밭에서 재배하는 한해살이풀. 식물 전
체에서 독특한 냄새가 난다. 줄기가 약
해서 받침대를 세워 묶어 주어야 한다.
6~7월에 노란색 꽃이 모여 핀다. 열매
인 토마토는 붉은색으로 익으며 날로
먹거나 주스, 잼을 만든다.

**가지**(가지과)

밭에서 재배하는 한해살이풀. 흑자색을
띠는 줄기에 타원형 잎이 어긋난다. 여
름에 가지에 연자주색 꽃이 모여 핀다.
흑자색으로 익는 길쭉한 열매는 나물로
먹거나 찜을 만들고 전을 부쳐 먹는다.
달걀형 열매가 열리는 품종도 있다.

토마토를 재배할 때는 원줄기만 남겨 두고 곁가지를 모두 따 버려야 좋은 열매를 얻을 수 있다.

**파**(수선화과)

밭에서 재배하는 여러해살이풀. 기다란 원통형의 잎은 속이 비어 있다. 봄에 꽃줄기 끝에 흰색 꽃이 둥글게 모여 핀다. 파에는 특이한 냄새와 향기가 있어 양념으로 쓴다. 크기가 다른 여러 품종이 있다.

**부추**(수선화과)

밭에서 재배하는 여러해살이풀. 땅속의 비늘줄기에서 모여나는 가늘고 긴 잎을 채소로 이용하는데 독특한 향기가 입맛을 돋운다. 7~8월에 잎 사이에서 자란 꽃줄기 끝에 흰색 꽃이 둥글게 모여 핀다.

**배추**(겨자과)

밭에서 재배하는 두해살이풀. 무, 고추와 더불어 3대 채소의 하나이다. 뿌리에서 모여나는 잎은 안으로 구부러지면서 포개져 둥근 포기를 이룬다. 봄에 줄기 끝에 노란색 꽃이 모여 핀다. 흔히 김치를 담가 먹는다.

**양배추**(겨자과)

밭에서 재배하는 두해살이풀. 뿌리에서 모여나는 잎은 안으로 구부러지면서 포개져 둥근 포기를 이룬다. 겨울을 넘긴 양배추는 줄기가 자라 5~6월에 연노란색 꽃이 모여 핀다. 샐러드나 볶음 등을 해 먹는다.

**케일**(겨자과)

밭에서 재배하는 두해살이풀. 전체적으로 양배추와 생김새가 비슷하지만 포기를 이루지 않는다. 원형~타원형 잎은 가장자리에 불규칙한 톱니가 있고 주름이 진다. 주로 쌈채소나 샐러드로 이용하며 즙을 짜 마신다.

**갓**(겨자과)

밭에서 재배하는 두해살이풀. 뿌리에서 모여나는 길쭉한 뿌리잎은 주름이 지고 약간 매운맛이 나며 향기가 있다. 뿌리잎으로 갓김치를 담그거나 김장김치에 함께 넣어 먹는다. 봄에 노란색 꽃이 모여 핀다.

### 아욱(아욱과)

밭에서 재배하는 한해살이풀. 봄~가을에 잎겨드랑이에 자잘한 연분홍색 꽃이 모여 핀다. 꽃받침으로 싸여 있는 단지 모양의 열매는 가을에 여문다. 연한 잎줄기로 국을 끓여 먹거나 쌀과 함께 죽을 쑤어 먹는다.

### 시금치(비름과)

밭에서 재배하는 한두해살이풀. 뿌리에서 뭉쳐나는 긴 삼각형~달걀형의 뿌리잎을 포기째 잘라서 채소로 이용한다. 잎은 날로 먹거나 된장국을 끓여 먹는다. 5월에 줄기 윗부분에 자잘한 연노란색 꽃이 이삭 모양으로 모여 달린다.

### 소엽/차즈기(꿀풀과)

밭에서 재배하는 한해살이풀. 들깨와 비슷하지만 전체가 자줏빛이 돈다. 넓은 달걀형의 잎은 마주난다. 8~9월에 줄기와 가지 끝의 꽃송이에 연자주색 꽃이 핀다. 어린잎과 씨앗은 향기가 좋아 요리에 쓴다.

### 치커리(국화과)

밭에서 재배하는 여러해살이풀. 뿌리잎은 깃꼴로 갈라진다. 여름에 가지 끝이나 잎겨드랑이에 푸른색 꽃이 핀다. 쓴맛이 나는 어린잎을 샐러드로 먹거나 말린 뿌리를 가루로 내어 커피 대신 차로 마신다.

### 쑥갓(국화과)

밭에서 재배하는 한두해살이풀. 잎은 어긋나고 깃꼴로 갈라진다. 5~6월에 가지 끝에 노란색 꽃송이가 달린다. 향긋한 냄새가 나는 새순을 상추쌈에 곁들이는 쌈 재료로 이용하거나 살짝 데쳐서 나물로 먹는다.

### 상추(국화과)

밭에서 재배하는 두해살이풀. 여름에 줄기 끝에 노란색 꽃이 모여 핀다. 잎을 쌈으로 이용하는 잎줄기채소이다. 상추잎을 자르면 나오는 흰색 즙 속에는 잠을 잘 오게 하는 성분이 들어 있다고 한다.

**미나리**(미나리과)

습지에서 자라는 여러해살이풀. 흔히 도랑가나 논에 심어 기르기도 한다. 7~9월에 줄기 끝에 흰색 꽃이 우산 모양으로 달린다. 연한 줄기와 잎을 채소로 이용하는데 독특한 향기가 입맛을 돋우어 준다.

**고수**(미나리과)

지중해 원산으로 밭에서 재배하는 한해살이풀. 잎은 깃꼴로 1~3회 갈라지는 겹잎이며 빈대 냄새가 난다. 6~7월에 가지 끝에 흰색 꽃이 우산 모양으로 달린다. 잎을 샐러드, 쌈, 수프 등에 이용하는데 특히 고기 요리에 많이 넣는다.

**토란**(천남성과)

밭에서 재배하는 여러해살이풀. 뿌리에서 나온 긴 잎자루 끝에 방패 모양의 넓은 잎이 달린다. 우리나라에서는 꽃이 잘 피지 않는다. 땅속에 있는 달걀형 덩이줄기를 '토란'이라고 하여 국을 끓여 먹는다.

**양파**(수선화과)

밭에서 재배하는 두해살이풀. 파와 비슷한 둥글고 긴 잎은 속이 비어 있다. 초여름에 꽃줄기 끝에 흰색 꽃이 둥글게 모여 핀다. 매운맛과 독특한 향기가 나는 땅속의 비늘줄기를 양념으로 이용하며 비린내와 누린내를 없애 준다.

**마늘**(수선화과)

논이나 밭에서 재배하는 여러해살이풀. 6~7월에 꽃줄기 끝에 연보라색 꽃이 둥글게 모여 핀다. 땅속의 비늘줄기를 양념으로 이용하는데 강한 냄새와 매운맛이 난다. 가을에 심어 다음 해 여름에 수확한다.

열매

**생강**(생강과)

밭에서 재배하는 여러해살이풀. 가는 칼 모양의 잎은 줄기 양쪽으로 어긋난다. 꽃은 잘 피지 않는다. 땅속의 황갈색 덩이줄기는 살이 많고 옆으로 벋는다. 덩이줄기는 매콤한 향기가 나며 양념으로 이용한다.

덩이줄기는 땅속에 있는 줄기에 녹말 따위의 양분을 저장해 덩이 모양을 이룬 줄기를 말한다.

### 울금(생강과)

열대 아시아 원산으로 남쪽 섬에서 재배하는 여러해살이풀. 생강과 비슷하지만 줄기와 잎이 모두 크게 자라는 것이 칸나와 비슷하다. 덩이줄기는 생강과 비슷하며 식용 물감으로 이용하고 카레, 단무지, 피클 등에 이용한다.

### 콜라비(겨자과)

유럽 원산으로 밭에서 재배하는 한두해살이풀. 생김새가 양배추와 순무를 합친 모양으로 '콜라비'는 '양배추'와 '무'가 합쳐진 이름이다. 잎은 쌈채소로 먹거나 녹즙을 내어 먹는다. 줄기는 샐러드를 만들어 먹는다.

### 무/무우(겨자과)

밭에서 재배하는 한두해살이풀. 배추, 고추와 함께 3대 채소의 하나이다. 봄에 줄기 끝에 십자 모양의 연자주색 꽃이 모여 핀다. 둥근 기둥 모양으로 자라는 커다란 뿌리와 연한 잎을 채소로 이용한다.

### 고구마(메꽃과)

밭에서 재배하는 여러해살이덩굴풀. 땅 위로 벋는 줄기에 하트 모양의 잎이 어긋난다. 드물게 분홍색 꽃이 핀다. 뿌리의 일부가 굵어져서 덩이뿌리인 고구마가 된다. 고구마는 삶거나 구워 먹으며 과자 등의 원료로 쓴다.

### 감자(가지과)

밭에서 재배하는 여러해살이풀. 5~6월에 잎겨드랑이에서 연자주색 또는 흰색 꽃이 모여 핀다. 땅속줄기 마디로부터 가지가 벋으면서 그 끝에 둥근 덩이줄기가 달리는데 이를 '감자'라고 하며 삶거나 구워 먹는다.

### 우엉(국화과)

밭에서 재배하는 두해살이풀. 하트 모양의 잎이 어긋난다. 7월에 가지 끝마다 둥근 자주색 꽃송이가 달린다. 독특한 향기가 있는 기다란 우엉 뿌리는 장아찌나 조림을 하는데 사각거리며 씹히는 느낌이 좋다.

**도라지**(초롱꽃과)

산과 들에서 자라는 여러해살이풀. 밭에서도 많이 재배한다. 줄기를 자르면 흰색 즙이 나온다. 7~8월에 가지 끝에 보라색 또는 흰색 꽃이 위를 향하여 핀다. 뿌리를 캐서 나물로 먹거나 한약재로 쓴다.

**당근**(미나리과)

밭에서 재배하는 두해살이풀~여러해살이풀. '홍당무'라고도 한다. 무처럼 생긴 굵고 곧은 뿌리는 주황색인데 품종에 따라 붉은색이나 노란색 당근도 있다. 6~7월에 가지 끝마다 자잘한 흰색 꽃이 둥글게 모여 핀다.

**인삼**(두릅나무과)

밭에서 재배하는 여러해살이풀. 4~6월에 연녹색 꽃이 둥글게 모여 피고 콩알만 한 열매는 여름에 붉게 익는다. 뿌리를 약이나 식용으로 쓰는데 뿌리의 모양이 사람과 비슷해서 '인삼'이라고 하며 산에서 자란 것은 '산삼'이라고 한다.

**브로콜리**(겨자과)

지중해 원산으로 밭에서 재배하는 한두해살이풀. 양배추와 생김새가 비슷하며 잎 사이에서 자란 꽃봉오리 뭉치를 채소로 이용한다. 꽃봉오리는 날로 먹거나 샐러드 등을 만든다. 세계 10대 건강식품에 포함된다.

**피마자/아주까리**(대극과)

밭에서 재배하는 한해살이풀. 8~9월에 노란색 꽃이삭이 달린다. 가시로 덮인 둥근 열매 속에 있는 씨앗으로 짠 기름을 머릿기름이나 등잔 기름으로 썼다. 예전에는 씨앗을 설사약으로도 이용했다.

**유채**(겨자과)

밭에서 재배하는 두해살이풀. '평지'라고도 한다. 넓은 거꿀달걀형 잎은 깃꼴로 갈라지기도 한다. 3~5월에 피는 노란색 꽃은 배추꽃과 비슷하다. 씨앗에서 기름을 얻기 위해 가꾸는데 제주도에서 많이 재배한다.

세계보건기구(WHO)와 타임지가 함께 정한 10대 건강식품은 토마토, 시금치, 마늘, 견과류, 적포도주, 녹차, 연어, 블루베리, 브로콜리, 귀리이다.

## 들깨 (꿀풀과)

밭에서 재배하는 한해살이풀. 네모진 줄기에 마주나는 잎은 특이한 냄새가 나며 쌈 재료로 쓴다. 여름에 흰색 꽃이 핀다. 10월에 갈색으로 익는 씨앗은 양념으로 쓰거나 들기름을 짜는데 맛이 매우 고소하다.

## 참깨 (참깨과)

밭에서 재배하는 한해살이풀. 전체에 부드러운 털이 빽빽이 난다. 7~8월에 잎겨드랑이에 입술 모양의 연분홍색 꽃이 핀다. 9월에 여무는 열매 속의 씨앗은 볶아서 양념으로 쓰거나 참기름을 짠다.

## 땅콩 (콩과)

밭에서 재배하는 한해살이풀. 7~9월에 잎겨드랑이에 피는 나비 모양의 노란색 꽃이 지면 씨방 자루가 밑으로 길게 자라 땅속으로 들어가 꼬투리열매를 맺는다. 꼬투리열매 속에 든 씨앗은 맛이 고소하다.

## 긴강남차 (콩과)

밭에서 재배하는 한해살이풀. 6~8월에 노란색 꽃이 핀다. 긴 꼬투리열매 속에 들어 있는 네모진 씨앗을 '결명자'라고 한다. 결명자는 눈을 밝게 해 주는 효력이 있어 한약재로 사용하며 차를 끓여 마신다.

## 컴프리 (지치과)

유럽 원산으로 들에서 60~90㎝ 높이로 자라는 여러해살이풀. 전체에 흰색의 거친털이 있다. 긴 달걀형의 잎은 어긋난다. 6~7월에 가지 끝에 연자주색 꽃이 밑을 향해 핀다. 잎과 뿌리를 사료로 쓴다.

## 담배 (가지과)

밭에서 재배하는 한해살이풀. 여름에 줄기 끝에 분홍색 꽃이 모여 핀다. 잎으로 담배를 만든다. 아메리카 대륙을 발견한 콜럼버스가 당시 인디언들이 피우던 담배를 유럽에 전해 전 세계로 퍼져 나갔다.

씨방은 암술의 밑부분으로 속에 밑씨가 들어 있으며 보통 통통한 모양이다. 나중에 자라서 열매가 된다.

**잇꽃**(국화과)

밭에서 재배하는 두해살이풀. '홍화'라고도 한다. 길쭉한 잎 가장자리의 톱니 끝이 가시로 변한다. 6~7월에 피는 노란색 꽃송이는 점차 붉은색으로 변한다. 꽃을 붉은색 물감으로 이용하며 씨앗은 한약재로 쓴다.

**삼**(삼과)

밭에서 재배하는 한해살이풀. '대마'라고도 한다. 7~8월에 줄기와 가지 끝에 연녹색 꽃이 핀다. 줄기에서 얻어지는 삼실로 짠 옷감을 '삼베'라고 한다. 바람이 잘 통하는 삼베는 여름철 옷감으로 애용한다.

**모시풀**(쐐기풀과)

밭에서 재배하는 여러해살이풀. 7~9월에 잎겨드랑이에 연녹색 꽃이삭이 달린다. 줄기 껍질을 벗겨 짠 옷감을 '모시'라고 한다. 모시는 바람이 잘 통하고 땀을 잘 흡수해 여름철 옷감으로 애용한다.

**목화**(아욱과)

밭에서 재배하는 한해살이풀. '면화'라고도 한다. 8~9월에 흰색이나 연분홍색 꽃이 핀다. 달걀형의 열매는 익으면 보통 3쪽으로 갈라진다. 씨앗에 붙어 있는 솜털을 모아서 솜을 만들고 씨앗은 기름을 짠다.

**박**(박과)

시골집의 담이나 지붕에 올려 가꾸는 한해살이덩굴풀. 잎과 마주나는 덩굴손으로 감고 오른다. 여름에 흰색 꽃이 피는데 주로 밤에 핀다. 둥근 열매는 속을 긁어낸 후 그늘에 말려 바가지를 만든다. 어린 열매는 채소로 먹는다.

**조롱박/표주박**(박과)

박과 함께 심어 가꾸는 한해살이덩굴풀. 조롱조롱 매달려서 '조롱박'이라고 한다. 7~9월에 깔때기 모양의 흰색 꽃이 밤에만 핀다. 길쭉한 열매는 익으면 속을 파낸 다음 그늘에 말려서 그릇으로 쓴다.

박과의 식물은 덩굴손이 있는 덩굴풀이다. 꽃은 암수한그루도 있고 암수딴그루도 있다.

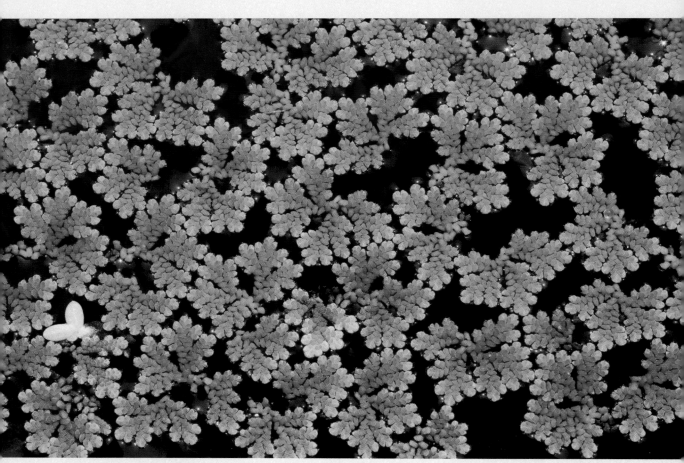

경기도 청평의 물개구리밥

# 홀씨로 번식하는
# 고사리식물과 이끼식물

고사리식물과 이끼식물은 꽃이 피지 않고 홀씨를 만들어 번식을 하기 때문에 흔히 '홀씨식물' 또는 '포자식물(胞子植物)'이라고 한다. 바닷말, 버섯, 곰팡이는 홀씨를 퍼뜨려 번식하지만 식물이 아니다. 고사리식물과 이끼식물은 뱀톱 외에 71종을 소개하였다.

**뱀톱**(석송과)

산의 숲속에서 7~25㎝ 높이로 자라는 늘푸른여러해살이풀. 줄기에 촘촘히 돌려 가며 달리는 칼 모양의 잎은 끝이 뾰족하고 가장자리에 톱니가 있다. 잎 겨드랑이의 둥근 홀씨주머니 속의 홀씨가 퍼져 번식한다.

**다람쥐꼬리**(석송과)

중부 이북의 산에서 5~15㎝ 높이로 자라는 늘푸른여러해살이풀. 줄기는 밑부분이 눕다가 서고 가지가 갈라지며 가는 잎이 촘촘히 돌려난다. 줄기 윗부분의 잎겨드랑이에 둥그스름한 홀씨주머니가 달린다.

**석송**(석송과)

산의 숲속에서 자라는 늘푸른여러해살이풀. 비스듬히 자라는 줄기는 윗부분이 2갈래로 갈라지며 가는 잎이 촘촘히 돌려난다. 줄기 끝에 원기둥 모양의 홀씨주머니이삭이 모여 달리며 홀씨주머니는 노란색이다.

**만년석송**(석송과)

높은 산의 숲속에서 자라는 늘푸른여러해살이풀. 원줄기는 땅속을 기며 곁가지가 나와 곧게 서고 윗부분에서 가지가 많이 갈라진다. 바늘잎은 돌려난다. 원기둥 모양의 홀씨주머니이삭은 가지 끝에 1개가 곧게 선다.

**줄석송**(석송과)

제주도의 숲속에서 나무껍질에 붙어서 자라는 늘푸른여러해살이풀. 줄기는 여러 번 2갈래로 갈라져서 밑으로 늘어진다. 비늘 모양의 잎이 줄기에 촘촘히 붙는다. 홀씨주머니는 작은 가지 끝에 달린다. 관엽식물로 기른다.

**바위손**(부처손과)

산의 바위에 붙어서 자라는 늘푸른여러해살이풀. 비교적 건조한 곳에서도 잘 견딘다. 다발로 모여난 여러 개의 잎이 사방으로 손바닥처럼 펼쳐지는데 건조해지면 안쪽으로 말린다. 비늘 모양의 잎은 4줄로 배열한다.

고사리식물은 꽃이 피지 않고 홀씨로 번식하는 민꽃식물이다. 뿌리, 줄기, 잎의 구별이 뚜렷하며 뿌리로 물과 양분을 흡수한다.

**부처손**(부처손과)

제주도의 산에서 자라는 늘푸른여러해살이풀. 줄기는 1개가 나오고 가지가 3~4회 깃꼴로 갈라져 편평하게 퍼진다. 비늘 모양의 잎은 직각으로 붙고 끝이 뾰족하며 앞면은 진녹색이고 뒷면은 흰빛이 돈다. 홀씨주머니무리는 가지 끝에 달린다.

**개부처손**(부처손과)

산의 바위에 붙어서 자라는 늘푸른여러해살이풀. 줄기는 1개가 나오고 가지가 3~4회 깃꼴로 갈라져 편평하게 퍼진다. 옆면의 잎은 좁은 달걀형이고 끝이 날카롭게 뾰족하며 밑부분에 털 같은 돌기가 있다.

**비늘이끼**(부처손과)

남부 지방의 숲속에서 자라는 늘푸른여러해살이풀. 줄기는 땅바닥을 기며 불규칙하게 가지가 갈라진다. 원줄기와 가지가 뚜렷하게 구별된다. 옆면의 잎은 끝이 뾰족하며 가장자리 윗부분에 톱니가 있다.

**구실사리**(부처손과)

산의 바위 표면이나 숲속에서 자라는 늘푸른여러해살이풀. 줄기는 땅바닥을 기고 불규칙하게 가지가 갈라지며 뿌리를 내린다. 원줄기와 가지의 구별이 뚜렷하지 않다. 옆면의 잎은 가장자리 밑부분에 톱니가 있다.

**물부추**(물부추과)

얕은 물속에서 드물게 자라는 여러해살이풀. 검은색 덩이줄기에서 뭉쳐나는 잎은 네모진 원기둥 모양이며 위로 갈수록 가늘어진다. 잎은 잔잔한 물속에서는 곧게 선다. 뿌리줄기에 홀씨주머니가 생긴다.

**솔잎란**(솔잎란과)

제주도의 바닷가 바위틈에서 자라는 늘푸른여러해살이풀. 줄기는 가늘고 길게 2갈래로 계속 갈라진다. 가지에 능선이 있고 단면은 세모꼴이다. 가지에 달리는 홀씨주머니는 동글납작하며 노랗게 익는다.

홀씨주머니는 홀씨를 만드는 주머니로 안에 홀씨가 많이 들어 있다. 홀씨주머니무리는 홀씨주머니가 촘촘히 모여 있는 덩어리를 말한다. 277

## 고사리삼 (고사리삼과)

산의 풀밭에서 자라는 여러해살이풀. 잎은 3~4회 깃꼴로 갈라지는 겹잎이며 작은잎조각 가장자리에 둔한 톱니가 있다. 홀씨주머니이삭은 곧게 서고 윗부분에서 가지가 갈라지며 작은 홀씨주머니가 다닥다닥 달린다.

## 나도고사리삼 (고사리삼과)

제주도에서 자라는 여러해살이풀. 줄기 밑부분에 달리는 1장의 잎은 콩팥 모양이며 잎자루가 없다. 15~30㎝ 높이로 자란 줄기 윗부분에 가느다란 홀씨주머니이삭이 달린다. 돌기 모양의 홀씨주머니는 6월경에 익는다.

## 자루나도고사리삼 (고사리삼과)

제주도의 숲속에서 자라는 여러해살이풀. 줄기에 달리는 1장의 잎은 달걀형이며 잎자루가 있거나 없다. 잎몸은 종이처럼 얇으며 그물맥이 뚜렷하다. 줄기 윗부분에 가느다란 홀씨주머니이삭이 달린다.

## 쇠뜨기 (속새과)

습한 풀밭에서 30~40㎝ 높이로 자라는 여러해살이풀. 이른 봄에 돋는 갈색 줄기 끝의 긴 타원형 홀씨주머니이삭을 '뱀밥'이라고 한다. 뱀밥이 시들 무렵 돋는 녹색 줄기를 소가 잘 먹어서 '쇠뜨기'라고 한다.

## 속새 (속새과)

산의 습한 그늘에서 30~100㎝ 높이로 자라는 늘푸른여러해살이풀. 진녹색 줄기는 딱딱하며 검은색 또는 갈색을 띠는 마디가 있다. 줄기 끝에 달걀형의 홀씨주머니이삭이 달린다. 관상용으로도 심는다.

## 개속새 (속새과)

냇가의 모래땅에서 30~100㎝ 높이로 자라는 여러해살이풀. 줄기는 세로줄이 있으며 마디에서 불규칙하게 가지가 자라기도 한다. 잎집은 녹색이며 줄기를 감싼다. 줄기나 가지 끝에 타원형의 홀씨주머니이삭이 달린다.

홀씨주머니이삭은 홀씨주머니무리가 줄기 끝에 이삭 모양으로 모여 있는 것을 말한다.

**고비** (고비과)

풀밭에서 자라는 여러해살이풀. 봄에 윗부분에 갈색의 홀씨주머니가 다닥다닥 달린 홀씨잎이 먼저 나와 자란다. 그 뒤에 나오는 영양잎은 녹색의 잎이 깃꼴로 갈라지는 겹잎이며 잎조각은 다시 깃꼴로 깊게 갈라진다.

**꿩고비** (고비과)

산의 습지에서 자라는 여러해살이풀. 영양잎은 깃꼴로 갈라지는 겹잎이며 잎조각도 빗살 모양으로 갈라진다. 홀씨잎은 5~6월에 자라며 윗부분에 갈색의 홀씨주머니가 다닥다닥 달리며 여름에 시든다.

**발풀고사리** (풀고사리과)

남쪽 섬의 숲 가장자리에서 1m 정도 높이로 자라는 늘푸른여러해살이풀. 잎자루는 철사같이 딱딱하다. 잎자루는 2개씩 2번 갈라져 모두 6장의 잎조각이 달리는데 잎조각은 깃꼴로 깊게 갈라진다.

**실고사리** (실고사리과)

남부 지방의 숲 가장자리에서 자라는 여러해살이덩굴풀. 길게 자라는 잎자루가 덩굴로 되어 다른 물체에 얽히면서 타고 오른다. 잎은 어긋나고 2~3회 3장씩 불규칙하게 갈라진다. 작은잎조각 가장자리에 톱니가 있다.

**네가래** (네가래과)

논이나 연못의 물 위에 떠서 자라는 여러해살이물풀. 뿌리줄기는 땅속에서 옆으로 벋는다. 물 위에 뜨는 잎은 4장의 작은잎이 달린 모양이 네잎클로버를 닮았다. 작은잎은 자루가 없고 앞면은 광택이 난다.

**생이가래** (생이가래과)

연못의 물 위에 떠서 사는 한해살이물풀. 가는 줄기에 잎이 3장씩 돌려나는데 2장의 타원형 잎은 물 위에 뜨고 잔털로 덮여 있다. 물속에 잠긴 1장의 잎은 수염뿌리처럼 잘게 갈라져서 양분을 흡수하는 뿌리 역할을 한다.

영양잎은 양치식물의 잎 중에서 광합성을 주로 담당하는 잎을 말한다. 홀씨잎은 홀씨주머니를 달고 있는 잎으로 주로 홀씨를 퍼뜨리는 역할을 한다.

고사리식물

**물개구리밥**(생이가래과)

논이나 연못의 물 위에 떠서 자라는 여러해살이물풀. 줄기는 깃꼴로 가지가 갈라지고 잎자루가 없는 잎이 촘촘히 붙으며 실 같은 뿌리를 내린다. 녹색 잎은 가을에 붉은색으로 변해서 연못을 붉게 물들인다.

**바위고사리**(비고사리과)

제주도의 바위틈에서 자라는 늘푸른여러해살이풀. 뿌리줄기는 옆으로 짧게 기고 잎이 촘촘히 붙는다. 잎은 3~4회 깃꼴로 갈라지는 겹잎이며 가죽질이다. 홀씨주머니무리는 작은잎조각 뒷면의 가장자리에 1~3개씩 붙는다.

**고사리**(잔고사리과)

산과 들의 풀밭에서 자라는 여러해살이풀. 잎자루는 비스듬히 휘어지고 잎몸은 3~4회 깃꼴로 갈라지는 겹잎이다. 작은잎조각 뒷면의 가장자리에 홀씨주머니무리가 연속적으로 붙는다. 봄에 돋는 새순을 나물로 먹는다.

**봉의꼬리**(봉의꼬리과)

남부 지방의 숲속이나 돌 틈에서 자라는 늘푸른여러해살이풀. 잎은 깃꼴로 갈라지는 겹잎이며 잎자루에 날개가 있고 잎조각은 칼 모양이다. 잎조각 뒷면의 가장자리를 따라 홀씨주머니무리가 달린다. 관상용으로 재배한다.

**가지고비고사리**(봉의꼬리과)

전남과 제주도의 숲속에서 자라는 여러해살이풀. 뿌리줄기에서 잎이 드문드문 나온다. 잎은 깃꼴로 갈라지는 겹잎이다. 칼 모양의 잎조각은 가장자리에 잔톱니가 있다. 홀씨주머니무리는 뒷면 측맥을 따라 달린다.

**공작고사리**(봉의꼬리과)

깊은 산 숲속이나 바위틈에서 자라는 여러해살이풀. 잎자루는 8~12개로 갈라져 부채처럼 퍼지며 각 자루마다 잎조각이 깃꼴로 붙는다. 이런 잎 모양이 공작의 꼬리를 닮아서 '공작고사리'라고 한다. 관상용으로 심는다.

고사리식물의 겹잎에서 갈라진 작은잎을 흔히 '잎조각'이라고 하며 잎조각이 다시 깃꼴로 갈라진 작은잎은 '작은잎조각'이라고 한다.

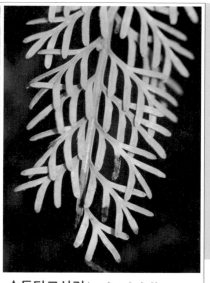

**파초일엽**(꼬리고사리과)

제주도의 바위나 나무줄기에 붙어서 1m 정도 높이로 자라는 늘푸른여러해살이풀. 뿌리줄기에서 칼 모양의 잎이 돌려나 비스듬히 퍼진다. 홀씨주머니무리는 잎 뒷면의 측맥을 따라 바늘 모양으로 붙는다. 관상용으로 기른다.

**사철고사리**(꼬리고사리과)

산의 바위에 붙어서 자라는 늘푸른여러해살이풀. 뿌리줄기에서 잎이 모여난다. 잎은 1~2회 깃꼴로 갈라지는 겹잎이며 앞면은 진녹색이고 광택이 난다. 홀씨주머니무리는 작은잎조각 뒷면의 주맥 가까이에 붙는다.

**숫돌담고사리**(꼬리고사리과)

제주도의 숲속 바위틈에서 자라는 늘푸른여러해살이풀. 뿌리줄기에서 잎이 모여난다. 잎은 2회 깃꼴로 갈라지는 겹잎이다. 작은잎조각은 5쌍 정도이며 끝이 뭉툭하고 뒷면에 기다란 홀씨주머니무리 1개가 달린다.

**차꼬리고사리**(꼬리고사리과)

산의 바위 표면에서 자라는 늘푸른여러해살이풀. 둥근 뿌리줄기에서 잎이 모여난다. 잎은 20쌍 정도의 잎조각이 깃꼴로 붙는 겹잎이며 잎자루는 흑갈색이다. 잎자루가 차를 젓는 솔과 비슷해서 '차꼬리고사리'라고 한다.

**야산고비**(야산고비과)

산기슭의 습한 곳에서 자라는 여러해살이풀. 뿌리줄기가 옆으로 벋으면서 드문드문 잎이 나온다. 영양잎은 깃꼴로 깊게 갈라지며 잎자루 밑부분에 날개가 있다. 홀씨잎은 가지마다 자잘한 홀씨주머니무리가 촘촘히 붙는다.

**청나래고사리**(야산고비과)

습한 숲속에서 자라는 여러해살이풀. 뿌리줄기에 모여난 영양잎은 비스듬히 퍼진다. 잎은 잎조각이 깃꼴로 붙는 겹잎이며 잎조각도 깃꼴로 갈라진다. 홀씨잎은 가을에 돋는다. 봄에 돋는 새순을 나물로 먹는다.

**산우드풀**(우드풀과)

산의 숲속에서 자라는 여러해살이풀. 뿌리줄기에서 잎이 모여난다. 잎은 깃꼴로 갈라지는 겹잎이다. 잎조각은 세모진 달걀형이고 3~4쌍으로 얕게 갈라지며 끝이 둔하다. 둥근 홀씨주머니무리는 뒷면 가장자리에 붙는다.

**참새발고사리**(개고사리과)

그늘에서 자라는 여러해살이풀. 짧은 뿌리줄기에서 잎이 모여난다. 잎은 3회 깃꼴로 갈라지는 겹잎이다. 잎조각은 깃꼴로 깊게 갈라지고 가장자리에 톱니가 있다. 홀씨주머니무리는 작은잎조각 가운데에 1줄로 달린다.

**뱀고사리**(개고사리과)

산에서 자라는 여러해살이풀. 짧은 뿌리줄기에서 잎이 모여난다. 잎은 2회 깃꼴로 갈라지는 겹잎이다. 잎자루 밑부분에 가느다란 암갈색 비늘조각이 많다. 작은잎조각은 긴 타원형이며 끝이 뾰족하고 톱니가 있다.

**도깨비쇠고비**(관중과)

바닷가의 바위틈에서 자라는 늘푸른여러해살이풀. 80㎝ 정도 높이로 자라는 잎자루에 잎조각이 깃꼴로 붙는 겹잎이다. 칼 모양의 잎조각은 끝이 뾰족하며 광택이 난다. 잎조각 뒷면의 잎맥 위에 홀씨주머니무리가 달린다.

**쇠고비**(관중과)

남쪽 바닷가 숲속에서 자라는 늘푸른여러해살이풀. 15~30㎝로 자라는 잎자루에 잎조각이 깃꼴로 붙는 겹잎이다. 낫처럼 구부러지는 잎조각은 끝이 뾰족하며 가장자리는 물결 모양이다. 홀씨주머니무리는 잎조각 뒷면 전체에 퍼진다.

**산쇠고비**(관중과)

전남과 경남 이남의 숲속에서 자라는 늘푸른여러해살이풀. 30~70㎝로 자라는 잎자루에 잎조각이 깃꼴로 붙는 겹잎이다. 잎조각은 좁은 달걀형이며 황록색이다. 홀씨주머니무리는 잎조각 뒷면의 주맥 양쪽에 5줄씩 붙는다.

**더부살이고사리**(관중과)

남쪽 섬의 바닷가에서 자라는 늘푸른 여러해살이풀. 굵은 뿌리줄기에서 잎이 모여난다. 잎은 10~20쌍의 잎조각이 깃꼴로 붙는 겹잎이다. 잎조각은 낫 모양이며 끝이 뾰족하고 앞면은 광택이 나며 뒷면은 흰빛이 돈다.

**낚시고사리**(관중과)

산의 그늘진 바위에 붙어서 자라는 여러해살이풀. 잎은 15~35쌍의 잎조각이 깃꼴로 붙는 겹잎이다. 잎조각은 긴 타원형이며 자루가 없다. 잎자루 끝이 길게 자라 낚싯대처럼 드리우며 살눈이 달린다.

**십자고사리**(관중과)

숲속에서 자라는 여러해살이풀. 짧은 뿌리줄기에서 잎이 모여난다. 잎은 2회 깃꼴로 갈라지는 겹잎이다. 맨 밑에 달린 1쌍의 잎조각이 길게 자라기 때문에 십자 모양이 되어서 '십자고사리'라고 한다.

**관중**(관중과)

깊은 산의 숲속에서 자라는 여러해살이풀. 뿌리줄기에서 모여나는 잎은 50~150㎝ 높이로 비스듬히 퍼진다. 잎은 깃꼴로 갈라지는 겹잎이다. 잎조각은 27~33쌍이고 톱날처럼 갈라진다. 홀씨주머니무리는 잎조각 뒤에 2줄로 달린다.

**홍지네고사리**(관중과)

울릉도와 남쪽 섬의 숲속에서 자라는 여러해살이풀. 뿌리줄기에서 모여나는 잎은 1m에 달한다. 잎은 2회 깃꼴로 갈라지는 겹잎이다. 작은잎조각은 톱날처럼 갈라진다. 홀씨주머니무리는 잎조각 뒷면에 촘촘히 달린다.

**애기족제비고사리**(관중과)

낮은 산에서 자라는 늘푸른여러해살이풀. 잎자루 밑부분의 비늘조각은 칼 모양이며 검은색이다. 잎은 3회 깃꼴로 갈라지는 겹잎이다. 잎조각은 10~13쌍이고 작은잎조각은 가장자리에 톱니가 있다.

고사리식물

### 넉줄고사리 (넉줄고사리과)

산의 바위나 나무껍질에 붙어서 자라는 여러해살이풀. 옆으로 벋는 뿌리줄기는 비늘조각으로 덮인다. 잎은 3~4회 깃꼴로 갈라지는 겹잎이다. 홀씨주머니무리는 컵 모양이고 작은잎조각의 잎맥 끝에 1개씩 달린다.

### 우단일엽 (고란초과)

바위나 나무줄기에 붙어서 자라는 늘푸른여러해살이풀. 뿌리줄기가 옆으로 벋으며 잎이 나온다. 길쭉한 잎은 끝이 둥글고 밑은 좁아져서 짧은 잎자루로 된다. 잎 전체에 별모양털이 **빽빽**해서 '우단'같이 보인다.

### 석위 (고란초과)

남부 지방의 바위나 나무줄기에 붙어서 자라는 늘푸른여러해살이풀. 긴 잎자루 끝에 달리는 칼 모양의 잎은 가죽질이다. 잎 앞면은 진녹색이며 뒷면은 갈색이 돈다. 잎 뒷면 전체에 홀씨주머니무리가 촘촘히 달린다.

### 애기석위 (고란초과)

바위나 나무줄기에 붙어서 자라는 늘푸른여러해살이풀. 영양잎은 타원형이고 앞면에 별모양털이 **빽빽**하다. 잎자루는 잎몸보다 길다. 홀씨잎은 영양잎보다 크며 뒷면 전체에 홀씨주머니무리가 촘촘히 달린다.

### 세뿔석위 (고란초과)

남부 지방의 바위에 붙어서 자라는 늘푸른여러해살이풀. 긴 잎자루에 달리는 잎은 가죽질이고 3~5갈래로 갈라지며 밑부분은 쐐기 모양이나 심장 모양이다. 잎 뒷면에 회갈색이나 적갈색털이 **빽빽**하다.

### 단풍잎석위 (고란초과)

제주도의 그늘진 바위에 붙어서 자라는 늘푸른여러해살이풀. 잎은 가죽질이고 손바닥처럼 5~7갈래로 깊게 갈라지며 잎자루가 길다. 갈래조각은 칼 모양이고 끝이 뾰족하다. 뒷면 전체에 홀씨주머니무리가 달린다.

우단(羽緞)은 옷감의 겉면이 고운 털이 돋도록 짠 비단으로 촉감이 부드럽다. 영어로는 '벨벳(Velvet)'이라고 한다.

**미역고사리**(고란초과)

울릉도의 바위나 나무줄기에 붙어서 자라는 늘푸른여러해살이풀. 잎은 깃꼴로 갈라지는 겹잎이다. 잎조각은 가는 칼 모양이고 가장자리에 물결 모양의 얕은 톱니가 있다. 홀씨주머니무리는 잎조각 뒷면에 1줄로 붙는다.

**산일엽초**(고란초과)

산의 바위나 나무껍질에 붙어서 자라는 늘푸른여러해살이풀. 칼 모양의 잎은 양 끝이 좁으며 두껍고 검은색 점이 있다. 잎자루는 흑갈색이다. 홀씨주머니무리는 잎 뒷면의 잎맥 양쪽으로 줄지어 달린다.

**박쥐란**(고란초과)

열대 지방 원산의 늘푸른여러해살이풀. 나무줄기나 바위에 붙어 자라는 착생식물이다. 밑부분의 영양잎은 콩팥 모양이고 모여나는 홀씨잎은 윗부분이 손바닥처럼 2~3갈래로 갈라진다. 온실이나 실내에서 관엽식물로 재배한다.

**밤일엽**(고란초과)

제주도에서 자라는 늘푸른여러해살이풀. 긴 잎자루에 달리는 길쭉한 잎은 밤나무잎과 비슷하고 일엽초 종류라서 '밤일엽'이라고 한다. 잎 가장자리는 물결 모양이다. 홀씨주머니무리는 주맥 가까이에 1~4줄로 붙는다.

**손고비**(고란초과)

제주도의 그늘진 곳에서 자라는 늘푸른여러해살이풀. 잎은 깃꼴로 갈라지는 겹잎이며 잎자루에 날개가 있다. 칼 모양의 잎조각은 2~6쌍이다. 가느다란 홀씨주머니무리는 잎조각 뒷면의 주맥 양쪽으로 비스듬히 붙는다.

**콩짜개덩굴**(고란초과)

주로 남쪽 바닷가의 바위나 나무줄기에 붙어 무리 지어 자라는 늘푸른여러해살이풀. 영양잎은 타원형으로 쪼개진 콩 모양이며 두껍고 광택이 난다. 주걱 모양의 홀씨잎 뒷면에 홀씨주머니무리가 촘촘히 달린다.

지금으로부터 4억 년 전쯤에 지구는 온통 커다란 양치식물의 천국이었다. 이 식물이 죽어 쌓인 것이 땅속에 묻혀서 석탄이 되었다.

## 우산이끼(우산이끼과)

산과 들의 습지에서 자란다. 뿌리, 줄기, 잎의 구별이 없고 몸 전체가 잎사귀처럼 생겼는데 이것을 '엽상체(葉狀體)'라고 한다. 엽상체 밑부분에서 수염처럼 내리는 뿌리는 몸을 고정시키는 역할만 하는 헛뿌리이며 엽상체가 물과 양분을 흡수한다. 암수딴그루로 수그루는 뒤집어진 우산 모양의 갓을 가지고 있고 암그루는 우산살 모양의 갓을 가지고 있다. 기다란 자루 끝에 갓이 달린 모양이 우산과 비슷해서 '우산이끼'라고 한다. 세계 곳곳에 널리 분포한다.

## 물이끼(물이끼과)

습지나 물가에서 무더기로 모여 자란다. 10~20㎝ 높이로 자라는 줄기는 곧게 서고 많은 가지가 돌려난다. 두툼한 잎은 속이 비어 있어서 물을 잘 흡수하므로 '물이끼'라고 하며 이런 특성을 이용해 식물의 뿌리를 싸는데 이용한다.

## 자주물이끼(물이끼과)

습지나 물가에서 무더기로 모여 자란다. 줄기는 곧게 서고 많은 가지가 돌려난다. 두툼한 잎은 적자색이 돌지만 영양분이 충분한 곳에서는 녹색이 진해지므로 구분을 잘해야 한다. 물이끼와 함께 식물의 뿌리를 싸는데 이용한다.

## 솔이끼(솔이끼과)

산속의 그늘진 습지에서 무더기로 모여 자란다. 대략적으로 뿌리, 줄기, 잎의 구별이 된다. 줄기는 5~20㎝ 정도 높이로 곧게 자라며 짧은 바늘 모양의 잎이 솔잎처럼 촘촘히 돌려 가며 붙는다. 뿌리는 몸을 고정시키는 역할만 하는 헛뿌리이다. 물과 양분은 잎과 줄기 전체로 흡수한다. 암수딴그루로 수정이 끝난 암그루는 실처럼 가는 줄기 끝에 긴 원통형의 홀씨주머니가 달린다. 홀씨주머니가 성숙하면 윗부분의 뚜껑이 열리면서 홀씨가 나와 바람에 날려 퍼진다.

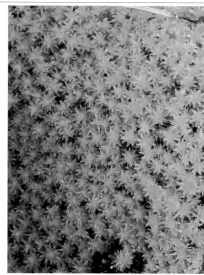

## 서리이끼 (고깔바위이끼과)

양지바른 습지나 바위 표면에 모여 자란다. 줄기는 3~5㎝ 높이로 곧게 또는 비스듬히 선다. 줄기에 긴 달걀형 잎이 촘촘하게 돌려 가며 달리는데 가장자리는 바깥쪽으로 젖혀진다. 자루 끝에 긴 달걀형 홀씨주머니가 달린다.

## 수세미이끼 (참이끼과)

풀밭이나 늪, 바위 표면 등 어느 곳에서나 무리를 이루며 잘 자란다. 줄기는 1~2㎝ 길이이며 잎은 긴 타원형~선형이고 줄기 끝에 모여 붙는다. 암수한그루로 긴 자루 끝에 달걀형~긴 달걀형 홀씨주머니가 비스듬히 처진다.

## 너구리꼬리이끼 (너구리꼬리이끼과)

숲속에서 무리 지어 자란다. 줄기에 촘촘히 돌려 가며 달리는 잎은 선형~가는 피침형이다. 줄기 밑부분의 잎은 작고 윗부분의 잎은 크다. 잎의 상반부에 잔톱니가 있다. 잎이 촘촘히 달린 줄기의 모양이 너구리 꼬리를 닮았다.

## 나무이끼 (나무이끼과)

깊은 산에서 자란다. 줄기는 5~10㎝ 높이로 나무처럼 곧게 서며 가지가 많이 갈라진다. 긴 삼각형~피침형 잎은 가지에 기왓장처럼 촘촘히 포개진다. 홀씨주머니는 드물게 달린다. 근래에 원예식물로 재배하고 있다.

## 쥐꼬리이끼 (양털이끼과)

흙이나 바위 표면에서 무리 지어 자란다. 기는줄기에 모여나는 가지는 2~4㎝ 길이이다. 가지에 안쪽으로 구부러진 둥근 모양의 잎이 촘촘하게 기왓장처럼 포개지기 때문에 가느다란 쥐 꼬리처럼 보여서 '쥐꼬리이끼'라고 한다.

## 털깃털이끼 (털깃털이끼과)

양지바른 흙이나 바위 표면에서 무리 지어 자란다. 줄기는 10㎝ 정도 길이이며 양옆으로 가지가 빗살처럼 갈라진다. 줄기와 가지에 촘촘히 달리는 넓은 달걀형 잎은 윗부분이 낫 모양으로 구부러지는데 마를수록 많이 구부러진다.

# 용어 해설

## 가죽질
가죽처럼 단단하고 질긴 성질. '혁질(革質)'이라고도 한다. 가죽질 잎은 잎몸이 두껍고 광택이 있으며 가죽 같은 촉감이 있다.

가죽질 잎 : 호랑가시나무

## 갈잎나무
가을에 날씨가 추워지거나 건조해지면 낙엽이 지고 다음 해 봄에 다시 잎이 나오는 나무. '낙엽수(落葉樹)'라고도 한다.

갈잎나무 : 신갈나무

## 거센털
거칠고 빳빳한 털. '강모(剛毛)'라고도 한다.

## 걸이화분
줄기가 늘어지는 식물을 심은 화분으로 천장이나 시설물 따위에 매달아 주변 경관을 꾸민다.

걸이화분 : 페튜니아

## 겉씨식물
씨식물(종자식물)의 한 종류로 암술에 씨방이 생기지 않고 밑씨가 겉으로 드러나 있기 때문에 '겉씨식물'이라고 하며 '나자식물(裸子植物)'이라고도 한다. 대부분이 바늘잎나무이다.

겉씨식물 : 구상나무

## 겨울눈
봄에 잎이나 꽃을 피우기 위해 가지나 줄기에 만들어져 겨울을 나는 눈. '동아(冬芽)'라고도 한다. 겨울눈은 보통 눈비늘조각이나 털 등으로 덮여 있다.

겨울눈 : 메타세쿼이아

## 겹꽃
장미나 국화처럼 여러 겹의 꽃잎으로 이루어진 꽃. '중판화(重瓣花)'라고도 한다. 한 겹으로 이루어진 '홑꽃'에 대응되는 말이다.

겹꽃 : 장미

## 겹잎
여러 개의 작은잎으로 이루어진 잎. '복엽(複葉)'이라고도 한다. 잎몸이 1개인 '홑잎'에 대응되는 말이다.

## 겹가지
원가지에서 돋아난 작은 가지. '측지(側枝)'라고도 한다.

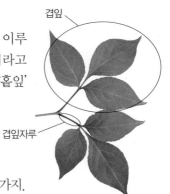
겹잎과 겹잎자루 : 고추나무

## 고사리식물

꽃이 피지 않는 민꽃식물로 홀씨를 퍼뜨려 번식한다. '양치식물(羊齒植物)'이라고도 한다. 민꽃식물 중에서 가장 진화한 무리로 뿌리, 줄기, 잎이 확실히 구별된다.

고사리 : 루모라고사리

## 곡물

'곡물(穀物)'은 사람의 식량이 되는 쌀, 밀, 호밀, 보리, 콩, 조, 기장, 수수, 옥수수 등을 통틀어 일컫는 말. '곡식(穀食)'이라고도 한다.

곡물 : 강낭콩

## 골속

풀이나 나무줄기의 한 가운데에 들어 있는 연한 심. 한자로는 '수(髓)'라고 한다.

골속 : 국수나무

## 공기뿌리

줄기에서 나와 공기 중에 드러나 있는 뿌리로 다른 물체에 몸을 붙이거나 수분을 흡수하고, 숨을 쉬는 등의 여러 가지 역할을 한다. '기근(氣根)'이라고도 한다.

공기뿌리 : 능소화

## 관상수

'관상수(觀賞樹)'는 보면서 즐기기 위해 관상용으로 심어 가꾸는 나무를 통틀어 일컫는다.

관상수 : 소나무

## 관엽식물

꽃보다는 주로 잎의 아름다움을 감상하기 위한 화초를 '관엽식물(觀葉植物)'이라고 하며 대부분이 이국적인 분위기의 열대 식물이다.

관엽식물 : 관음죽

## 광합성

식물이 빛 에너지를 이용하여 물과 이산화탄소로부터 양분을 만드는 과정을 '광합성(光合成)'이라고 한다.

광합성 : 층층나무

## 그물맥

잎의 주맥에서 갈라진 측맥이 그물처럼 얽힌 모양의 잎맥. '망상맥(網狀脈)'이라고도 한다. 쌍떡잎식물의 잎맥은 거의 그물맥이다.

그물맥 : 양버즘나무

## 기름점

기름을 분비하는 구멍. '유점(油點)'이라고도 한다.

## 기생식물

다른 식물에 붙어서 기생하면서 양분을 빨아 먹고 사는 식물을 '기생식물(寄生植物)'이라고 한다.

기생식물 : 야고

## 깃꼴겹잎

잎자루 양쪽으로 작은잎이 새 깃꼴로 마주 붙는 겹잎. '우상 복엽(羽狀複葉)'이라고도 한다.

깃꼴겹잎 : 해당화

## 까락

벼과 식물의 깍지나 겉겨의 끝부분이 자라서 된 털 모양의 돌기물을 말하며 '까끄라기'라고도 한다. 기다란 보리의 까락은 매우 거칠어서 가축이 잘 먹지 못한다.

까락 : 보리

## 깍정이

참나무 등의 열매를 싸고 있는 술잔 또는 주머니 모양의 받침. '각두(殼斗)'라고도 한다.

깍정이 : 신갈나무

## 꼬투리열매

콩과 식물의 열매 또는 열매를 싸고 있는 껍질로 보통 봉합선을 따라 터진다. '협과(莢果)' 또는 '두과(豆果)'라고도 한다.

꼬투리열매 : 등

## 꽃가루

씨식물의 수술의 꽃밥 속에 들어 있는 가루 모양의 알갱이. '화분(花粉)'이라고도 한다. 바람에 날려 퍼지는 꽃가루는 알레르기 증상을 일으키기도 한다.

꽃가루 : 아마릴리스

## 꽃가루받이

씨식물의 꽃가루가 암술머리에 옮겨 붙는 것. '수분(受粉)'이라고도 한다. 곤충, 동물 등이 운반한다.

꽃가루받이 : 백합

## 꽃눈

겨울눈 중에서 자라서 꽃이 될 눈. '화아(花芽)'라고도 한다. 일반적으로 꽃눈은 잎눈에 비해 크고 둥근 것이 많지만 구분이 어려운 것도 있다.

잎눈

꽃눈

꽃눈 : 비목나무

## 꽃대

꽃자루가 달리는 줄기. '화축(花軸)'이라고도 한다.

## 꽃덮개

살이삭꽃차례를 둘러싸고 있는 넓은 포. '불염포(佛焰苞)'라고도 한다. 천남성과에서 흔히 볼 수 있으며 생김새와 크기, 모양, 빛깔은 속에 따라 조금씩 다르다.

꽃덮개 : 애기앉은부채

## 꽃덮이

꽃부리와 꽃받침을 통틀어 이르는 말. '화피(花被)'라고도 한다.

꽃덮이조각

꽃덮이 : 각시붓꽃

## 꽃덮이조각

꽃덮이를 이루는 하나하나의 조각. '화피편(花被片)'이라고도 한다.

## 꽃받침

꽃의 가장 밖에서 꽃잎을 받치고 있는 작은잎. '악(萼)'이라고도 하며 꽃잎과 함께 암술과 수술을 보호하는 역할을 한다.

꽃받침 : 팬지

## 꽃받침자국

꽃받침이 떨어져 나간 흔적이 열매에 남아 있는 모양.

## 꽃받침조각

꽃받침이 여러 개의 조각으로 나뉘어져 있을 때 각각의 조각을 말한다. '악편(萼片)'이라고도 한다.

꽃받침조각 : 둥근이질풀

## 꽃받침통

꽃받침이 합쳐져서 통 모양을 이룬 부분. '악통(萼筒)'이라고도 한다. 갈라진 꽃받침조각을 제외한 아래쪽의 원통 부분은 '통부(筒部)'라고 한다.

꽃받침통 : 능소화

## 꽃밥

수술의 끝에 달린 꽃가루를 담고 있는 주머니. '꽃가루주머니' 또는 '약(藥)'이라고도 한다. 일반적으로 꽃밥은 2개의 꽃가루주머니로 이루어지며 크기와 모양이 다양하다.

꽃밥 : 참나리

## 꽃봉오리

망울만 맺히고 아직 피지 않은 꽃. '화봉(花峯)'이라고도 한다. 꽃의 싹을 보호하고 있는 비늘조각과 포 등을 포함하여 말한다.

꽃봉오리 : 참오동

## 꽃부리

꽃잎 전체를 이르는 말. '화관(花冠)'이라고도 한다.

## 꽃뿔

꽃부리나 꽃받침의 일부가 뒤쪽으로 길게 튀어나온 부분으로 속이 비어 있거나 꿀샘이 있다. '꿀주머니' 또는 '거(距)'라고도 한다.

꽃뿔 : 매발톱꽃

## 꽃이삭

1개의 꽃대에 무리 지어 이삭 모양으로 꽃이 달린 꽃차례를 이르는 말. '화수(花穗)'라고도 한다.

## 꽃잎

꽃부리를 이루고 있는 낱낱의 조각. '화판(花瓣)'이라고도 한다.

꽃잎 : 복숭아나무

## 꽃자루

꽃을 달고 있는 자루. '화경(花梗)'이라고도 한다. 열매가 익을 때까지 남아 있으면 그대로 열매자루가 된다.

꽃자루 : 원추리

## 꽃주머니

꽃받침과 꽃자루가 볼록해지면서 생긴 주머니로 그 속에서 꽃이 피기 때문에 겉에서 꽃이 보이지 않는다. '화낭(花囊)'이라고도 한다. 무화과 등에서 볼 수 있다.

꽃주머니 단면 : 천선과

## 꽃줄기

끝에 꽃이 달리는 줄기로 보통 잎이 달리지 않으며 포가 있다. '화경(花莖)'이라고도 한다.

## 꽃차례

꽃이 줄기나 가지에 배열하는 모양. '화서(花序)'라고도 한다.

꽃차례

꽃차례 : 칡

꽃차례자루

## 나무껍질

나무줄기의 맨 바깥쪽을 싸고 있는 조직으로 외부로부터 속살을 보호하는 역할을 한다. '수피(樹皮)'라고도 한다.

나무껍질 : 소나무

## 낙엽

나뭇잎이 추위나 건조 때문에 말라서 떨어지는 현상. 겨울에 잎을 떨구는 나무를 '낙엽수(落葉樹)' 또는 '갈잎나무'라고 한다.

낙엽

## 늘푸른나무

사철 내내 푸른 잎을 달고 있는 나무. '상록수(常綠樹)'라고도 하며, 소나무와 대나무 등이 있다.

늘푸른나무 : 동백나무

## 대롱꽃

국화과의 두상화를 이루는 꽃의 하나로 꽃부리가 대롱 모양으로 생기고 끝만 조금 갈라진 꽃. '관상화(管狀花)'라고도 한다.

대롱꽃

대롱꽃 : 코스모스
꽃봉오리 단면

## 덩굴

줄기나 덩굴손으로 물체에 감기거나, 담쟁이덩굴처럼 붙음뿌리로 물체에 붙어 기어오르며 자라는 줄기로, 풀도 있고 나무도 있다. 덩굴나무는 '만경(蔓莖)'이라고도 한다.

덩굴나무 : 미역줄나무

## 덩굴손

줄기나 잎의 끝이 가늘게 변하여 다른 물체를 감아 나갈 수 있도록 덩굴로 모양이 바뀐 부분. '권수(卷鬚)'라고도 한다. 줄기, 잎 끝, 작은잎, 턱잎 등 여러 부위가 덩굴손으로 변한다.

덩굴손 : 호박

## 덩이뿌리

고구마처럼 뿌리의 일부가 양분을 저장하여 비대해진 뿌리. '괴근(塊根)'이라고도 한다. 보통 녹말이나 당분을 저장하고 있다. 여러 개의 눈이 있는 덩이뿌리를 잘라서 땅에 심으면 씨앗처럼 싹이 터서 자라는 영양생식을 한다.

덩이뿌리 : 고구마

## 덩이줄기

감자처럼 땅속에 있는 줄기의 끝부분에 양분을 저장하여 비대해진 것. '괴경(塊莖)'이라고도 한다.

덩이줄기 : 감자

## 돌려나기

마디에 3장 이상의 잎이 돌려 붙는 것. '윤생(輪生)'이라고도 한다.

돌려나기 : 나무수국

## 두해살이풀

씨앗에서 싹이 터서 꽃이 피고 열매를 맺은 다음 죽을 때까지의 기간이 2년인 식물. '2년초(二年草)'라고도 한다.

두해살이풀 : 꽃다지

## 떨기나무

대략 5m 이내로 자라는 키가 작은 나무. '관목(灌木)'이라고도 한다. 흔히 줄기가 모여나는 나무가 많다.

떨기나무 : 개나리

## 로제트

뿌리잎이 땅 위에 방석처럼 방사상으로 퍼져 있는 모양. 그 모양이 장미꽃과 비슷해서 '로제트(Rosette)'라고 한다.

로제트 : 꽃다지

## 마디

줄기에 잎이나 싹이 붙어 있는 자리. '절(節)'이라고도 한다.

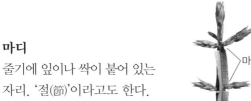

마디

마디 : 화살나무

## 마주나기

한 마디에 2장의 잎이 마주나는 것. '대생(對生)'이라고도 한다.

마주나기 : 회양목

## 말린꽃

풀, 꽃, 열매 등을 말려서 관상용으로 만든 것으로 보존 기간이 길다. '건조화(乾燥花)'라고도 한다.

말린꽃 : 꽃다발

## 머리모양꽃차례

국화처럼 꽃대 끝에 작은꽃자루가 없는 꽃이 촘촘히 모여 전체가 하나의 꽃처럼 보이는 꽃차례. '두상화서(頭狀花序)'라고도 한다.

머리모양꽃차례 : 엉겅퀴

## 모여나기

한 마디나 한 곳에 여러 개의 잎이 무더기로 모여난 것. '총생(叢生)'이라고도 한다.

모여나기 : 철쭉

## 민꽃식물

꽃이 피지 않고 홀씨를 퍼뜨려 번식하는 원시적인 식물로 '홀씨식물(포자식물)'이라고도 한다. 이끼식물, 고사리식물 등이 있다.

민꽃식물 : 관중

## 밑씨

암술대 밑부분의 씨방 속에 들어 있으며 정받이(수정:受精)를 한 뒤에 자라서 씨앗이 되는 기관. '배주(胚珠)'라고도 한다. 도라지는 씨방 속에 깨알 같은 밑씨가 뭉쳐 있다.

밑씨 : 도라지

## 바늘잎나무

소나무처럼 잎이 바늘 모양으로 생긴 나무를 모두 일컫는 말. '침엽수(針葉樹)'라고도 한다. 측백나무처럼 비늘이 포개진 모양의 비늘잎을 가진 나무들도 바늘잎나무에 포함되며 모두 겉씨식물에 속한다.

바늘잎나무 : 소나무

## 반기생식물

기생식물 중에서 겨우살이처럼 푸른 잎을 이용해 스스로 양분도 만들면서 다른 식물에 기생해서 모자라는 양분도 빼앗아 사는 식물을 '반기생식물(半寄生植物)'이라고 한다.

반기생식물 :
참나무겨우살이

## 반상록성

줄기에 부분적으로 푸른 잎이 남아 있는 채로 겨울을 나는 것을 '반상록성(半常綠性)'이라고 한다.

반상록성 : 상동나무

## 방풍림

거센 바람을 막기 위해 나무를 촘촘히 심어 만든 숲을 '방풍림(防風林)'이라고 한다.

방풍림 : 남해 물건리
방조어부림
(천연기념물 제150호)

## 벌레집

식물체에 곤충이 알을 낳거나 기생해서 만들어지는 혹 모양의 조직. '충영(蟲癭)'이라고도 한다.

벌레집 : 동백나무

## 별모양털

별 모양으로 갈라지는 털. '성상모(星狀毛)'라고도 한다.

별모양털 : 말발도리

## 부꽃부리

꽃부리와 수술 사이, 또는 꽃잎 사이에서 생긴 꽃잎처럼 생긴 작은 부속체. '덧꽃부리' 또는 '부화관(副花冠)'이라고도 한다. 구슬봉이는 꽃부리가 별처럼 5개로 갈라지는데 사이마다 조금 작은 부꽃부리가 있어서 10개로 갈라진 것처럼 보인다.

꽃부리
부꽃부리
부꽃부리 : 구슬봉이

## 붙음뿌리

다른 것에 달라붙기 위해서 줄기의 군데군데에서 나오는 식물의 뿌리. '부착근(附着根)'이라고도 한다.

붙음뿌리 : 담쟁이덩굴

## 비늘잎

작은잎이 물고기의 비늘조각처럼 포개지는 잎. '인엽(鱗葉)'이라고도 한다. 비늘잎을 가진 나무도 바늘잎나무에 속한다.

비늘잎 : 편백

## 비늘조각

식물체 표면에 생기는 비늘 모양의 작은 조각. '인편(鱗片)'이라고도 한다.

비늘조각 : 떡갈나무

## 비늘줄기

땅속의 짧은 줄기의 둘레에 양분을 저장한 다육질의 잎이 많이 붙어서 둥근 공 모양을 이룬 땅속줄기. '인경(鱗莖)'이라고도 한다. 파나 튤립 등이 비늘줄기가 발달한다.

비늘줄기 : 무스카리

## 비늘털

식물의 가지나 잎의 겉면을 덮어서 보호하는 비늘 모양의 잔털. '인모(鱗毛)'라고도 한다.

비늘털 : 보리장나무

## 비단털

비단실같이 부드러운 털. '견모(絹毛)'라고도 한다.

## 뿌리잎

뿌리나 땅속줄기에서 돋아 땅 위로 나온 잎. '근생엽(根生葉)'이라고도 한다.

뿌리잎 : 옥잠화

## 뿌리줄기

줄기가 변해서 뿌리처럼 땅속에서 옆으로 벋으면서 자라는 것을 말한다. '근경(根莖)'이라고도 한다. 마디에서 잔뿌리가 돋으며 비늘 모양의 잎이 돋아 구별이 된다.

뿌리줄기 : 솔대

## 살눈

곁눈의 한 가지로 양분을 저장하고 있어 살이 많고 땅에 떨어지면 씨앗처럼 싹이 트는 조직. '주아(珠芽)'라고도 한다.

살눈 : 참나리

## 샘털

부푼 끝부분에 분비물이 들어 있는 털. '선모(腺毛)'라고도 한다. 분비되는 물질은 점액, 수지, 꿀, 기름 등 식물마다 다르다.

샘털 : 끈끈이주걱

## 생울타리

나무를 촘촘히 심어서 만든 울타리. '산울타리'라고도 하며 '생리(生籬)'라고도 한다. 탱자나무나 쥐똥나무, 광나무, 꽝꽝나무, 회양목, 측백나무 등이 많이 이용된다.

생울타리 : 회양목

## 솔방울열매

소나무나 전나무의 열매처럼 목질의 비늘조각이 여러 겹으로 포개어진 열매로 조각 사이마다 씨앗이 들어 있다. '구과(毬果)'라고도 한다.

솔방울열매 : 곰솔

## 솔방울조각

솔방울을 이루고 있는 비늘 모양의 조각. '실편(實片)' 또는 '종린(種鱗)'이라고도 한다.

솔방울조각 : 구상나무

## 수그루

암수딴그루 중에서 수꽃이 피는 나무. '웅주(雄株)'라고도 한다. 암꽃만 피는 '암그루'와 대응되는 말이다.

수그루 : 계수나무

## 수꽃

수술은 완전하지만 암술은 없거나 퇴화되어 흔적만 있는 꽃. '웅화(雄花)'라고도 한다.

수꽃 : 으름덩굴

## 수꽃이삭

꽃이삭 중에서 수꽃이 모여 피는 꽃이삭. '웅화수(雄花穗)'라고도 한다. 암꽃이 모여 피는 '암꽃이삭'에 대응되는 말이다.

수꽃이삭 : 사방오리

## 수면운동

잎이나 꽃잎 등이 빛이나 온도와 같은 외부의 자극에 의해 열리고 닫히는 운동. 잎이 포개지거나 꽃잎을 오므리는 등의 모습이 잠을 자는 모습과 비슷해서 '수면운동(睡眠運動)'이라고 한다.

수면운동 : 자귀나무

## 수술방울

겉씨식물에서 수배우체를 생산하는 기관으로 속씨식물의 수꽃차례에 해당한다. 성숙하면 가루 모양의 수배우체(속씨식물의 꽃가루에 해당)가 바람에 날려 퍼진다. '수구화수' 또는 '웅구화수(雄毬花穗)'라고도 한다.

수술방울 : 비자나무

## 수술

식물이 씨앗을 만드는데 꼭 필요한 꽃가루를 만드는 기관. '웅예(雄蘂)'라고도 한다. 꽃가루를 담고 있는 꽃밥과 꽃밥을 받치고 있는 수술대의 두 부분으로 되어 있다. 수술은 보통 한 꽃에 여러 개가 모여 달린다.

수술

수술대

수술과 수술대 : 털중나리

## 수술대

수술의 꽃밥을 달고 있는 실 같은 자루. '꽃실' 또는 '화사(花絲)'라고도 한다.

## 수액

뿌리에서 흡수되어 줄기를 통해 잎으로 가는 액체를 '수액(樹液)'이라고 한다. 대부분이 물이지만 뿌리에서 흡수한 무기질이 녹아 있다. 봄에 잎이 돋기 직전의 수액에는 뿌리에 저장되어 있던 양분도 포함해서 올려 보내는데 이를 채취해서 음료로 마시기도 한다.

수액 : 층층나무

## 수염뿌리

뿌리줄기의 밑동에서 길이와 굵기가 비슷한 뿌리가 수염처럼 많이 모여나는 뿌리. '수근(鬚根)'이라고도 한다. 외떡잎식물은 한해살이풀이 많은데 짧은 기간에 물과 양분을 흡수하기에는 뿌리를 깊게 내리는 것보다 넓게 퍼지는 것이 유리하므로 수염뿌리가 발달한다.

수염뿌리 : 부레옥잠

## 식물체

식물의 몸 전체를 '식물체(植物體)'라고 한다.

## 씨방

암술대 밑부분에 있는 통통한 주머니 모양을 한 부분으로 속에 밑씨가 들어 있다. '자방(子房)'이라고도 한다.

씨방

씨방 : 호박

## 씨앗

식물의 밑씨가 수정을 한 뒤에 자란 기관. '씨' 또는 '종자(種子)'라고도 한다. 보통 씨식물에서만 볼 수 있다. 가을에 여문 씨앗은 겨울 동안에는 잠을 자고 있다가 봄에 조건이 맞으면 싹이 터서 새로운 식물체로 자란다.

씨앗 : 쥐똥나무

## 씨앗껍질

식물의 씨앗을 싸고 있는 껍질. '씨껍질' 또는 '종피(種皮)'라고도 한다.

씨앗껍질 : 은행나무

## 알뿌리

땅속에 있는 줄기, 잎, 뿌리가 달걀 모양으로 비대해져 양분을 저장한 것. '구근(球根)'이라고도 한다. 알뿌리는 비늘줄기, 알줄기, 덩이줄기, 뿌리줄기, 덩이뿌리로 나눌 수 있다.

알뿌리 : 뚱딴지

## 알줄기

토란처럼 땅속줄기가 양분을 저장하여 동그란 모양으로 비대해진 것. '구경(球莖)'이라고도 한다.

알줄기 : 토란

## 암꽃

암술은 완전하지만 수술은 없거나 퇴화되어 흔적만 있는 꽃. '자화(雌花)'라고도 한다.

암꽃 : 으름덩굴

## 암꽃이삭

꽃이삭 중에서 암꽃이 피는 꽃이삭. '자화수(雌花穗)'라고도 한다.

암꽃이삭 : 호랑버들

## 암석정원

'암석정원(巖石庭園)'은 바위를 이용해 꾸민 정원으로 보통 바위 지대에서 자라는 식물이나 높은 산에서 자라는 식물을 심는다.

암석정원

## 암솔방울

겉씨식물에서 암배우체를 생산하는 기관으로 속씨식물의 암꽃차례에 해당한다. '암구화수' 또는 '자구화수(雌毬花穗)'라고도 한다.

암솔방울 : 곰솔

## 암수딴그루

암꽃이 달리는 암그루와 수꽃이 달리는 수그루가 각각 다른 식물. '자웅이주(雌雄異株)' 또는 '이가화(二家花)'라고도 한다.

암수딴그루 : 은행나무

## 암수한그루

암꽃과 수꽃이 한 그루에 따로 달리는 식물. '자웅동주(雌雄同株)' 또는 '일가화(一家花)'라고도 한다. 가래나무의 암꽃이삭은 위를 향하고 수꽃이삭은 밑으로 늘어져서 아

암꽃
수꽃
암수한그루 : 가래나무

래로 떨어지는 꽃가루가 암꽃에 닿지 않도록 해서 제 꽃가루받이를 피한다.

## 암술

꽃의 가운데에 있으며 꽃가루를 받아 씨앗과 열매를 맺는 기관. '자예(雌蘂)'라고도 한다. 보통 암술머리, 암술대, 씨방의 세 부분으로 이루어져 있으며 암술대가 없는 것도 흔하다.

암술머리
암술대
씨방
암술 : 귤

## 암술대

암술에서 암술머리와 씨방을 연결하는 가는 대롱 부분으로 꽃가루가 씨방으로 들어가는 길이 된다. '화주(花柱)'라고도 한다.

## 암술머리

암술 꼭대기에서 꽃가루를 받는 부분. '주두(柱頭)'라고도 한다. 암술머리는 식물의 과(科)나 속(屬)에 따라 일정한 모양을 하고 있다.

암술머리 : 미국부용

## 양성꽃

하나의 꽃 속에 암술과 수술을 함께 갖춘 꽃. '양성화(兩性花)'라고도 한다. 북한에서는 '두성꽃'이라고 한다. 꽃이 피는 식물의 70% 정도가 양성꽃일 정도로 많은 식물이 양성꽃을 가지고 있다. '양성(兩性)'은 실제 생식(生殖)에 관여하는 암술과 수술이 한 꽃에 모두 있다는 뜻이다.

수술
암술
양성꽃 : 털중나리

## 여러해살이풀

대부분 3년 이상 사는 풀. '다년초(多年草)'라고도 한다. 겨울에는 땅 위의 부분이 죽어도 땅속의 뿌리가 살아 있어서 봄이 되면 다시 새싹이 돋아난다. 겨울에도 푸른 잎을 유지하는 풀은 '늘푸른여러해살이풀' 또는 '상록다년초(常綠多年草)'라고 한다.

여러해살이풀 : 처녀치마

## 열매

암술의 씨방이나 부속 기관이 자라서 된 기관으로 열매살과 씨앗으로 구성된다. '과실(果實)'이라고도 한다.

열매 : 앵두

## 열매살

열매에서 씨앗을 둘러싸고 있는 살. '과육(果肉)'이라고도 한다. 열매살은 보통 동물이 먹도록 해서 씨앗을 퍼뜨리게 하는 수단이다.

열매살

열매살 : 황벽나무

## 열매이삭

1개의 자루에 열매가 이삭 모양으로 무리 지어 달린 모습을 이르는 말. '과수(果穗)'라고도 한다.

열매자루

열매이삭 : 굴거리

## 열매자루

열매가 매달려 있는 자루. '과병(果柄)'이라고도 한다. 꽃이 열매로 변하면 꽃자루가 자연스럽게 열매자루가 된다.

## 영양잎

양치식물의 잎 중에서 광합성을 통해 양분을 만드는 잎을 '영양잎'이라고 한다. '영양엽(營養葉)'이라고도 한다.

영양잎 : 야산고비

## 육질

줄기나 잎이 살이 찌고 내부에 수분이 많은 성질로 '다육질(多肉質)'이라고도 한다. 잎과 줄기가 육질인 식물을 '다육식물'이라고 한다. 사막이나 높은 산 등 물이 부족하고 날씨가 건조한 지역에서 자라는 식물에서 많이 볼 수 있다.

육질 : 손가락선인장 줄기

## 이끼

꽃이 피지 않는 민꽃식물로 홀씨를 퍼뜨려 번식한다. '선태식물(蘇苔植物)'이라고도 한다. 최초로 땅 위로 올라와 자란 식물로 뿌리, 줄기, 잎이 잘 구별되지 않는다.

이끼 : 우산이끼

## 입술꽃잎

꿀풀과 식물 등에서 볼 수 있는 입술 모양의 꽃잎. '순판(脣瓣)'이라고도 한다. 입술꽃잎 중에서 위쪽은 '윗입술꽃잎(상순화판:上脣花瓣)'이라고 하고 아래쪽은 '아랫입술꽃잎(하순화판:下脣花瓣)'이라고 한다.

입술꽃잎 : 골무꽃

## 잎겨드랑이

줄기에서 잎이 나오는 겨드랑이 같은 부분으로 잎자루와 줄기 사이를 말한다. '엽액(葉腋)'이라고도 한다. 보통 1쌍의 턱잎이 달리지만 대부분은 곧 떨어진다.

잎겨드랑이 : 꽝꽝나무

## 잎눈

겨울눈 중에서 자라서 잎이나 줄기가 될 눈. '엽아(葉芽)'라고도 한다. 일반적으로 꽃눈보다 작고 길쭉한 것이 많다.

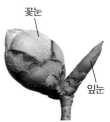

꽃눈

잎눈

잎눈 : 동백나무

## 잎맥

잎몸 안에 그물망처럼 분포하는 조직으로 물과 양분의 통로가 된다. '엽맥(葉脈)'이라고도 한다. 크게 그물맥과 나란히맥으로 나뉜다.

그물맥 : 한련

나란히맥 : 노랑꽃창포

## 잎몸

잎을 잎자루와 구분하여 부르는 이름으로, 잎자루를 제외한 나머지 부분. '엽신(葉身)'이라고도 한다.

잎자루

잎몸

잎몸 : 국수나무

## 잎자루

잎몸과 줄기를 연결하는 자루 부분. '엽병(葉柄)'이라고도 한다. 종에 따라 또는 잎이 붙는 위치에 따라 모양과 길이가 달라지기도 한다.

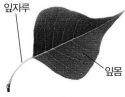

잎자루

잎몸

잎자루 : 오구나무

## 잎조각

고사리식물의 겹잎에서 갈라진 작은잎을 흔히 '잎조각'이라고 하며 '우편(羽片)'이라고도 한다. 잎조각이 다시 깃꼴로 갈라진 2번째 작은잎은 '작은잎조각'이라고 한다.

잎조각

잎조각 : 손고비

## 잎집

잎자루의 밑동이 발달해서 칼집 모양이 되어 줄기를 싸고 있는 부분. '엽초(葉鞘)'라고도 한다. 벼나 보리와 같은 벼과 식물에 많다. 잎집은 줄기를 감싸서 줄기가 쓰러지는 것을 막아 준다.

잎집 : 나도바랭이

## 작물

'작물(作物)'은 논밭에 심어 가꾸는 곡식이나 채소 등을 통틀어 이르는 말이다.

## 작은잎

겹잎을 구성하고 있는 하나하나의 잎. '소엽(小葉)'이라고도 한다.

작은잎 : 조록싸리

## 작은잎조각

고사리식물의 겹잎에서 잎조각이 다시 깃꼴로 갈라진 작은잎을 '작은잎조각'이라고 하며 '열편(裂片)'이라고도 한다.

작은잎조각 : 섬고사리

## 잔털

매우 가늘고 짧은 털.

## 잡초

가꾸지 않아도 저절로 나서 자라는 풀. 논밭에서 자라는 '잡초(雜草)'는 농작물이 자라는 것을 방해하기 때문에 뽑아 버리는 데 일손이 많이 들어간다.

길가의 잡초

## 장식꽃

암술과 수술이 모두 퇴화하여 없는 꽃으로 열매를 맺지 못하는 장식용 꽃. '무성화(無性花)' 또는 '중성화(中性花)'라고도 한다. 아름다운 꽃잎으로 곤충을 불러들이는 역할을 한다. 백당나무는 흰색 장식꽃이 꽃송이를 빙 둘러싸고 있다.

꽃차례 둘레의 장식꽃

장식꽃 : 백당나무

## 절화

꽃꽂이나 꽃다발 재료로 쓰기 위해 줄기를 잘라 쓰는 꽃을 '절화(切花)'라고 한다. 꽃의 수명이 긴 대표적인 절화 재료로는 장미, 카네이션, 국화, 튤립, 거베라 등이 있다.

절화 : 국화

## 정원수

정원에 심어 가꾸는 나무. '정원수(庭園樹)'는 옮겨심기가 가능하고 새로운 토질이나 기후에 잘 적응할 수 있어야 한다.

정원의 정원수

## 정자나무

집 주변이나 마을 어귀에 서 있는 큰 나무로 정자 역할을 하는 나무라서 '정자나무'라고 한다. 정자나무는 가지와 잎이 무성하여 그늘 밑에서 사람들이 모여 놀거나 쉰다.

정자나무 : 느티나무

## 주맥

잎몸에 여러 굵기의 잎맥이 있을 경우 가장 굵은 잎맥을 '주맥(主脈)'이라고 한다. 보통은 잎의 가운데에 있는 가장 큰 잎맥을 가리킨다.

주맥 : 회양목

## 줄기

식물체를 받치고 물과 양분의 통로 역할을 하는 기관. 아래로는 뿌리와 연결되고 위로는 잎과 연결되는 식물의 영양기관이다.

줄기 : 소나무(만지송)

## 지피식물

땅바닥을 낮게 덮으며 자라는 식물을 '지피식물(地被植物)'이라고 하며 정원의 바닥을 꾸미는데 이용한다.

지피식물 : 흰줄무늬사사

## 짧은가지

마디 사이의 간격이 극히 짧아서 촘촘해 보이는 가지. '단지(短枝)'라고도 한다. 잎이 짧은 마디마다 달리기 때문에 모여 달린 것처럼 보인다.

짧은가지 : 물푸레나무

## 착생식물

나무나 바위에 붙어서 살아가는 식물을 '착생식물(着生植物)'이라고 한다. 물과 양분은 뿌리와 잎으로 흡수한다. 온도가 높고 습기가 많은 열대 우림 같은 곳에서 흔히 볼 수 있다.

착생식물 : 박쥐란

## 총포

꽃차례 밑에 모여서 붙어 있는 포를 '총포(總苞)'라고 한다.

## 총포조각

총포를 구성하는 각각의 조각. '총포엽(總苞葉)' 또는 '총포편(總苞片)'이라고도 한다. 뻐꾹채는 총포가 반구형이고 여러 줄로 배열되는 갈색 총포조각은 주걱 모양이다.

총포와 총포조각 : 뻐꾹채

## 측맥

잎의 중심이 되는 가운데 주맥에서 좌우로 뻗어 나간 잎맥을 '측맥(側脈)'이라고 한다.

측맥 : 까치박달

## 코르크

코르크참나무의 껍질 안쪽에 여러 켜로 이루어진 조직으로 탄력이 있어서 가공하여 병마개 등으로 쓴다.

코르크 : 병마개

## 키나무

줄기와 곁가지가 분명하게 구별되며 대략 5m 이상 높이로 자라는 나무. '교목(喬木)'이라고도 한다. 보통 5~10m 높이로 자라는 나무는 '작은키나무'라고 하고 10m 이상 크게 자라는 나무는 '큰키나무'라고 한다.

큰키나무 : 양버들

## 턱잎

잎자루 기부 양쪽으로 붙어 있는 비늘같이 작은 잎조각. '탁엽(托葉)'이라고도 한다. 쌍

턱잎 : 국수나무

떡잎식물에서 흔히 볼 수 있으며 잎이 자라면서 떨어져 나가는 것이 대부분이다.

## 특산식물

특정한 장소에서만 자라는 식물을 '특산식물(特産植物)'이라고 한다. 미선나무처럼 우리나라에서만 자생하는 특산식물은 좁은 지역에서만 분포하는 희귀식물이기 때문에 법으로 지정해서 보호하고 있다.

특산식물 : 미선나무

## 펄프

식물체에 들어 있는 섬유를 공장에서 처리하여 뽑아낸 것을 '펄프(Pulp)'라고 한다. 펄프는 종이나 인조 섬유, 셀로판지 등을 만드는 원료로 쓴다.

## 포

꽃의 밑에 있는 작은잎을 '포(苞)'라고 하며 '꽃턱잎'이라고도 한다. 포를 구성하는 각각의 조각은 '포조각' 또는 '포편(苞片)'이라고 한다. 잎이 변한 것으로 꽃이나 눈을 보호하며 아름다운 꽃잎 모양인 것도 있다.

붉은색 포 : 무싸엔다

## 품종

농작물이나 화초 등의 식물을 서로 교배하는 등의 방법으로 개량해서 새로 만들어 낸 종을 '품종(品種)'이라고 한다.

난초 품종 : 모카라

## 하트형

동그스름한 잎몸의 밑부분은 오목하게 쏙 들어가고 잎 끝은 뾰족한 것이 하트(♡) 또는 심장처럼 생긴 잎 모양.

하트형 : 이나무

## 한해살이풀

씨앗에서 싹이 터서 꽃이 피고 열매를 맺은 다음 죽을 때까지의 기간이 1년 이내인 식물. '1년초(一年草)'라고도 한다. 한해살이풀과 두해살이풀을 합쳐서 '한두해살이풀'이라고도 한다.

한해살이풀 : 달개비

## 햇가지

그해에 새로 나서 자란 어린 가지. '신지(新枝)'라고도 한다.

2년생가지
햇가지
햇가지 : 개비자나무

## 향신료

식물의 열매, 씨앗, 꽃, 뿌리 잎 등을 음식에 넣어서 맛과 향기를 더해 주거나 소화를 도와주는 조미료로 비린내를 없애 주기도 한다. '향신료(香辛料)'는 '양념'이라고도 한다. 육두구는 씨앗과 씨앗을 싸고 있는 붉은색 씨껍질을 향신료로 이용한다.

향신료 : 육두구

## 혀꽃

국화과의 두상화를 이루는 꽃의 하나로 아래는 대롱 모양이고 위는 혀 모양인 꽃. '설상화(舌狀花)'라고도 한다. 해바라기는 꽃송이 가장자리에 혀꽃이 빙 둘러 있고 민들레는 전체가 혀꽃만으로 되어 있다.

혀꽃 : 해바라기

## 홀씨

홀씨는 이끼식물, 고사리식물 등이 자손을 퍼뜨리기 위해 만든 세포로 '포자(胞子)'라고도 한다. 먼지처럼 작은 홀씨는 바람에 날려 퍼진다.

홀씨 : 우산이끼

## 홀씨잎

양치식물의 잎 중에서 홀씨주머니가 생기도록 변한 잎. '포자엽(胞子葉)' 또는 '실엽(實葉)'이라고도 한다.

홀씨잎 : 고비

## 홀씨주머니

홀씨식물에서 홀씨가 만들어지는 주머니로 줄기나 잎에 있다. '포자낭(胞子囊)'이라고도 한다. 솔이끼는 가을에 홀씨주머니가 성숙하면 윗부분의 뚜껑이 열리면서 홀씨가 바람에 날려 퍼진다.

홀씨주머니 : 솔이끼

## 홀씨주머니무리

홀씨주머니무리는 여러 개의 홀씨주머니가 촘촘히 모여 있는 덩어리를 말하며 '포자낭군(胞子囊群)'이라고도 한다.

홀씨주머니무리 : 산일엽초

## 홀씨주머니이삭

홀씨주머니무리가 줄기 끝에 이삭 모양으로 촘촘히 모여 있는 것. '포자낭수(胞子囊穗)'라고도 한다.

홀씨주머니이삭 : 만년석송

## 홑꽃

꽃잎이 1겹으로 이루어진 꽃. '단판화(單瓣花)'라고도 한다. 꽃잎이 여러 겹인 '겹꽃'에 대응되는 말이다.

홑꽃 : 조팝나무

**7월의 코르크참나무**
지중해 원산으로 나무껍질 안쪽의 폭신거리는
조직으로 코르크를 만든다.

나무껍질

# 식물 이름 찾아보기

저자 **윤주복**

식물생태연구가이며, 자연이 주는 매력에 빠져 전국을 누비며
꽃과 나무가 살아가는 모습을 사진에 담고 있다.
저서로는 《꽃 책》, 《나무 책》, 《우리나라 나무 도감》, 《나무 쉽게 찾기》,
《겨울나무 쉽게 찾기》, 《열대나무 쉽게 찾기》, 《야생화 쉽게 찾기》,
《화초 쉽게 찾기》, 《나무 해설 도감》, 《APG 나무 도감》, 《APG 풀 도감》,
《나뭇잎 도감》, 《식물 학습 도감》, 《어린이 식물 비교 도감》,
《봄·여름·가을·겨울 식물도감》, 《봄·여름·가을·겨울 나무도감》,
《재밌는 식물 이야기》, 《나라꽃 무궁화 이야기》 등이 있다.

# 쉬운 식물 책

**초판 1쇄** – 2021년 6월 22일   **초판 2쇄** – 2022년 1월 5일
**개정판 인쇄** – 2025년 3월 18일   **개정판 발행** – 2025년 3월 25일
**지은이** – 윤주복
**발행인** – 허진
**발행처** – 진선출판사(주)
**편집** – 김경미, 최윤선, 최지혜
**디자인** – 고은정
**총무·마케팅** – 유재수, 나미영, 허인화
**주소** – 서울시 종로구 삼일대로 457 (경운동 88번지) 수운회관 15층
　　　　전화 (02)720-5990   팩스 (02)739-2129
　　　　홈페이지 www.jinsun.co.kr
**등록** – 1975년 9월 3일 10-92

＊책값은 뒤표지에 있습니다.

ISBN 979-11-93003-68-8 06480

진선 books는 진선출판사의 자연책 브랜드입니다.
자연이라는 친구가 들려주는 이야기 – '진선북스'가 여러분에게 자연의 향기를 선물합니다.